LED 장비 기구설계 및 활용실무

오영생 · 박갑종 · 강신조 · 정선오 공저

도서출판 상학당

머리말

LED는 소형이고, 에너지 변환 효율이 높으며 긴 수명과 적은 전력소모 및 빠른 응답속도 때문에 1960년대 말 상용화되기 시작한 이후 각종 표시소자, 표시용 램프, 광통신용 광원 등으로 주로 쓰이고 있으며 최근에는 조명용도로 널리 사용되기 시작하는 등 차세대 성장동력 산업으로 비약적인 발전을 하고 있다. 이에 LED 관련 생산 시설들이 빠른 속도로 건설되고 있으며, 특히 생산 장비를 운용하고 유지보수에 필요한 기술인력 양성이 시급한 과제가 되고 있다.

그러나 LED 및 반도체를 생산하는 시설 및 장비들은 일반적인 자동화 생산시설에 속한 장비보다 높은 청정도와 고도의 정밀제어 기술을 요하기 때문에 기구 구조 및 제어 기술을 습득한 현장 기술인력 양성에 필요한 교재가 절실히 요구되었다.

이 책은 대학의 자동화 관련 학과의 학생들이 쉽고 체계적으로 현장장비의 운용 및 유지보수에 접근할 수 있도록 교재 내용을 정밀기구의 설계방법과 LED 생산장비를 축소한 모델장비들의 제어방법에 관한 내용으로 단순화하여 구성하였다.

이 책을 충분히 활용하여 LED 반도체 및 자동화 분야 현장 기술자로서 필요한 기술을 습득하고 국가의 산업 발전과 자신의 밝은 미래를 위해 끊임없이 노력하는 기술인이 되길 바란다.

공저자 씀

차 례

제 1 장 • LED 장비 기구설계 • 9

제 2 장 • LED 몰드 실습장비 • 19

1

LED 장비 기구설계

제 1 절 LED 장비 개요

윈도우 클램프(Window Clamp)는 와이어본더 장비가 LED 본딩 작업을 정밀하게 수행하는 과정에서 소재를 고정하는 치공구의 일종이다. 윈도우 클램프는 테이블 상에서 메거진에 진열된 SMD 타입의 리드프레임을 일정 위치에 고정하여 본딩 작업을 하기 위해 위치를 잡아주는 클램프로 밑에서 자리를 잡아주는 윈도 클램프와 위에서 고정해 주는 탑플레이트로 구분되어 있다.

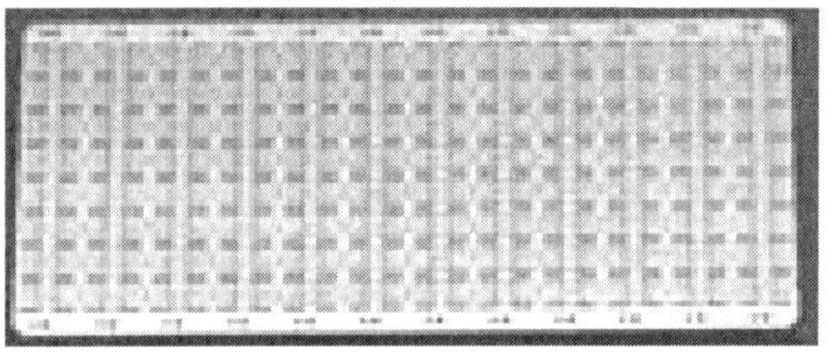

[그림 1-1] 리드프레임

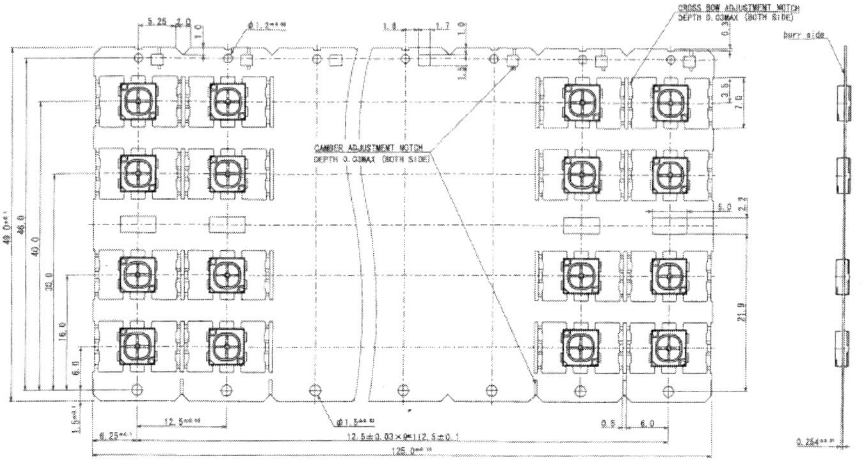

[그림 1-2] 리드프레임 도면 예

① **부품(Part) 모델링**

가변기술에 의한 직관적인 메뉴와 편리한 스케치 기능을 사용하여 형상을 만들고 치수기입과 파라미터를 사용하여 형상의 변화를 자유로이 하여 스케치를 완성하고 피처 편집을 사용하여 돌출(Extrude), 회전(Revolve), 로프트(Loft), 스윕(Sweep) 등 모델형상을 주어진 치수로 완성한다.

② **부품을 스케치하고 모델링하여 피처를 생성한다.**

③ **도면(Drawing)**

2D도면에는 부품이나 어셈블리의 뷰가 포함되며 1개 이상의 드로잉 시트(Drawing Sheet)를 가질 수 있다. 열려 있는 부품, 어셈블리, 프레젠테이션 뷰 파일과 로컬 및 네트워크 파일에서 도면 시트를 만들 수 있다.

④ **부품을 3D 모델링으로 2D 설계도면을 생성하여 치수를 기입하여 완성한다.**

제 2 절 기 구 설 계

1. 윈도 클램프 설계

(1) 스케치 작성

① 외형 치수 108×43으로 하고 상변부를 32×3과 18×3부분을 45°각도로 트림하여 형상을 완성한다.

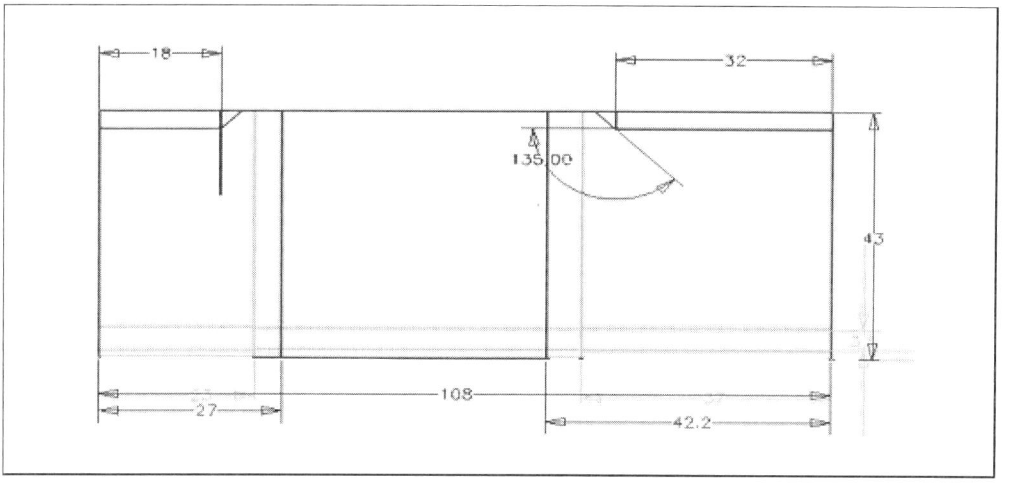

[그림 1-3] 스케치(1)

② 완성된 스케치를 두께 8mm만큼 돌출(Extrude)시켜 피처를 생성한다.

③ 전면부 홈 부분의 작업평면을 지정하고 스케치를 시작한다.

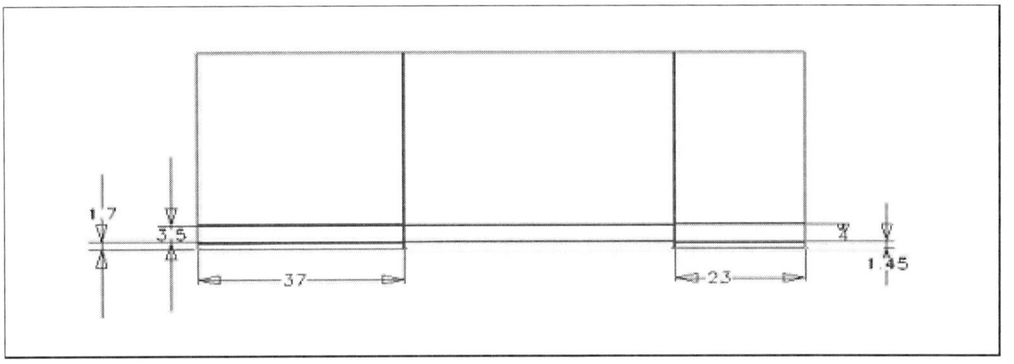

[그림 1-4] 스케치(2)

④ 스케치된 홈 부분을 본체에 피처 작성하기로 1mm만큼 돌출하여 절단한다.
⑤ 직사각형 패턴으로 8개－5.2mm 폭으로 배열하고 홈 형상을 완성한다.

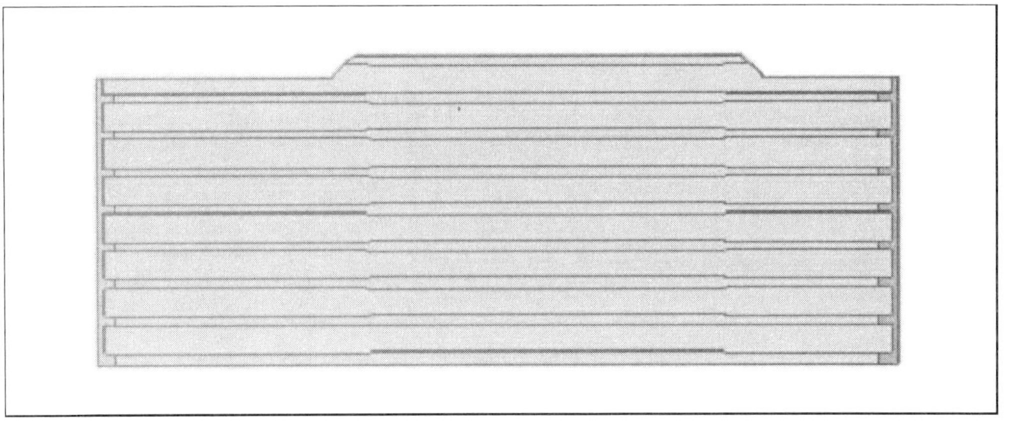

[그림 1-5] 스케치(3)

⑥ 뒷면 중앙을 폭 37mm, 깊이 2mm로 홈을 파고 모서리 깎기를 0.5mm로 하고 양면에 폭 43.2mm와 폭 27mm로 스케치 편집을 하고 4.5mm만큼 돌출시켜 절단한다.
⑦ 중앙부 사각 홈을 27×22에서 3mm만큼 계단을 주고 모서리 부분을 R2로 라운딩하여 스케치를 완성하고 피처 편집하기에서 돌출 3mm로 절단한다.

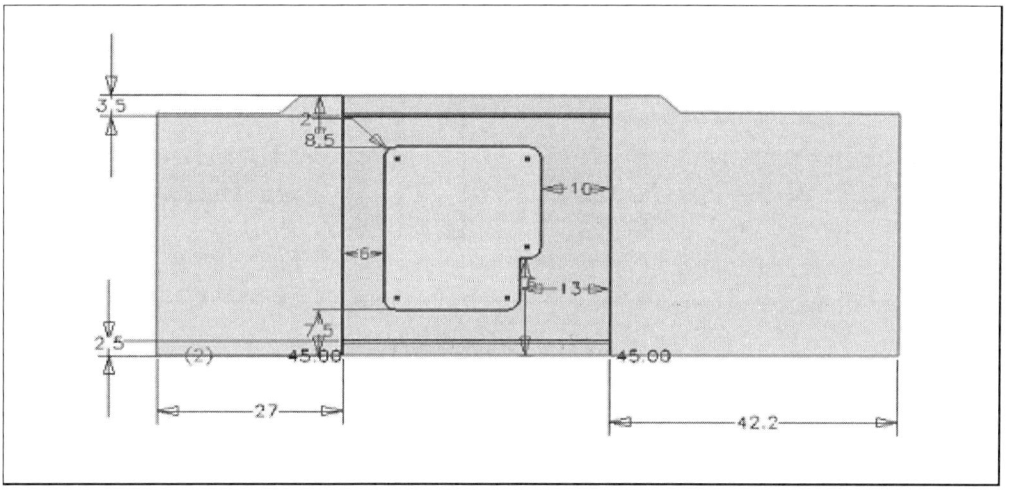

[그림 1-6] 스케치(4)

⑧ 구멍가공으로 지름 2mm 2개소, 2.5mm 1개소는 구멍가공 피처 편집으로 작업하고 홀 4mm, 폭 2mm와 6mm를 스케치하여 피처 편집에서 돌출기능으로 관통 절단한다.

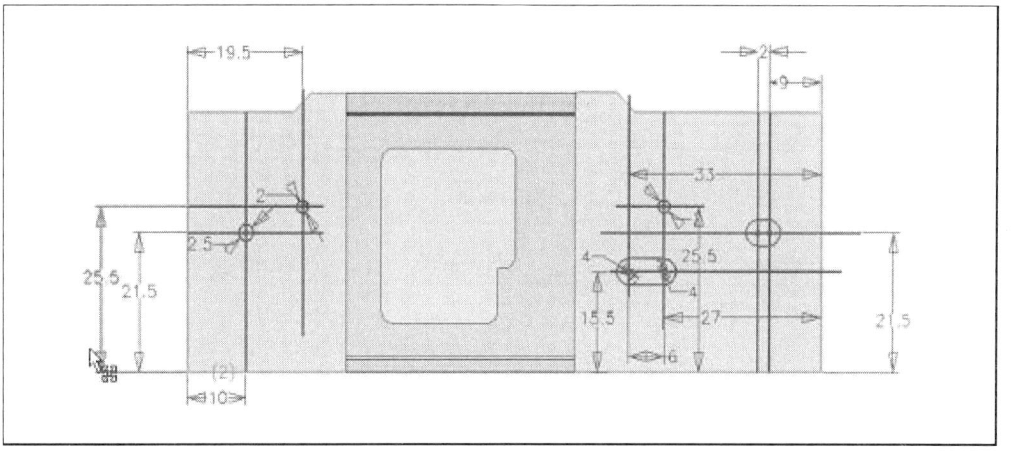

[그림 1-7] 스케치(5)

⑨ 윗면 양 측면 에지 부분 모서리 깎기를 1.5×30°로 한다.

⑩ 뒷면 더브테일 홈은 2×45°로 양쪽을 스케치하고 피처 편집 돌출기능으로 절단한다.

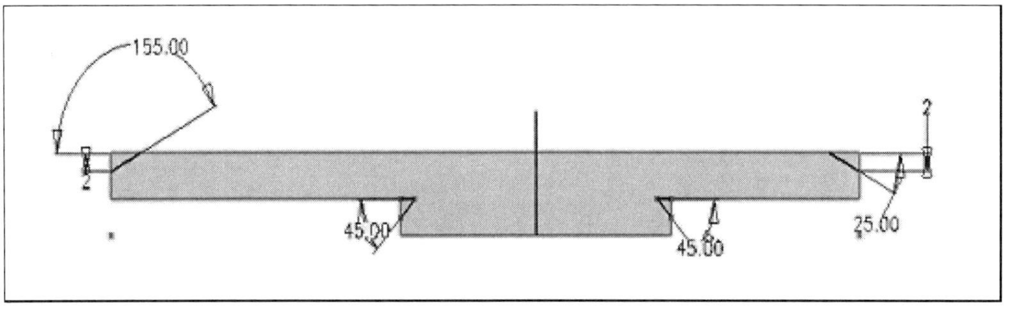

[그림 1-8] 스케치(6)

⑪ 3D 모델링으로 완성된 전면부 등각현상

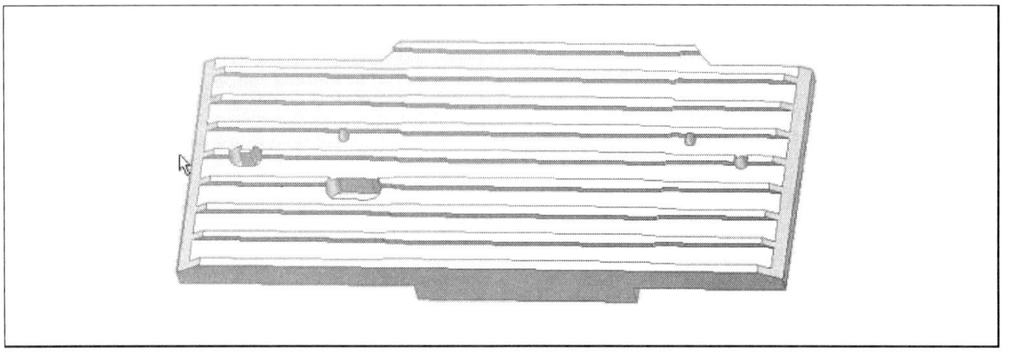

[그림 1-9] 스케치(7)

⑫ 3D 모델링으로 완성된 뒷면부 등각현상

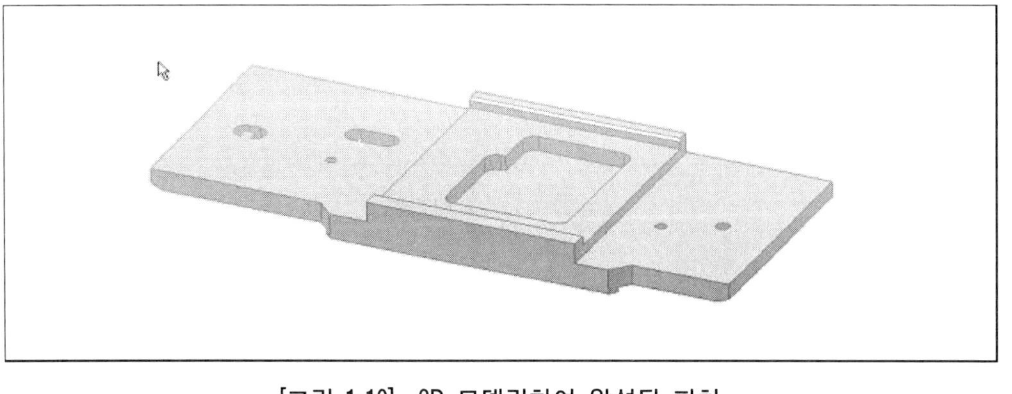

[그림 1-10] 3D 모델링하여 완성된 피처

⑬ Autodesk Inventor 프로그램을 사용하여 클램프를 3D 모델링하여 완성된 피처를 저장한다.

2. 도면 생성

① 2D도면을 생성할 수 있는 작업을 더블 클릭하여 새 창을 연다.
② 기준 뷰에서 부품 모델링 파일을 찾아서 불러오고 가장 알맞은 형태로 정면도, 우측 면도를 배열한다. 이때 형식 스타일 편집기에서 3각법으로 지정하여 정투상을 한다.
③ 치수기입을 하고 주서를 기입하여 도면을 완성한다.

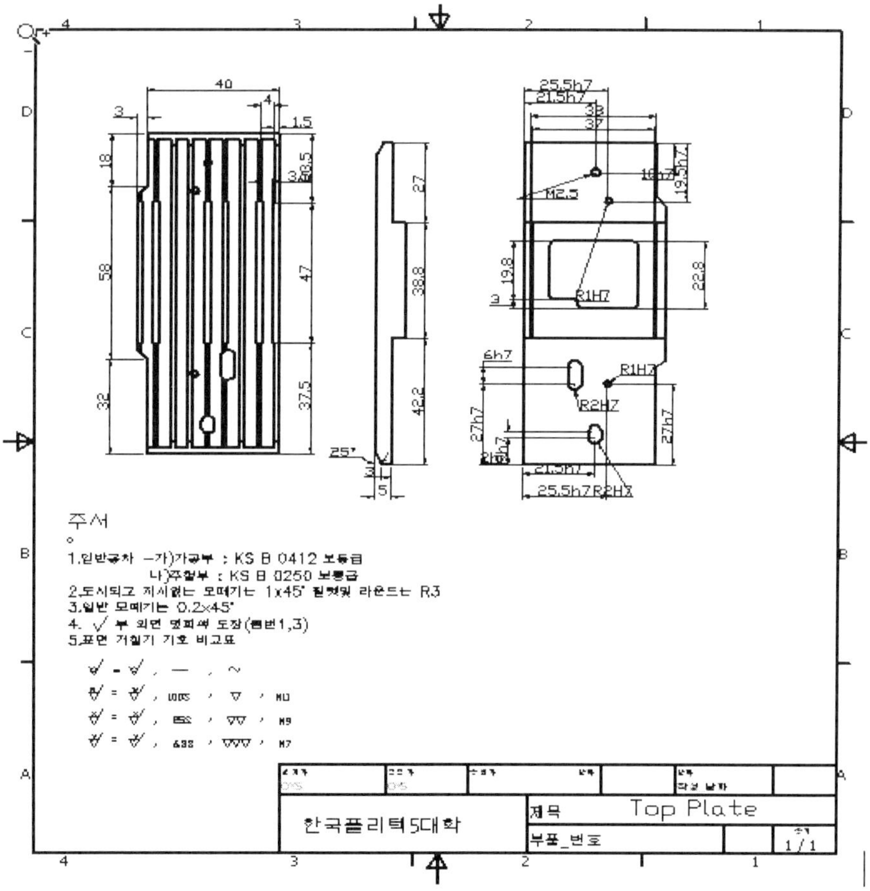

[그림 1-11] 완성된 도면

2

LED 몰드 실습장비

제 1 절 LED 몰드 공정 실습장비의 개요

LED(Light Emitting Diode)는 1923년 반도체에 전압을 가할 때 생기는 발광현상이 관측되면서 그 연구가 활발하게 진행되었다. 1960년대 말부터 상용화되기 시작하였으며 종래의 대표적인 광원인 전구의 필라멘트가 가열되며 얻어지는 빛과는 다른 방식으로 발광을 한다.

LED는 소형이고, 수명이 길며, 전기에너지가 빛에너지로 직접 변환하기 때문에 전력소모가 적고 빛으로 전환되는 효율이 높으며, 응답속도가 빨라 자동차 계기의 표시소자, 광통신용 광원, 각종 전자기기의 표시용 램프, 조명 등에 널리 사용되고 있다.

또한 LED는 적색·녹색·청색 등 발광하는 빛의 색깔도 조절이 가능하고 크게 램프 타입과 SMD 타입으로 구분되며 조명용으로는 주로 백색 LED가 사용된다.

램프 타입의 LED는 내부에 LED 칩이 들어 있고 외부는 투명한 몰드(Mold)로 싸여져 있는 형태를 갖고 있으며 몰드는 내부를 보호하고, 발생된 빛을 모아주는 렌즈 역할을 수행하는데 에폭시 수지가 주로 몰드 재료로 사용된다.

LED 몰드 공정 실습장비는 현재 LED 제조업체에서 사용되고 있는 램프 타입 LED 몰드 공정에 포함되는 실제 생산장비를 학생들의 교육용으로 단순화하여 재구성한 장비로 LED 제조공정에 있어 몰드 공정의 이해와 장비를 구성하는 센서, PLC, 서보, 컨베이어 및 터치스크린(Touch Screen) 등의 사용방법, 시스템 구성 및 제어 프로그램 작성을 통해 장비의 동작원리 및 제어구조 등을 교육하기 위한 장비이다.

■ 학습기대 효과

- PLC를 이용한 실린더 제어 및 센서 응용 습득
- 물품분류 및 적재방법 응용 습득
- 터치스크린을 이용한 PLC 간의 통신 응용 습득
- 위치제어 카드를 이용한 서보제어 응용 습득
- PLC C-NET을 이용한 PLC 간의 통신 응용 습득

1. 하드웨어의 구성 및 시스템 인터페이스

LED 몰드 공정 실습장비는 리드프레임 공급부(SUB-1)와 리드프레임 적재부(SUB-2) 및 에폭시 공급 및 리드프레임을 이동하고 배출할 수 있도록 구성된 에폭시 공급 및 배출부(Master)로 구성되어 있다.

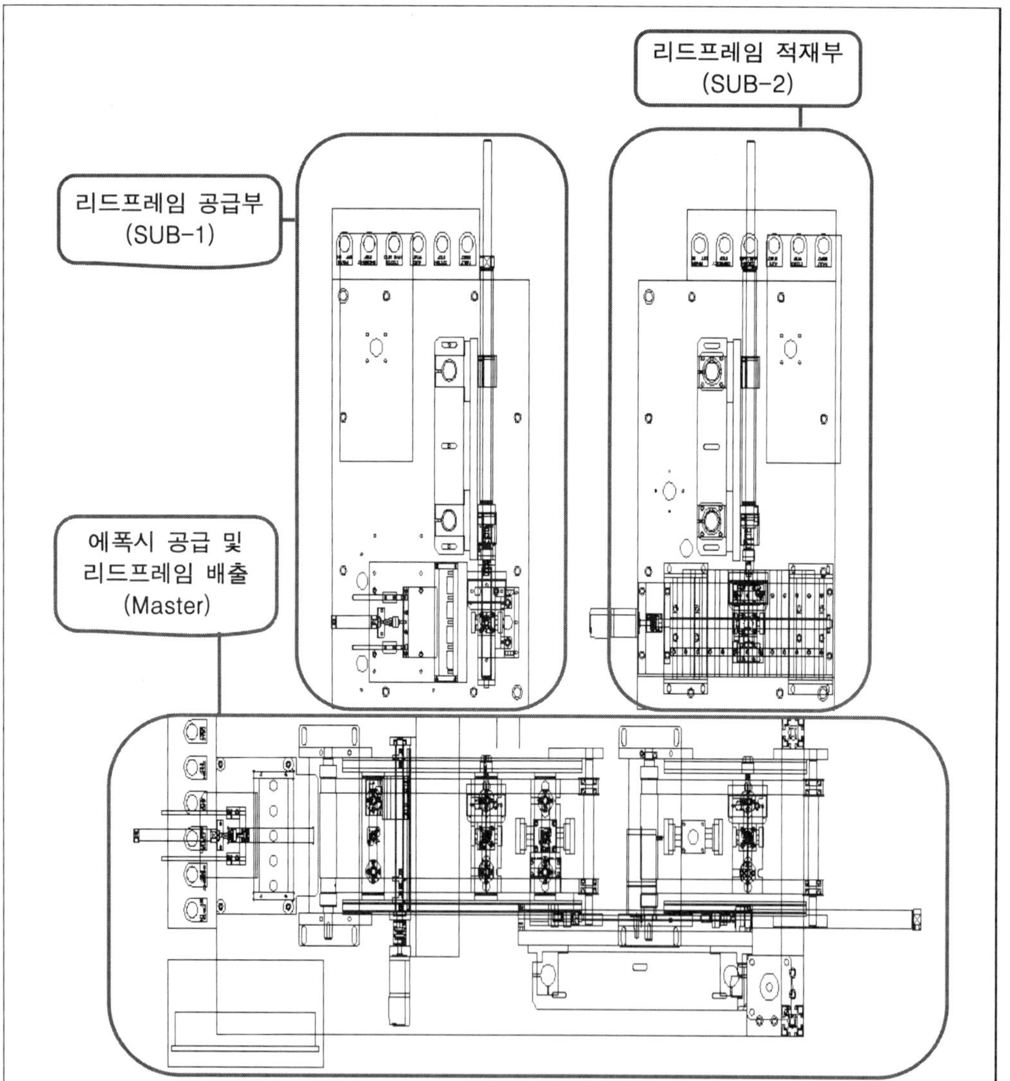

[그림 2-1] LED 실습장비 구성도

(1) 리드프레임 공급부(SUB-1)

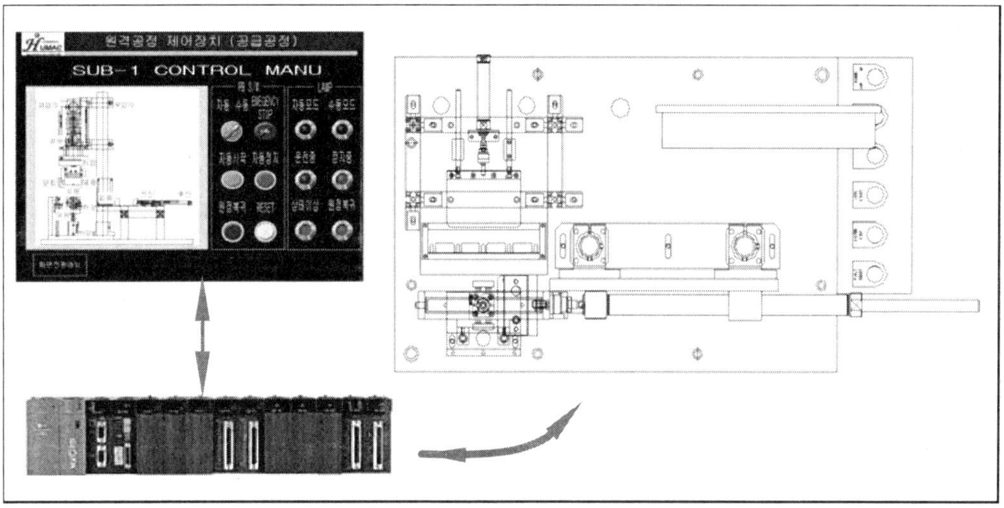

[그림 2-2] 리드프레임 공급부(SUB-1)

1) 조작 버튼

- 화면전환 : 자동수동 선택 스위치
- SELECT Switch : Power On/Off 스위치
- GREEN Switch : 시스템 자동운전 버튼
- RED Switch : 시스템 자동정지 버튼
- YELLOW Switch : 시스템 초기화 버튼
- ROTARY Switch : 비상정지 버튼

2) 공압 실린더

- 물품 공급 실린더
- 회전 실린더
- 회전 실린더부 상하한 이동 실린더
- 그립 실린더
- 그립 실린더 상하한 이동 실린더
- 그립 실린더 좌우측 이동 실린더

3) PLC

- 입력카드 : 센서 검출 및 조작 스위치
- 출력카드 : 공압 실린더 제어
- C-NET 카드 : PLC 및 터치패널(Touch Panel) 통신

4) 터치스크린

- PLC와 통신하여 PLC를 제어 및 상태 디스플레이(Display)

(2) 에폭시 공급 및 배출부(Master)

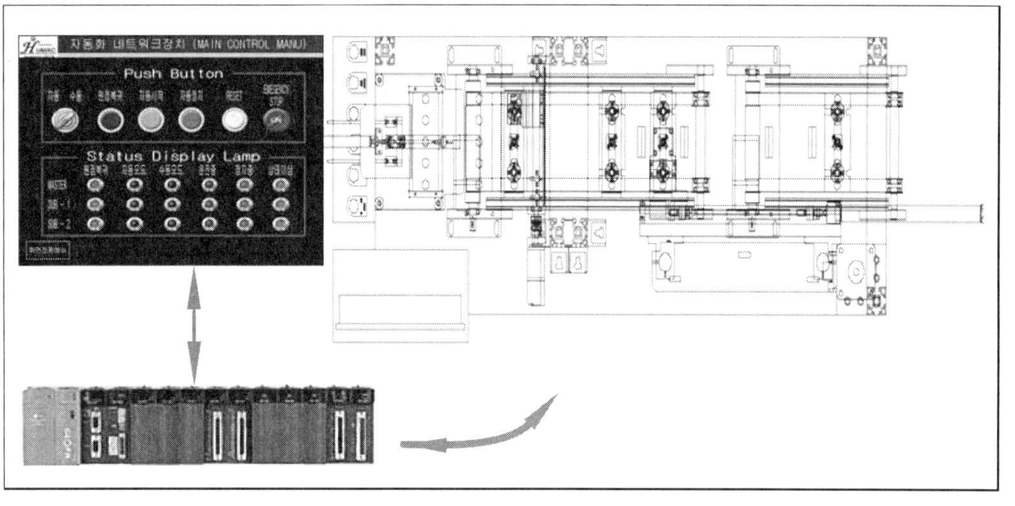

[그림 2-3] 에폭시 공급 및 배출부(Master)

1) 조작 버튼

- SELECT Switch : 자동수동 선택 스위치
- SELECT Switch : Power On/Off 스위치
- GREEN Switch : 시스템 자동운전 버튼
- RED Switch : 시스템 자동정지 버튼
- YELLOW Switch : 시스템 초기화 버튼
- ROTARY Switch : 비상정지 버튼

2) 공압 실린더

- 물품 공급 실린더
- 에폭시 공급 상하한 이동 실린더
- 그립 실린더
- 그립 실린더 상하한 이동 실린더
- 그립 실린더 좌우측 이동 실린더
- 스토퍼 실린더 : 에폭시 공급부
리드프레임 공급부
에폭시 공급 및 리드프레임 공급부 이동 컨베이어 후단부
리드프레임 적재부

3) 컨베이어

- 에폭시 공급 및 리드프레임 공급부 이동 컨베이어
- 리드프레임 적재 및 주형 컵 배출부 이동 컨베이어

4) PLC

- 입력카드 : 센서 검출 및 조작 스위치
- 출력카드 : 공압 실린더 제어
- 위치결정 카드 : 에폭시 공급 실린더 좌우측 이동 제어
- C-NET 카드 : PLC 및 터치패널 통신

5) 터치스크린

- PLC와 통신하여 PLC를 제어 및 상태 디스플레이

6) SERVO AMP

- 위치결정 카드와 서보모터(Servo Motor)를 연결하는 부분으로 위치결정 카드에서 지령을 받아 서보모터를 제어한다.

(3) 리드프레임 적재부(SUB-2)

1) 조작 버튼

- SELECT Switch : 자동수동 선택 스위치
- SELECT Switch : Power On/Off 스위치
- GREEN Switch : 시스템 자동운전 버튼
- RED Switch : 시스템 자동정지 버튼
- YELLOW Switch : 시스템 초기화 버튼
- ROTARY Switch : 비상정지 버튼

2) 공압 실린더

- 그립 실린더
- 그립 실린더 상하한 이동 실린더
- 그립 실린더 좌우측 이동 실린더

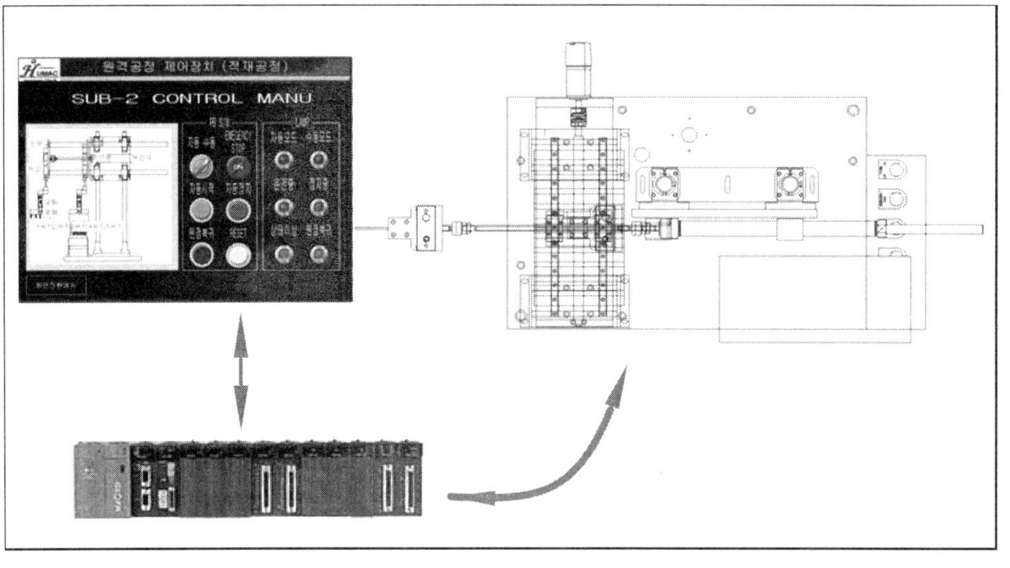

[그림 2-4] 리드프레임 적재부(SUB-2)

3) PLC

- 입력카드 : 센서 검출 및 조작 스위치
- 출력카드 : 공압 실린더 제어
- 위치결정 카드 : 에폭시 공급 실린더 좌우측 이동 제어
- C-NET 카드 : PLC 및 터치패널 통신

4) 터치스크린

- PLC와 통신하여 PLC를 제어 및 상태 디스플레이

5) SERVO AMP

- 위치결정 카드와 서보모터를 연결하는 부분으로 위치결정 카드에서 지령을 받아 서보모터를 제어한다.

(4) 시스템 인터페이스

① PLC CPU : 입출력 카드, 위치결정 카드 및 C-NET 카드의 상위 제어기로서 각 카드의 정보를 처리한다.
② 입력카드 : 각 공정부에 설치된 조작 스위치나 센서 등을 감지하는 역할을 한다.
③ 출력카드 : 에어실린더 및 컨베이어 모터와 서보모터의 서보 On 신호와 리셋 비상정지등의 서보 드라이버에 입력되는 신호들을 PLC에 출력카드에서 신호를 보내 준다.
④ 위치결정 카드 : 서보모터를 제어하는 데 사용하는 특수카드로서, PLC와 연계하여 다른 입출력 장치나 통신카드와의 연계 시 필요하다고 할 수 있다. 여기서 위치결정 카드는 Master의 에폭시 공급 서보 유닛(Unit)과 SUB-2의 적재 서보 유닛을 제어한다.
⑤ C-NET 카드 : 각 공정부의 터치스크린과 PLC 간의 통신을 담당한다.

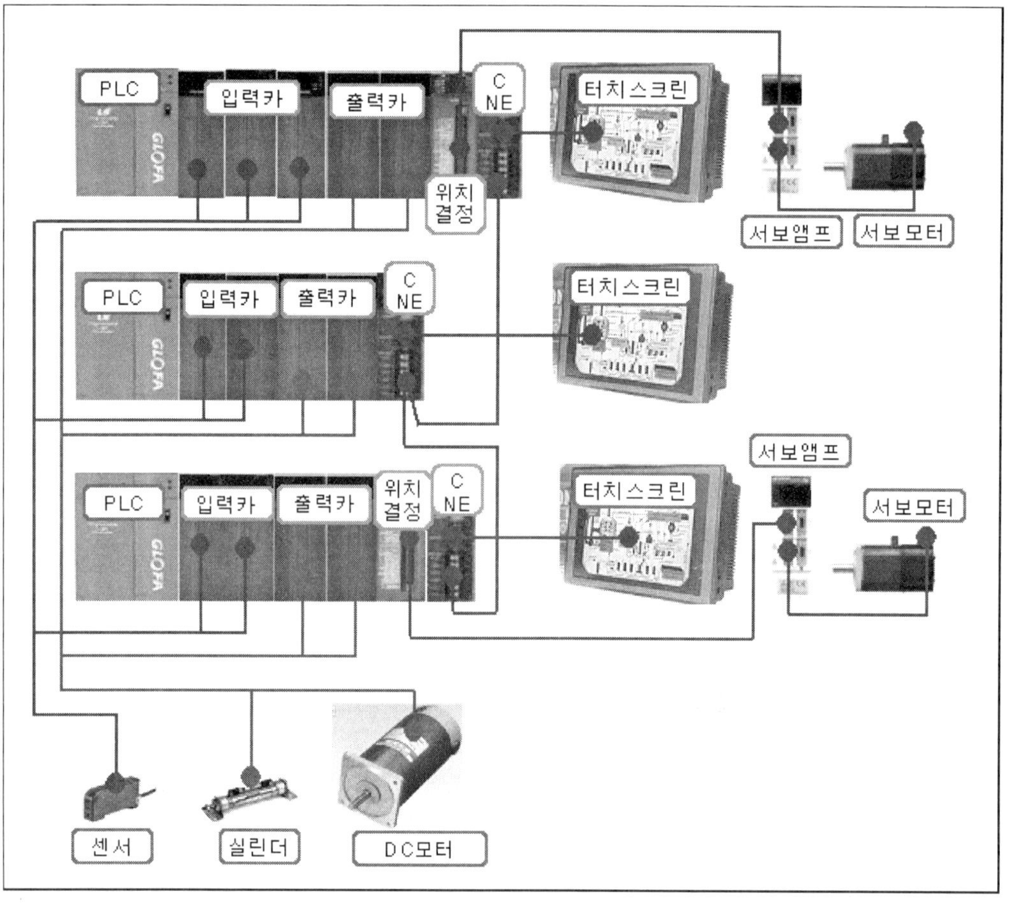

[그림 2-5] 시스템 인터페이스 구성

제 2 절 부 품 소 개

1. GM4 PLC

PLC 기본구성 사양은 베이스와 전원 CPU로 구성된다. 기본사양을 선정할 때 사양에 맞지 않은 기종을 선택하게 되면 추후 변경하거나 확장할 시 문제가 될 수 있으므로 중요한 검토가 요구된다.

(1) GM4 PLC POWER

전원모듈은 CPU와 입출력 모듈, 특수모듈, 통신모듈 등의 전원을 공급하게 된다. 전원을 공급하는 데 있어서, 전원 카드의 추가 및 변경 시에는 소비전류의 합계에 의해 정해지므로, 각 모듈의 소비전류를 고려하여야 한다.

<표 2-1> GM4-PAFA 및 GM4-PAFB

항 목		GM4-PAFA	GM4-PAFB
입력	입력전압	AC85～264V	
	입력주파수	50/60Hz(47～63Hz)	
	입력전류	0.5A(AC110V)/0.25A(AC220V)	
	돌입전류	30A 이하	
	효율	65% 이상(정격입력/부하)	
	입력퓨즈	3A/Slow/AC250V	
	허용순시정전	20ms 이내	
출력(1)	출력전압	DC 5V	
	출력전류	DC 5V : 2A	
	과전류보호	DC 5V : 2.2A 이상	
출력(2)	출력전압	DC24V	DC ±15V
	출력전류	0.3A	0.5/0.2A
	과전류보호	0.33A 이상	0.55A 이상 0.22A 이상
전압상태표시		출력전압 정상 시 LED On	
사용전선규격		0.75～2mm^2	
중 량		0.32kg	

(2) GM4 PLC CPU

<표 2-2> GM4 PLC CPU 규격

<table>
<tr><th colspan="3" rowspan="2">항 목</th><th colspan="3">규 격</th><th rowspan="2">비 고</th></tr>
<tr><th>GM3-CPUA</th><th>GM4-CPUA</th><th>GM4-CPUB</th></tr>
<tr><td colspan="3">연산방식</td><td colspan="3">반복연산, 정주기연산, 인터럽트 연산</td><td></td></tr>
<tr><td colspan="3">입출력 제어방식</td><td colspan="3">스캔동기 일괄처리 방식(리프레시 방식)</td><td></td></tr>
<tr><td colspan="3">프로그램 언어</td><td colspan="3">래더 다이어그램(Ladder Diagram)
명령 리스트(Instruction List)
시퀀셜 기능 차트(Sequential Function Chart)</td><td></td></tr>
<tr><td rowspan="4">명령어수</td><td colspan="2">연산자</td><td colspan="3">21</td><td></td></tr>
<tr><td colspan="2">기본펑션</td><td colspan="3">194</td><td></td></tr>
<tr><td colspan="2">기본펑션블록</td><td colspan="3">11</td><td></td></tr>
<tr><td colspan="2">전용펑션블록</td><td>82</td><td colspan="2">62</td><td></td></tr>
<tr><td rowspan="2">연산처리 속도</td><td colspan="2">오퍼레이터</td><td colspan="3" rowspan="2">GM3/4 사용설명서 참조</td><td></td></tr>
<tr><td colspan="2">기본 FN/FB</td><td></td></tr>
<tr><td colspan="3">프로그램 메모리 용량</td><td>256 kbyte</td><td colspan="2">128 kbyte</td><td></td></tr>
<tr><td colspan="3">최대 입출력 점수</td><td colspan="3">2,048점</td><td></td></tr>
<tr><td rowspan="2">데이터 메모리</td><td colspan="2">직접변수영역</td><td>4～32 kbyte</td><td colspan="2">2～16 kbyte</td><td></td></tr>
<tr><td colspan="2">심벌릭변수영역</td><td>116 kbyte-직접변수영역</td><td colspan="2">52 kbyte-직접변수영역</td><td></td></tr>
<tr><td colspan="3">타이머</td><td colspan="3">· 점수제한 없음
· 시간범위 : 0.001～4,294,967.29초(1,193시간)</td><td></td></tr>
<tr><td colspan="3">카운터</td><td colspan="3">· 점수제한 없음
· 계수범위 : －32,768～＋32,767</td><td></td></tr>
<tr><td rowspan="5">프로그램</td><td colspan="2">프로그램 블록수</td><td colspan="3">180개</td><td></td></tr>
<tr><td colspan="2">초기화 프로그램</td><td colspan="3">2개(_INIT, H_INIT)</td><td></td></tr>
<tr><td rowspan="3">태스크 프로그램</td><td>정주기</td><td colspan="3">32개</td><td></td></tr>
<tr><td>외부접점</td><td>16개</td><td colspan="2">8개</td><td></td></tr>
<tr><td>내부접점</td><td colspan="3">16개</td><td></td></tr>
<tr><td colspan="3">운전모드</td><td colspan="3">RUN, STOP, PAUSE, DEBUG</td><td></td></tr>
<tr><td colspan="3">리스타트 모드</td><td colspan="3">콜드, 웜, 핫 리스타트</td><td></td></tr>
<tr><td colspan="3">정전 시 데이터 보존</td><td colspan="3">변수정의 시 보존(Retain)으로 설정된 데이터</td><td></td></tr>
<tr><td colspan="3">자기진단기능</td><td colspan="3">연산지연감시, 메모리 이상, 입출력 이상, 배터리 이상, 전원이상 등</td><td></td></tr>
<tr><td colspan="3">증설베이스 수</td><td colspan="3">3단</td><td></td></tr>
<tr><td colspan="3">내부 소비전류</td><td colspan="3">0.13A</td><td></td></tr>
</table>

(3) 입출력 카드

<표 2-3> GM4 PLC 입력카드

규격 \ 형명		GM3	GM4
		G31-D22A	G41-D22A
입력정수		16점	
절연방식		포토커플러 절연	
정격입력전압		DC12/24V	
정격입력전류		5/11mA	
사용전압범위		DC10.2~28.4V(리플율 5% 이내)	
최대 동시 입력점수		100% 동시 On	
On 전압/On 전류		DC9.5V 이상/4.0mA 이상	
Off 전압/Off 전류		DC8V 이하/1.0mA 이하	
입력저항		약 2.2kΩ	
응답시간	Off → On	10ms 이하	
	On → Off	10ms 이하	
코먼방식		8점/COM	
내부소비전류		70mA	
동작표시		입력 On 시 LED 점등	
외부접속방식		20점 단자대 커넥터(M3×8 나사)	
중량		0.37kg	0.25kg

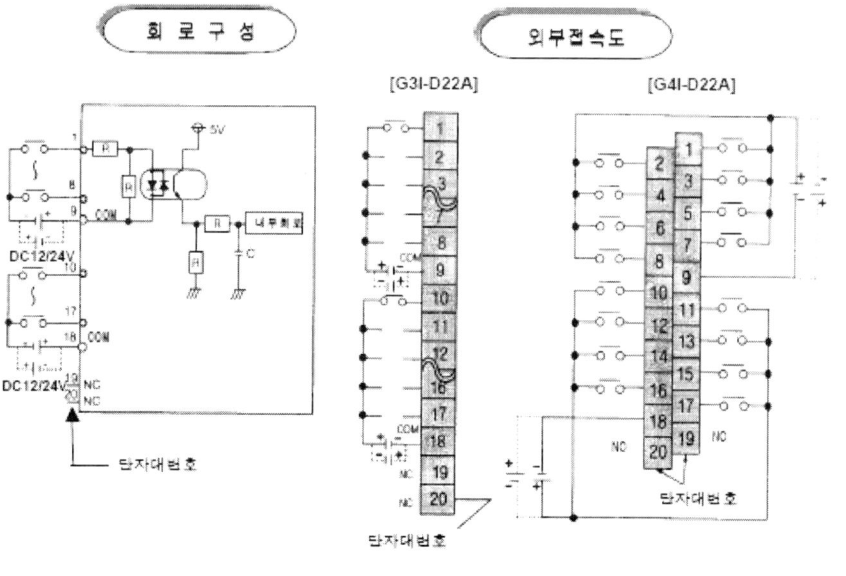

<표 2-4> GM4 PLC 출력카드

규격 \ 형명		GM3	GM4
		G3Q-RY2A	G4Q-RY2A
출력정수		16점	
절연방식		포토커플러 절연	
정격부하 전압/전류		DC24V 2A(저항부하)/1점, 8A/1COM AC220V 2A(COSψ=1)	DC24V 2A(저항부하)/1점, 4A/1COM AC220V 2A(COSψ=1)
최소부하 전압/전류		DC5V/1mA	
최대부하 전압/전류		AC250V, DC125V	
Off 시 누설전류		0.1mA(AC220V, 80Hz)	
최대개폐빈도		3,800회/시간	
서지 킬러		없음	
수 명	기 계 적	2,000만 회 이상	
	전 기 적	정격부하 전압/전류 10만 회 이상	
		AC200V/1.5A, AC240V/1A(COSψ=0.7) 10만 회 이상	
		AC200V/1A, AC240V/0.5A(COSψ=0.35) 10만 회 이상	
		DC24V/1A, DC100V/0.1A(L/R=7ms) 10만 회 이상	
응답시간	Off → On	10ms 이하	
	On → Off	12ms 이하	
코먼방식		8점/1COM	
내부소비전류		10mA(전점 On 시)	
외부공급전원	전 압	DC24V ± 10% (리플전압 4Vp-p 이하)	
	전 류	150mA(DC24V 전점 On 시)	100mA(DC24V 전점 On 시)
동작표시		출력 On 시 LED 점등	
외부접속방식		20점 단자대 커넥터(M3×6 나사)	
중 량		0.46kg	0.31kg

회 로 구 성

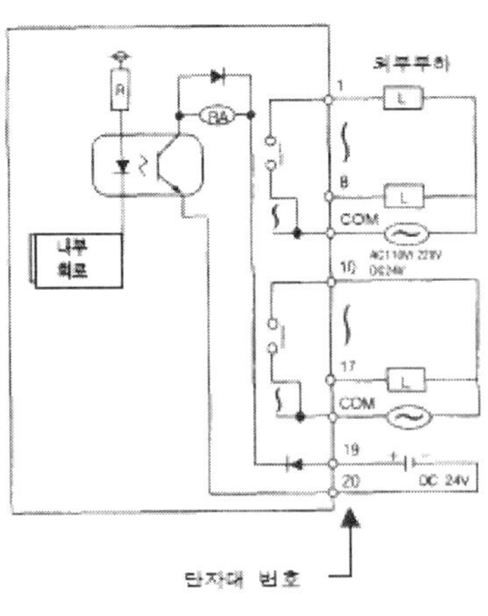

외부접속도

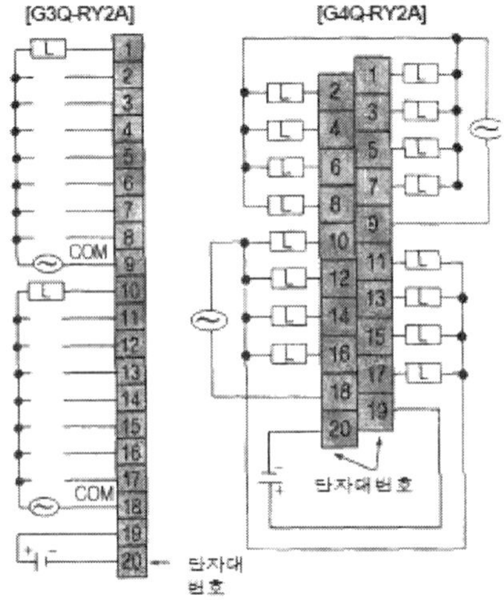

(4) C-NET 카드

C-NET I/F 모듈은 컴퓨터 링크 모듈(Computer Link Module)을 사용한 PLC 네트워크 시스템이라 하며, 타 PLC나 컴퓨터 등의 다양한 이기종 프로토콜의 통신 디바이스와 통신을 하기 위한 이기종 접속기능과 원거리의 PLC를 제어할 수 있도록 모뎀 통신기능을 가지고 있다.

<표 2-5> C-NET 카드 규격(1)

<table>
<tr><th>No</th><th>항 목</th><th colspan="8">규 격</th><th>관 련 규 격</th></tr>
<tr><td>1</td><td>사용온도</td><td colspan="8">0℃ ~ +55℃</td><td>-</td></tr>
<tr><td>2</td><td>보관온도</td><td colspan="8">−25℃ ~ +70℃</td><td>-</td></tr>
<tr><td>3</td><td>사용습도</td><td colspan="8">5 ~ 95%RH, 이슬이 맺히지 않을 것</td><td></td></tr>
<tr><td>4</td><td>보관습도</td><td colspan="8">5 ~ 95%RH, 이슬이 맺히지 않을 것</td><td></td></tr>
<tr><td rowspan="8">5</td><td rowspan="8">내 진 동</td><td colspan="8">단속적인 진동이 있는 경우</td><td rowspan="8">IEC 61131-2</td></tr>
<tr><td colspan="2">주파수</td><td colspan="3">가속도</td><td colspan="2">진폭</td><td>횟수</td></tr>
<tr><td colspan="2">10 ≤ f < 57Hz</td><td colspan="3">-</td><td colspan="2">0.075mm</td><td rowspan="6">X, Y, Z 각 방향 10회</td></tr>
<tr><td colspan="2">57 ≤ f ≤ 150Hz</td><td colspan="3">9.8m/s²</td><td colspan="2">-</td></tr>
<tr><td colspan="7">연속적인 진동이 있는 경우</td></tr>
<tr><td colspan="2">주파수</td><td colspan="3">가속도</td><td colspan="2">진폭</td></tr>
<tr><td colspan="2">10 ≤ f < 57Hz</td><td colspan="3">-</td><td colspan="2">0.035mm</td></tr>
<tr><td colspan="2">57 ≤ f ≤ 150Hz</td><td colspan="3">4.9m/s²(0.5G)</td><td colspan="2">-</td></tr>
<tr><td>6</td><td>내 충 격</td><td colspan="8">· 최대 충격 가속도 : 147m/s²(15G)
· 인가시간 : 11ms
· 펄스 파형 : 정현 반파 펄스(X, Y, Z 3방향 각 3회)</td><td>IEC 61131-2</td></tr>
<tr><td rowspan="5">7</td><td rowspan="5">내노이즈</td><td colspan="4">방형파 임펄스 노이즈</td><td colspan="4">±1,500V</td><td>LG 산전 내부시험 규격</td></tr>
<tr><td colspan="4">정전기 방전</td><td colspan="4">전압 : 4kV(접촉방전)</td><td>IEC 61131-2, IEC 1000-4-2</td></tr>
<tr><td colspan="4">방사 전자계 노이즈</td><td colspan="4">27 ~ 500MHz, 10V/m</td><td>IEC 61131-2, IEC 1000-4-3</td></tr>
<tr><td rowspan="2">패스트 트랜지언트/버스트 노이즈</td><td colspan="2">구분</td><td>전원 모듈</td><td colspan="2">디지털 입출력(24V 이상)</td><td colspan="2">디지털 입출력 (24V 미만)
아날로그 입출력
통신 인터페이스</td><td rowspan="2">IEC 61131-2, IEC 1000-4-4</td></tr>
<tr><td colspan="2">전압</td><td>2kV</td><td colspan="2">1kV</td><td colspan="2">0.25kV</td></tr>
<tr><td>8</td><td>주위환경</td><td colspan="8">부식성 가스, 먼지가 없을 것</td><td></td></tr>
<tr><td>9</td><td>사용고도</td><td colspan="8">2,000m 이하</td><td></td></tr>
<tr><td>10</td><td>오 염 도</td><td colspan="8">2 이하</td><td></td></tr>
<tr><td>11</td><td>냉각방식</td><td colspan="8">자연공랭식</td><td></td></tr>
</table>

<표 2-6> C-NET 카드 규격(2)

<table>
<tr><th colspan="2">항 목</th><th colspan="2">규 격</th><th>비 고</th></tr>
<tr><td colspan="2" rowspan="2">시리얼 통신 채널</td><td>RS-232C 1 채널</td><td>RS-232C 표준규격에 준함</td><td>GM3/4/6/7</td></tr>
<tr><td>RS-422/485 1채널 [주1]</td><td>RS-422/485 표준규격에 준함</td><td>GM3/4/6/7</td></tr>
<tr><td colspan="2">모뎀 접속기능</td><td colspan="2">모듈에 외장형 모뎀을 접속하여 공중 전화망을 통해 외부 기기와 원거리 통신[주2]</td><td>GM3/4/6/7</td></tr>
<tr><td colspan="2" rowspan="5">동작모드 (RS-232C/422 채널별로 동작 설정)</td><td>전용모드</td><td>LG 산전 전용 프로토콜을 사용하여 멀티드롭/1대1 방식의 통신 지원</td><td>GM3/4/6/7</td></tr>
<tr><td>GMWIN 모드</td><td>GMWIN 접속기능을 통한 PLC 원격제어 가능</td><td>GM3/4/6/7</td></tr>
<tr><td>사용자 정의 모드</td><td>사용자가 작성한 프로토콜에 의해 동작 (타사 인터페이스용)</td><td>GM3/4/6/7</td></tr>
<tr><td>온라인 모드</td><td>프레임 편집 시 모드 스위치의 변경 없이 소프트웨어적으로 설정</td><td>GM3/4/6</td></tr>
<tr><td>타사 전용모드</td><td>Modbus와 A.B DF1과 같은 타사와의 인터페이스[주3]</td><td>GM3/4/6/7</td></tr>
<tr><td rowspan="3">데이터 형 식</td><td>Data Bit</td><td>7 또는 8</td><td rowspan="3">프레임 편집기를 사용하여 기본 파라미터로 설정[주4] /GM7은 GMWIN의 통신 파라미터에서 설정</td><td rowspan="3">GM3/4/6/7</td></tr>
<tr><td>Stop Bit</td><td>1 또는 2</td></tr>
<tr><td>Parity</td><td>Even/Odd/None</td></tr>
<tr><td colspan="2" rowspan="2">채널선택</td><td colspan="2">독립채널/연동채널을 동작모드 스위치 모드로 설정[주5]</td><td>GM3/4/6</td></tr>
<tr><td colspan="2">GMWIN의 통신 파라미터에서 선택</td><td>GM7</td></tr>
<tr><td colspan="2">동기방식</td><td colspan="2">비동기방식</td><td>GM3/4/6/7</td></tr>
<tr><td colspan="2" rowspan="2">전송속도(bps)</td><td colspan="2">300/600/1,200/2,400/4,800/9,600/19,200/38,400/76,800bps 중 선택 가능[주6]</td><td>GM3/4/6</td></tr>
<tr><td colspan="2">1,200/2,400/4,800/9,600/19,200/38,400/57,600bps 중 선택 가능[주6]</td><td>GM7</td></tr>
<tr><td colspan="2">국번설정</td><td colspan="2">프레임 편집기(GM7은 GMWIN의 통신 파라미터 설정)를 사용하여 설정하며 0~31까지 설정하여 최대 32국까지 설정 가능(동작모드가 전용모드 및 타사 전용모드에서만 유효)</td><td>GM3/4/6/7</td></tr>
</table>

<표 2-7> C-NET 카드 규격(3)

항 목	규	격	비 고
전송거리	RS-232C : 최대 15m(모뎀사용 시 연장 가능)/RS-422 : 최대 500m		GM3/4/6/7
진단기능	Loop-Back 진단/운전 중 16개의 LED로 동작상태 표시(GM6는 8개의 LED로 표시)		GM3/4/6
소비전류	G3L-CUEA	160mA 이하	
	G4L-CUEA	160mA 이하	
	G6L-CUEB	160mA 이하	
	G6L-CUEC	160mA 이하	
	G7L-CUEB	100mA 이하	
	G7L-CUEC	100mA 이하	
중 량	G3L-CUEA	375g	
	G4L-CUEA	211g	
	G6L-CUEB	94g	
	G6L-CUEC	102g	
	G7L-CUEB	195g	
	G7L-CUEC	193g	

[주1] RS-422 채널은 GM3/4/6의 경우 프레임 편집기를 사용하여 RS-422, RS-485를 선택하여 사용 가능하며, GM7의 경우는 기본모듈에 장착된 통신모듈의 배선에 의해 자동 설정된다.

[주2] RS-232C 채널을 모뎀접속할 경우 프레임 편집기에서 RS-232C 통신방식 설정메뉴에서 모뎀접속을 선택하며 G7L-CUEB의 경우는 GMWIN의 통신 파라미터에서 "RS232C 전용모뎀" 또는 "RS232C 다이얼업 모뎀"을 선택한다.

[주3] GM7은 버전에 관계없이 Modbus 인터페이스 기능만 지원된다.

[주4] 전송규격은 운전모드가 독립채널일 경우 RS-232C와 RS-422 개별적으로 설정 가능하다.

[주5] 채널선택은 채널별 동작모드 및 독립, 연동 채널을 동작모드 스위치로 설정하며 동작 중에는 채널모드 변경이 불가능하다.

[주6] 76,800bps는 RS-422 또는 RS-485에서 제공되며, C-NET I/F 모듈의 버전 1.3 이상에서 사용할 수 있다.

1) 케이블 규격

RS-422 또는 RS-485 채널을 이용하여 통신할 경우는 통신거리 및 통신속도를 고려하여 RS-422용 트위스트 페어 케이블을 사용하여야 한다.

가. 트위스트 페어 케이블

<표 2-8> 트위스트 페어 케이블의 전기적 특성

시 험 항 목	단 위	특 성	시 험 조 건
도 체 저 항	Ω/km	59 이하	상 온
내 전 압(DC)	V/1min	500V에 1분간 견딤	공기 중
절 연 저 항	MΩ-km	1,000 이상	상 온
정 전 용 량	Pf/M	45 이하	1kHz
특성 임피던스	Ω	120±12	10MHz

<표 2-9> 트위스트 페어 케이블의 규격

항 목			단 선
도 체	심선수	페어	2
	규 격	AWG	22
	구 성	NO./mm	1/0.643
	외 경	mm	0.643
절연체	두 께	mm	0.59
	외 경	mm	1.94

나. 구조도

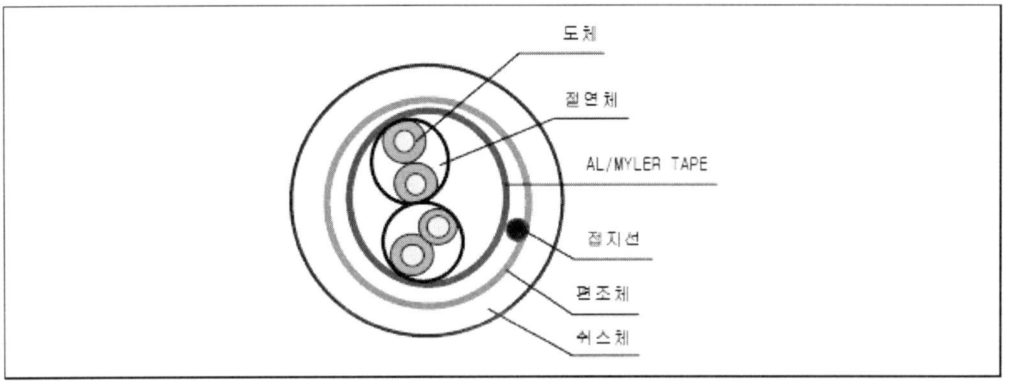

[그림 2-6] 트위스트 페어 케이블의 구조

다. C-NET 카드의 RS422 통신을 이용한 베이스 증설 방법

RS-422 채널을 통하여 통신할 경우 반드시 외부에서 종단저항을 연결하여 주어야 한다. 종단저항은 장거리 통신을 할 때, 케이블의 반사파에 의한 신호왜곡을 방지하는 역할을 하는 것으로 케이블의 특성 임피던스 값과 동일한 값의 저항(1/2W)을 네트워크의 종단에 연결하여 주어야 한다. 권장 케이블을 사용할 경우에는 120Ω 종단저항을 선로 양단에 연결한다. 권장 케이블 이외의 케이블 사용 시에도 사용 케이블의 특성 임피던스 값과 동일한 값의 1/2W 저항을 선로 양단에 연결한다.

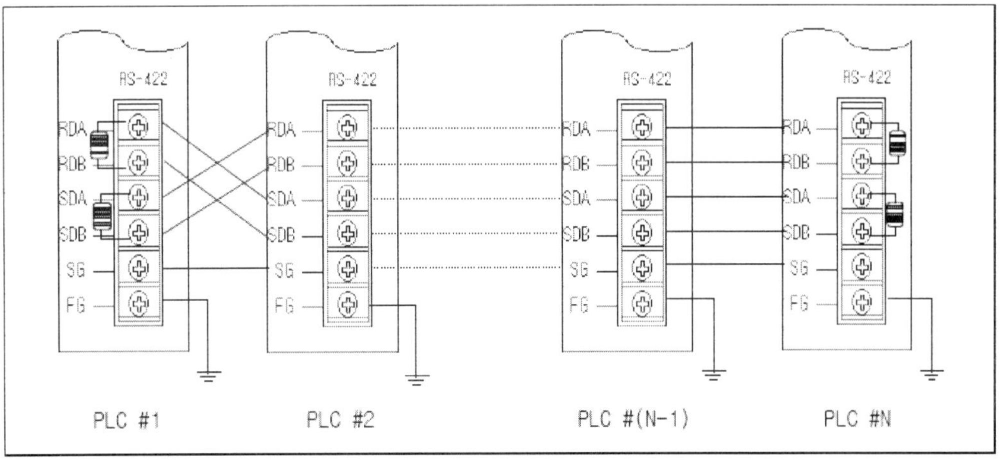

[그림 2-7] 베이스 증설 방법

라. G4L-CUEA 카드의 각부 명칭

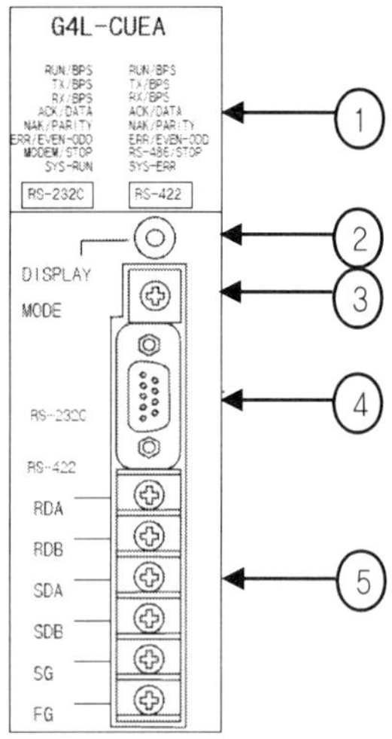

번호	명 칭	내 용
①	LED 표시부	G4L-CUEA의 동작상태 표시
②	DISPLAY 스위치	파라미터 및 국번 표시용 스위치
③	모드 스위치	동작모드 설정
④	RS-232C 커넥터	외부기기와의 접속을 위한 RS-232C 커넥터
⑤	RS-422/485 커넥터	외부기기와의 접속을 위한 RS-422/285 커넥터

[그림 2-8] G4L-CUEA 카드의 각부 명칭

마. G4L-CUEA 카드의 동작모드 설정

RS232C와 RS422 통신을 사용하므로 동작모드 스위치 값을 3번에 위치하고 전원을 재공급한다.

<표 2-10> G4L-CUEA 카드의 동작모드 설정

스위치 형태	동작모드 스위치값	동작모드 RS-232C	동작모드 RS-422	비 고	
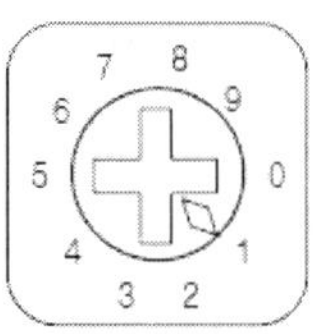 해당 모듈 (G3L-CUEA/G4L-CUEA)	0	사용자 정의 통신	사용자 정의 통신	오프라인 모드[주3]	연동모드
	1	전용통신	전용통신		
	2	사용자 정의 통신	사용자 정의 통신		독립모드[주2]
	3	전용통신	전용통신		
	4	사용자 정의 통신	전용통신		
	5	전용통신	사용자 정의 통신		
	6	GMWIN	사용자 정의 통신		
	7	GMWIN	전용통신		
	8	Loop-Back	Loop-Back	자기진단 모드	
		플래시 쓰기 모드[주4]			
	9	온라인 모드[주6]			

바. RS 232C 커넥터 접속방법

접속방법에는 7선식과 3선식이 있는데 요즈음 PC는 CD제어를 하지 않으므로 [그림 2-9]와 같이 3선식을 사용한다(Handshake 없음).

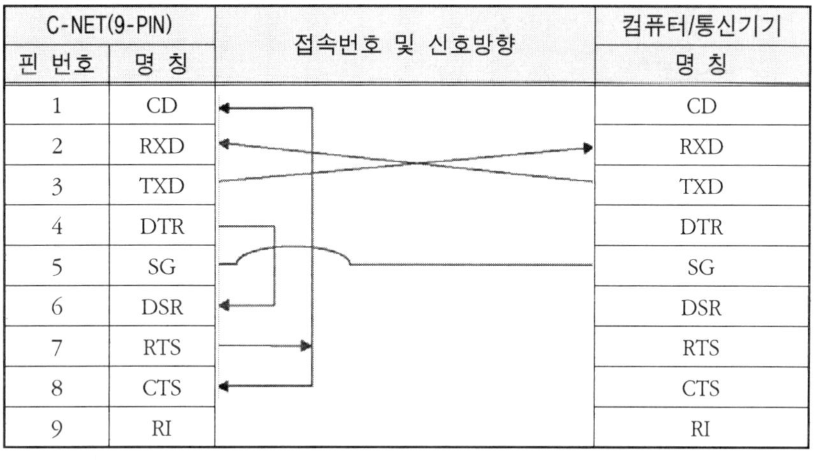

[그림 2-9] 터치패널과 PLC 간 RS-232C 케이블 배선도

(5) 위치결정 카드

제어장비의 이송 부분을 사용자가 지정한 위치까지 이송시키는 제어를 위치결정이라고 한다. 위치결정을 수행하기 위한 방법으로는 센서를 이용한 방법, 엔코더의 신호를 이용한 방법, 인버터를 이용한 방법 등이 있으나 정밀한 제어를 수행하기 위해서는 위치결정 모듈을 이용한 제어의 적용이 필요하다. PLC를 이용한 위치결정을 수행하기 위한 구성요소는 크게 PLC부, 서보 드라이버부, 기구부로 구성된다.

1) 분류

가. 오픈 컬렉터

오픈 컬렉터(Open Collector)는 엔코더에서 출력을 내보낼 때, 무접점에서 과부하가 걸리지 않게 하기 위해서이다. 디코더로 사용을 하지 않기에 안에서 부하를 연결하지 않고 외부에서 전원을 주어야 작동이 된다. 이것이 개방상태의 컬렉터 형태이며 주로 쓰이지는 않는다.

나. 라인 드라이버

서보앰프는 컨트롤러에서 오는 좌표이동 신호에 맞추어 모터를 원하는 위치로 구동한다. 이때 좌표이동 컨트롤 신호는 일반적으로 펄스신호를 사용하는데 이 신호 구동을 라인 드라이버 IC를 사용하여 +, −, 평형신호를 사용하는 방식이 라인 드라이버(Line Driver) 방식이며 외부 노이즈에 강하고 높은 주파수까지 구동이 가능하여 AC 서보모터용으로 많이 사용된다.

현재 LED 실습장비의 위치결정 카드는 G4F-PP1D 라인 드라이버이다.

<표 2-11> 제품명에 따른 분류

제어축 수	제 품 명	
	오픈 컬렉터	라인 드라이버
1축	G4F-PP1O	G4F-PP1D
2축	G4F-PP2O	G4F-PP2D
3축	G4F-PP3O	G4F-PP3D

2) 성능 규격

<표 2-12> 성능 규격

	G6F-PP1O, G6F-PP1D
제어축 수	1축
제어방식	위치제어, 속도제어, 속도/위치 제어, 위치/속도 제어
제어단위	Pulse, mm, inch, degree
위치결정 데이터	각 축마다 400개 데이터 영역(운전 스텝번호 1~400) 소프트웨어 패키지나 프로그램으로 설정 가능
소프트웨어 패키지	사용 가능(CPU 모듈의 RS-232C Port로 접속)
Back-up	파라미터, 운전 데이터를 Flash ROM에 저장(배터리 없음)

			G6F-PP1O, G6F-PP1D		
위치결정	위치결정 방식		절대방식 / 상대방식		
위치결정	위치 어드레스 범위		절대방식	상대방식	속도/위치, 위치/속도 전환제어
위치결정	위치 어드레스 범위	mm	−214748364.8～214748364.7(μm)	−214748364.8～214748364.7(μm)	−214748364.8～214748364.7(μm)
위치결정	위치 어드레스 범위	inch	−21474.83648～21474.83647	−21474.83648～21474.83647	−21474.83648～21474.83647
위치결정	위치 어드레스 범위	degree	−21474.83648～21474.83647	−21474.83648～21474.83647	−21474.83648～21474.83647
위치결정	위치 어드레스 범위	pulse	−2147483648～2147483647	−2147483648～2147483647	−2147483648～2147483647
위치결정	속도범위		Open Collector	Line Driver	
위치결정	속도범위	mm	0.01～20000000.00(mm분)		
위치결정	속도범위	Inch	0.001～20000000.000(inch/분)		
위치결정	속도범위	degree	0.001～20000000.000(degree/분)		
위치결정	속도범위	Pulse	1～200,000(pulse/초)	1～1,000,000(pulse/초)	
위치결정	가/감속 처리		사다리꼴형, S자형		
위치결정	가/감속 시간		1～65535ms 가/감속 패턴 4종류 중 선택 가능		
최대출력펄스			200Kpps		
최대접속거리			2m		
소비전류(mA)			490～760		
중량(g)			145		

3) 입력 규격

<표 2-13> 입력 규격

<table>
<tr><th>신호명</th><th>정격입력 전압/전류</th><th>사용전압 범위</th><th>On전압/전류</th><th>Off전압/전류</th><th>입력저항</th><th>응답시간</th></tr>
<tr><td>근사원점</td><td>DC24V/4.7mA</td><td>DC20.4～26.4V</td><td>DC16V/3.1mA 이상</td><td>DC4V/1.0mA 이하</td><td>약 5.1kΩ</td><td>0.1ms 이하</td></tr>
<tr><td>외부상한</td><td>DC24V/4.7mA</td><td>DC20.4～26.4V</td><td>DC16V/3.1mA 이상</td><td>DC4V/1.0mA 이하</td><td>약 5.1kΩ</td><td>0.1ms 이하</td></tr>
<tr><td>외부하한</td><td>DC24V/4.7mA</td><td>DC20.4～26.4V</td><td>DC16V/3.1mA 이상</td><td>DC4V/1.0mA 이하</td><td>약 5.1kΩ</td><td>0.1ms 이하</td></tr>
<tr><td>비상정지</td><td>DC24V/4.7mA</td><td>DC20.4～26.4V</td><td>DC16V/3.1mA 이상</td><td>DC4V/1.0mA 이하</td><td>약 5.1kΩ</td><td>0.5ms 이하</td></tr>
<tr><td>외부정지</td><td>DC24V/4.7mA</td><td>DC20.4～26.4V</td><td>DC16V/3.1mA 이상</td><td>DC4V/1.0mA 이하</td><td>약 5.1kΩ</td><td>0.1ms 이하</td></tr>
<tr><td>외부지령</td><td>DC24V/4.7mA</td><td>DC20.4～26.4V</td><td>DC16V/3.1mA 이상</td><td>DC4V/1.0mA 이하</td><td>약 5.1kΩ</td><td>0.1ms 이하</td></tr>
<tr><td>조그 역방향</td><td>DC24V/4.7mA</td><td>DC20.4～26.4V</td><td>DC16V/3.1mA 이상</td><td>DC4V/1.0mA 이하</td><td>약 5.1kΩ</td><td>0.1ms 이하</td></tr>
<tr><td>드라이브 레디</td><td>DC24V/4.7mA</td><td>DC20.4～26.4V</td><td>DC16V/3.1mA 이상</td><td>DC4V/1.0mA 이하</td><td>약 5.1kΩ</td><td>0.1ms 이하</td></tr>
<tr><td>외부 동시 기동</td><td>DC24V/4.7mA</td><td>DC20.4～26.4V</td><td>DC16V/3.1mA 이상</td><td>DC4V/1.0mA 이하</td><td>약 5.1kΩ</td><td>0.5ms 이하</td></tr>
<tr><td rowspan="3">원점</td><td>DC24V/8.9mA</td><td>DC20.4～26.4V</td><td>DC16V/6.0mA 이상</td><td>DC4V/1.6mA 이하</td><td>약 2.7kΩ</td><td>On:0.4ms 이하</td></tr>
<tr><td>DC5V/8.9mA</td><td>DC4.25～5.5V</td><td>DC2.5V/6.0mA 이상</td><td>DC1V/1.9mA 이하</td><td>약 570Ω</td><td>On:0.4ms 이하</td></tr>
<tr><td colspan="6">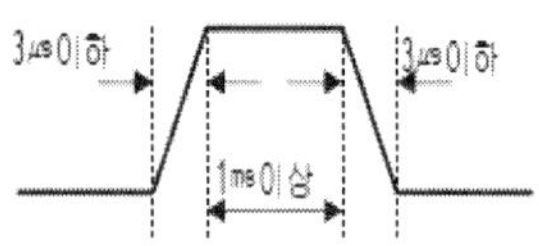</td></tr>
<tr><td rowspan="3">수동 펄스 발생기 /엔코더 입력</td><td>DC5V/7.0mA</td><td>DC4.25～5.5V</td><td>DC2.5V/3.0mA 이상</td><td>DC1V/1.0mA 이하</td><td>약 940Ω</td><td>0.6ms 이하</td></tr>
<tr><td colspan="6">엔코더 입 : RS-422A Line Driver Level(Am26LS31)에 준함</td></tr>
<tr><td colspan="6">1) 펄스폭
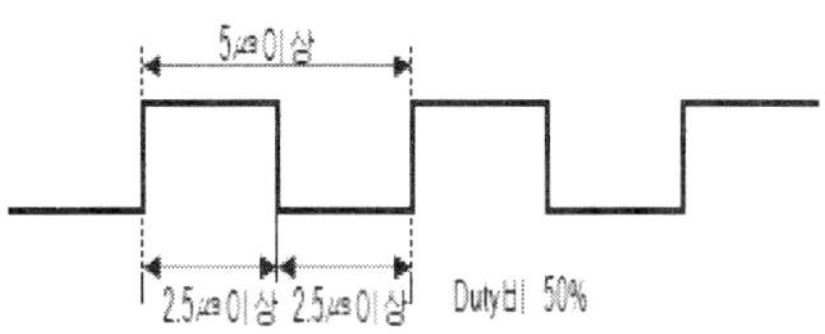
2) 위상차
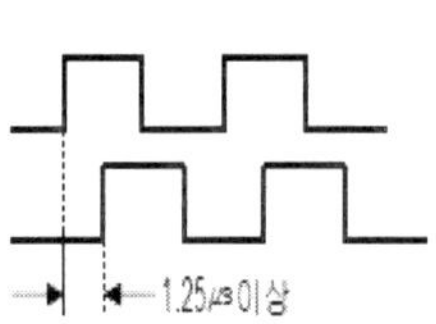
A상 입력 펄스가 B상 입력 펄스보다 앞설 때에는 위치 어드레스 값이 증가
B상 입력 펄스가 A상 입력 펄스보다 앞설 때에는 위치 어드레스 값이 감소</td></tr>
<tr><td>속도/위치전환신호</td><td>DC24V/4.7mA</td><td>DC20.4～26.4V</td><td>DC16V/3.1mA 이상</td><td>DC4V/1.0mA 이하</td><td>약 5.1kΩ</td><td>0.1ms 이하</td></tr>
</table>

4) 출력 규격

<표 2-14> 출력 규격

<table>
<tr><th>신호명</th><th>정격부하 전압</th><th>사용부하 전압범위</th><th>최대 부하전류 돌입전류</th><th>On 시 최대 전압강하</th><th>Off 시 누설전류</th><th>응답시간</th></tr>
<tr><td rowspan="2">펄스 출력
(CW/Pulse
/A상)

펄스 부호
(CCW/Dir
/B상)</td><td>DC5～24V</td><td>DC4.75～26.4V</td><td>50mA(1점)
/200mA 10ms 이하</td><td>DC0.5V 이하</td><td>0.1mA 이하</td><td></td></tr>
<tr><td colspan="6">· Am26C31에 준하는 차동 Line Driver(Line Driver 펄스 출력형의 경우)
· CW/CCW형, Pulse/Dir형, A상/B상형은 프로그램과 S/W Package의 기본 파라미터 중 펄스 출력 모드항에서 선택할 수 있습니다.
· 펄스 출력 모드(프로그램 또는 S/W Package의 기본 파라미터에서 설정), 펄스 출력 방향(프로그램 또는 S/W Package의 확장 파라미터에서 설정), 펄스 출력 레벨(프로그램 또는 S/W Package의 공통 파라미터에서 설정)와의 관계는 다음과 같습니다.
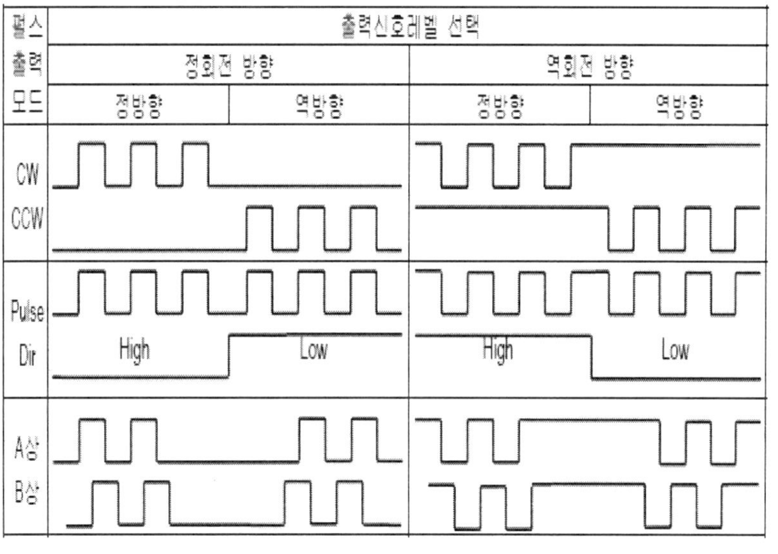</td></tr>
</table>

5) 커넥터 핀 배열

<표 2-15> 커넥터 핀 배열

핀 배열	구분	핀 번호 X축	핀 번호 Y축	신호 명칭		신호방향 위치결정-외부	동작 조건
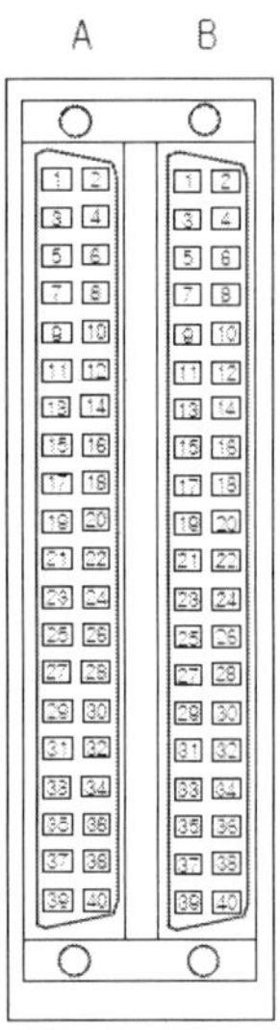 2/3 축	축별기능	21A	1B	FP+	펄스 출력(차동 +)	→	
		22A	2B	FP−	펄스 출력(차동 −)	→	
		23A	3B	RP+	펄스 부호(차동 +)	→	
		24A	4B	RP−	펄스 부호(차동 −)	→	
		25A	5B	0V+[*1]	상한신호	←	↓
		26A	6B	0V−*1	하한신호	←	↓
		27A	7B	STOP	외부정지 신호	←	↑
		28A	8B	DOG	근사원점 신호	←	↑
		29A	9B	VTP	속도/위치 전환신호	←	↑
		30A	10B	ECMD	외부지령 신호 Start	←	↑
					외부지령 신호 Skip	←	↑
					외부지령 신호 Jog+(조그 정방향)	←	⊓
		31A	11B	JOG−	조그 운전 시 역방향 신호	←	⊓
		32A	12B	COM	Common(0V+, 0V−, STOP, DOG, VTP, ECMD, JOG−)	⇔	
		33A	13B	DRVIN[*1]	드라이브 레디 신호	←	⊓
		34A	14B	DRVIN COM	드라이브 레디 신호 Common	⇔	
		35A	15B	HOME +24V	원점신호(+24V)	←	↑
		36A	16B	HOME COM	원점신호(+24V, +5V) Commo	⇔	
		37A	17B	HOME +5V	원점신호(+5V)	←	↑
		38A	18B	P COM[*2]	외부 5V, 24V GND (라인 드라이버 사용 시 미연결)	⇔	
		39A	19B	5V[*2]	외부 5V 전원 (라인 드라이버 사용 시 미연결)	←	
		40A	20B	24V[*2]	외부 24V 전원 (라인 드라이버 사용 시 미연결)	←	
	공통기능	1A		MPG A+	수동 펄스 발생기/Encoder A+ 입력	←	
		2A		MPG A−	수동 펄스 발생기/Encoder A− 입력	←	
		3A		MPG B+	수동 펄스 발생기/Encoder B+ 입력	←	
		4A		MPG B−	수동 펄스 발생기/Encoder B− 입력	←	
		5A		NC	미사용	←	
		6A		NC	미사용	←	
		7A		CON	외부 동시기동 신호	←	↑
		8A		EMG[*1]	비상정지 신호	←	↓
		9A		NC	미사용		
		10A		COM	Common(CON, EMG)	⇔	
		12A, 13A 15A, 16A 18A, 19A 20A		NC	미사용		

6) 펄스 출력부 핀 배열

<표 2-16> 펄스 출력부 핀 배열

구 분	핀 번호		내부 회로	신 호	
	X축	Y축			
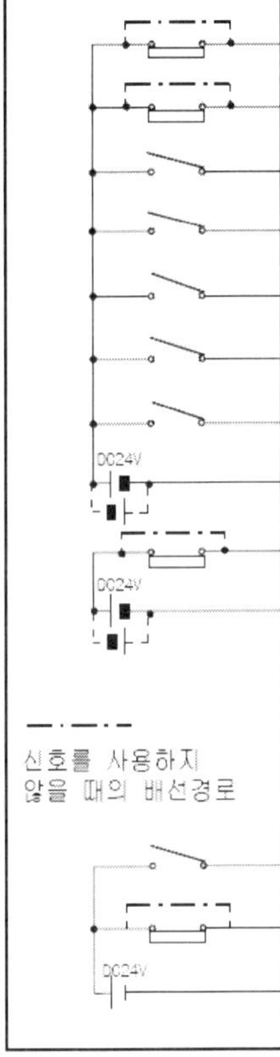	25A	5B	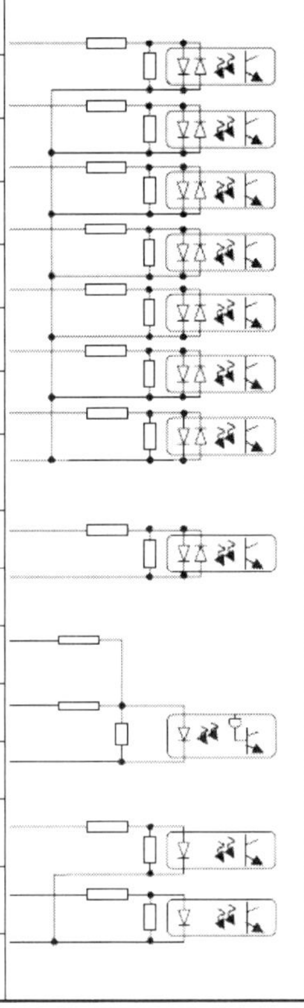	0V+*1	상한신호(B접점)
	26A	6B		0V−*1	하한신호(B접점)
	27A	7B		STOP	외부정지 신호
	28A	8B		DOG	근사원점 신호
	29A	9B		VTP	속도/위치 전환신호
	30A	10B		ECMD	외부지령 신호
	31A	11B		JOG−	조그 운전 시 역방향 신호
	32A	12B		COM	Common(0V+, 0V−, STOP, DOG, VTP, ECMD, JOG−)
	33A	13B		DRVIN*1	드라이브 레디 신호(B접점)
	34A	14B		DRVIN COM	드라이브 레디 신호 Common
	35A	15B		HOME +24V	원점신호(+24V)
	37A	17B		HOME +5V	원점신호(+5V)
	36A	16B		HOME COM	원점신호(+24V, +5V) Common
	7A			CON	외부 동시기동 신호
	8A			EMG*1	비상정지 신호(B접점)
	10A			COM	Common(CON, EMG)

※ 상/하한 및 드라이브 레디, 비상정지 신호는 B접점으로 사용하여야 한다.

7) 펄스 입력부 핀 배열

<표 2-17> 펄스 입력부 핀 배열

내부 회로	핀 번호		신 호	
	X축	Y축		
오픈 컬렉터 출력 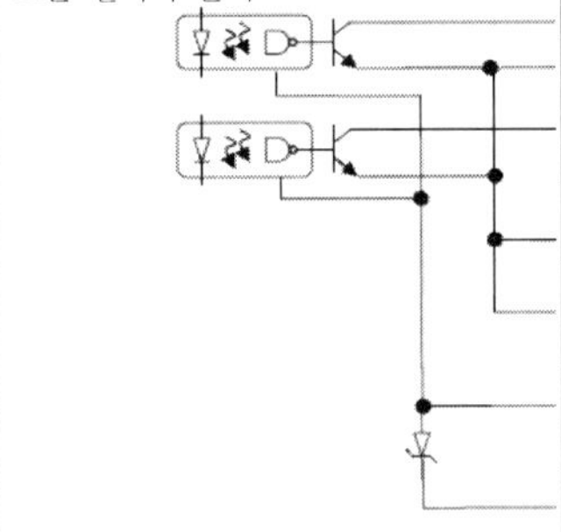	21A	1B	FP+	Pulse F(CW/Pulse/A상)
	22A	2B	FP−	Pulse COM(CW/Pulse/A상)
	23A	3B	RP+	Pulse F(CCW/Dir/B상)
	24A	4B	RP−	Pulse COM(CCW/Dir/B상)
	38A	18B	P COM*1	외부 5V, 24V GND (라인 드라이버 사용 시 미연결)
	39A	19B	5V*1	외부 5V 전원 (라인 드라이버 사용 시 미연결)
	40A	20B	24V*1	외부 24V 전원 (라인 드라이버 사용 시 미연결)
라인 드라이버 출력 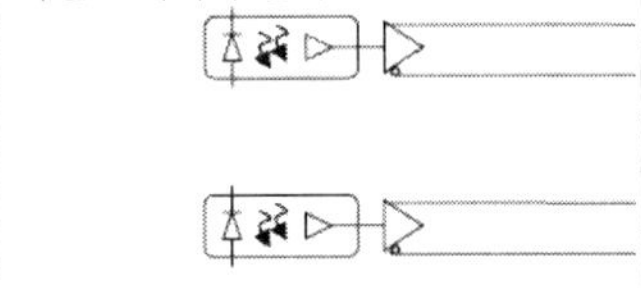	21A	1B	FP+	Pulse F+(CW/Pulse/A상)
	22A	2B	FP−	Pulse F−(CW/Pulse/A상)
	23A	3B	RP+	Pulse R+(CCW/Dir/B상)
	24A	4B	RP−	Pulse R−(CCW/Dir/B상)

※ 오픈 컬렉터 방식과 라인 드라이버 방식의 펄스 출력 방식이 서로 다르므로 이 점 유의하여 케이블을 제작해야 한다.

8) 각부 명칭과 역할

<표 2-18> 각부 명칭과 역할

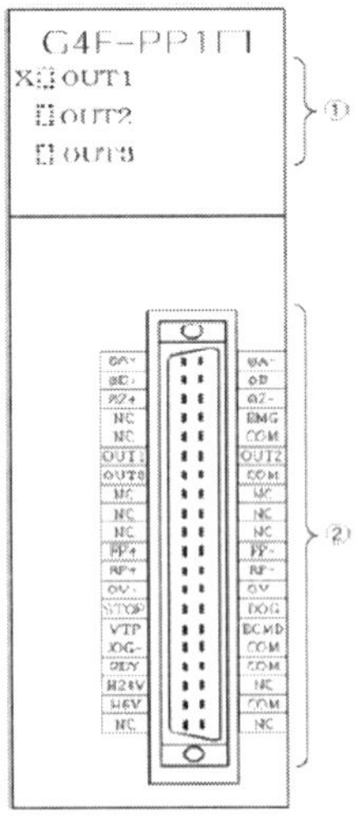

번호	명 칭	내 용
①	운전 표시 LED	1. 운전 표시 · 점등 : 해당 축 운전 중 · 소등 : 해당 축 정지 중 2. 에러 표시 · 점등 : 정상동작 중 · 점멸 : 해당 축 에러
②	외부배선용 커넥터	드라이브 기기, 기계 입력, 수동 펄스 발생기 등과 접속하기 위한 커넥터

(6) 서보모터

1) 제품 외관

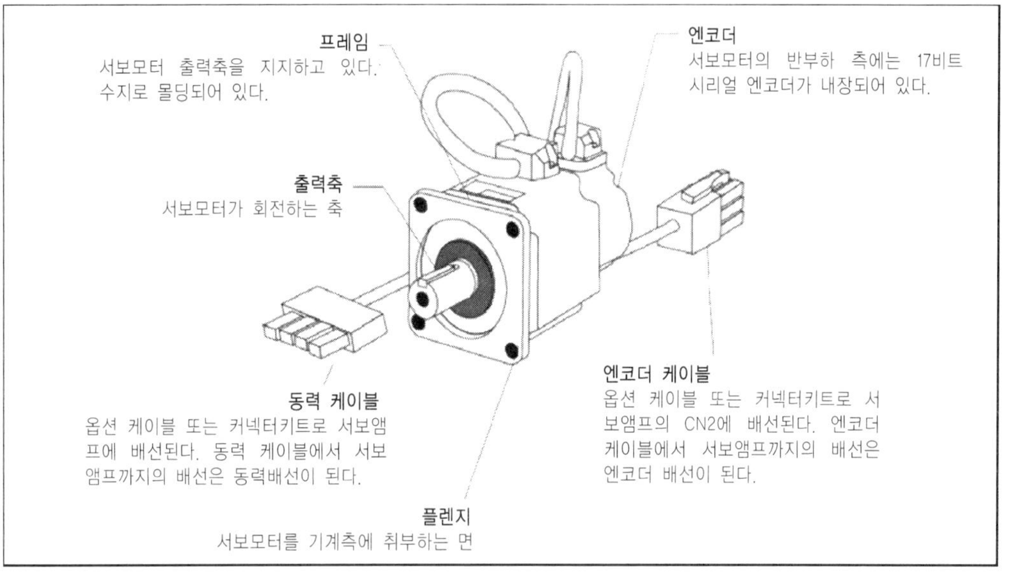

[그림 2-10] 서보모터

2) 제품 형식

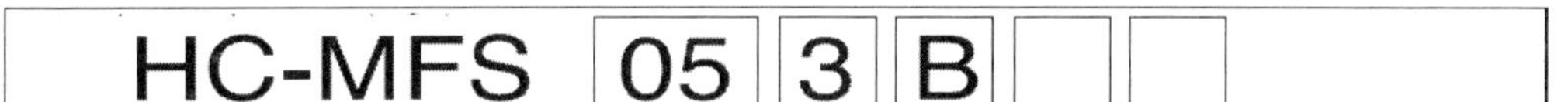

기호	모터계열
HC-KFS	저관성 소용량
HC-MFS	초저관성 소용량
HC-SFS	중관성 중용량
HC-LFS	저관성 중용량
HC-RFS	초저관성 중용량
HA-LFS	저관성 중·대용량
HC-UFS	플래트형 소·중용량

※ 표준으로 EN, UL, cUL 규격에 대응

기호	정격출력용량(kW)
05	0.05
1~8	0.1~0.85
10~80	1.0~8.0
11K~37K	11.0~37.0

기호	정격회전속도(r/min)
1	1000
1M	1500
2	2000
3	3000
6	6000
10	10000

기호	전자 브레이크
없음	없음
B	부착

주) 대응기종 및 상세 사양에 대해서는 본 카다로그의 「전자 브레이크사양」을 참조 하십시오.

기호	감속기
없음	없음
G1	일반산업 기계 대응 (플랜지 타입)
G1H	일반산업 기계 대응 (풋 마운트 타입)(주1)
G2	고정밀도 대응
G5	고정밀도 대응 플랜지 타입 플랜지 출력형
G7	고정밀도 대응 플랜지 타입 축 출력형

주) 1. HC-SFS2000r/min 시리즈뿐입니다.
2. 상세 사양에 대해서는 본 카다로그의 「감속기 부착 모터 사양」을 참조 하십시오.

기호	축단
없음	표준(스트레이트)
K	키 홈 타입 또는 키 부착(주)
D	D컷트(주)

주) 대응기종 및 상세 사양에 대해서는 본 카다로그의 「축단 특수사양」을 참조 하십시오.

[그림 2-11] 서보모터의 제품 형식

3) 서보모터 사양

<표 2-19> 서보모터 사양

서보모터 시리즈	HC-KFS 시리즈(저관성 · 소용량)					HC-KFS 고속회전 시리즈(저관성 · 소용량)	
형명 / 사양 — 서보모터형명 HC-KFS	053(B)	13(B)	23(B)	43(B)	73(B)	46	410
서보앰프형명(주9) MR-J2S	10A(1)/B(1)/CP(1)/CL(1)		20A(1)/B(1)/CP(1)/CL(1)	40A(1)/B(1)/CP(1)/CL(1)	70A/B/CP/CL	70A/B/CP/CL-U005	70A/B/CP/CL-U006
서보모터 — 전원설비용량(주2)(kVA)	0.3	0.3	0.5	0.9	1.3	0.9	0.9
연속특성 — 정격출력용량(W)	50	100	200	400	750	400	
연속특성 — 정격 토크(N·m)	0.16	0.32	0.64	1.3	2.4	0.64	0.38
최대 토크 (N·m)	0.48	0.95	1.9	3.8	7.2	2.87	1.91
정격회전속도(r/min)	3000					6000	10000
최대회전속도(r/min)	4500					6000	10000
순시허용회전속도(r/min)	5175					6900	11500
연속정격토크 시의 파워레이트 (kW/s)	4.78	12.1	15.8	36.7	37.7	6.4	3.1
정격 전류 (A)	0.83	0.71	1.1	2.3	5.8	2.9	2.9
최대 전류 (A)	2.5	2.2	3.4	6.9	18.6	12.9	14.5
회생브레이크빈도(회/분)(주3,4)	(주5)	(주5)	(주5)	220	190	110	55
관성모멘트 ( )는 B부착 — $J(\times10^{-4}kg\cdot m^2)$	0.053(0.056)	0.084(0.087)	0.260(0.310)	0.460(0.510)	1.51(1.625)	0.64	0.47
권장부하관성모멘트비(주6)	15배 이하		24배 이하	22배 이하	15배 이하		
속도 · 위치검출기	앱솔루트 · 인크리멘털 공용 17비트 엔코더(서보모터 1회전당 분해능 : 131072p/rev)						
장비품	·						
구조	전폐 · 자연냉각(보호방식 IP55)(주1,7)						
환경 — 주위온도	0~40℃(동결하지 않을 것), 보존 : −15~70℃(동결하지 않을 것)						
환경 — 주위습도	80%RH 이하(결로가 없을 것), 보존 : 90%RH 이하(결로가 없을 것)						
환경 — 분위기	실내(직사광선이 닿지 않을 것), 부식성 가스 · 인화성 가스 · 오일미스트 · 먼지가 없는 곳						
환경 — 표고/진동(주5)	해발 1000m 이하/X,Y : $49m/s^2$					해발 1000m이하/X,Y : $19.6m/s^2$	
질량(kg) ( )는 B부착	0.4(0.75)	0.53(0.89)	0.99(1.6)	1.45(2.1)	3.0(4.0)	1.5	1.5

4) 보존온도

① 보존 주위 온도 : −20~60℃

② 보존 주위 습도 : 10~90 %RH 이하(결로가 없을 것)

5) 사용환경

① 사용 주위 온도 : －10～40℃

② 사용 주위 습도 : 10～90 %RH 이하(결로가 없을 것)

6) 취부방법

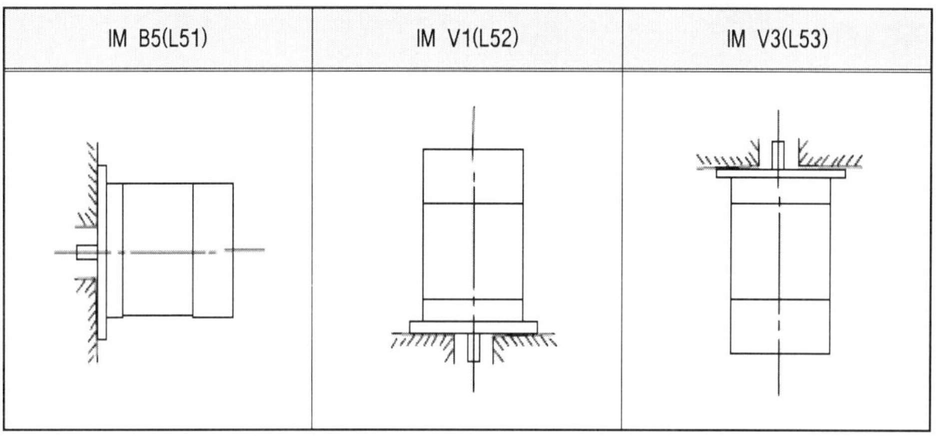

[그림 2-12] 서보모터의 취부방법

7) 주의사항

① 서보모터에는 상용전원을 직접 연결하지 않는다.

② 서보모터는 대응되는 서보앰프와 접속되어야만 사용이 가능하다.

③ 엔코더는 서보모터와 위치관계가 설정되어 있으므로 분해 시 성능저하 요인이 될 수 있다.

④ 서보앰프와 서보모터의 배선의 길이는 50m 이상을 사용하지 않는다.

⑤ 서보앰프와 서보모터의 동력배선에 커넥터를 사용하거나 1대의 서보앰프로 여러 대의 서보모터를 바꿔 회전시킬 수 없다.

⑥ 서보앰프와 서보모터의 동력배선은 진상 콘덴서, 각종 리액터, 노이즈 필터, 서지 압소버 등과 연결하여 사용할 수 없다.

(7) 서보앰프

1) 제품 외관

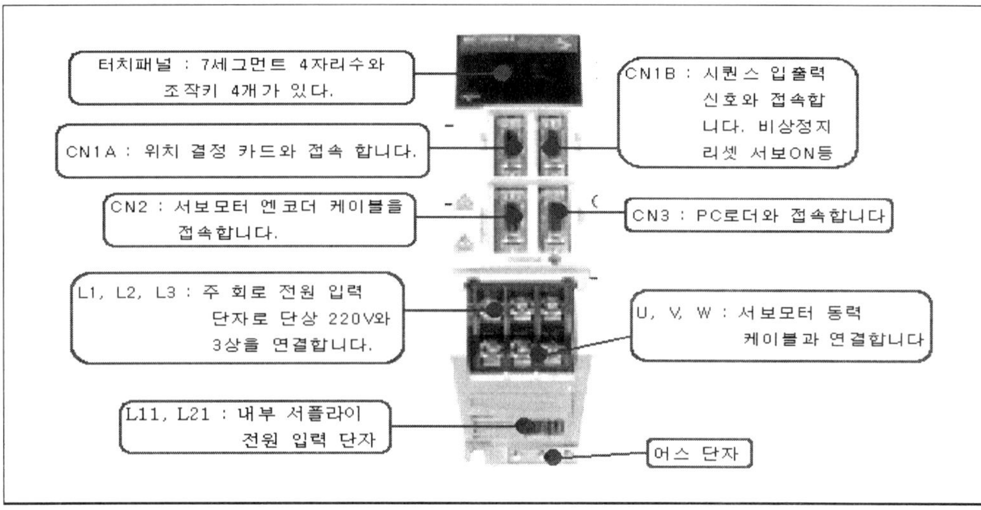

[그림 2-13] 서보앰프의 외관

2) 제품 형식

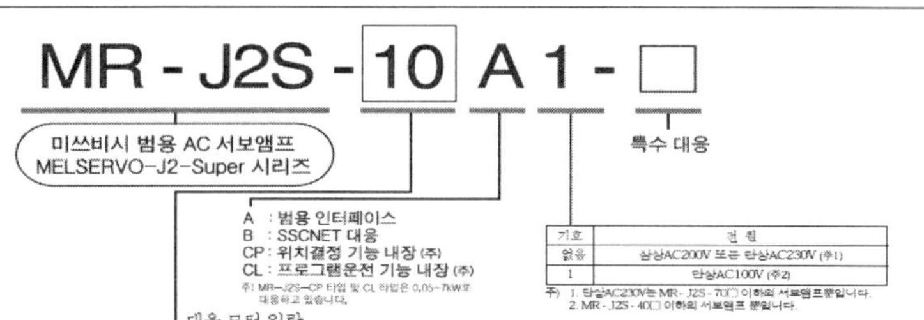

기호	전원
없음	삼상AC200V 또는 단상AC230V (주1)
1	단상AC100V (주2)

주) 1. 단상AC230V는 MR-J2S-70□ 이하의 서보앰프뿐입니다.
2. MR-J2S-40□ 이하의 서보앰프 뿐입니다.

대응 모터 일람

※ 표준으로 EN, UL, cUL 규격에 대응

※ 30kW 이상의 앰프에는 컨버터 유닛(MR-HP30KA)이 필요합니다.

기호	HC-KFS	HC-MFS	HC-SFS	HC-LFS	HC-RFS	HA-LFS	HC-UFS
10	053, 13	053, 13	-	-	-	-	13
20	23	23	-	-	-	-	23
40	43	43	-	-	-	-	43
60	-	-	52, 53	52	-	-	-
70	73, 46, 410	73	-	-	-	-	72, 73
100	-	-	81, 102, 103	102	-	-	-
200	-	-	121, 201, 152, 202, 153, 203	152	103, 153	-	152
350	-	-	301, 352, 353	202	203	-	202
500	-	-	502	302	353, 503	502	352, 502
700	-	-	702	-	-	601, 701M, 702	-
11K	-	-	-	-	-	801, 12K1, 11K1M, 11K2	-
15K	-	-	-	-	-	15K1, 15K1M, 15K2	-
22K	-	-	-	-	-	20K1, 25K1, 22K1M, 22K2	-
30K	-	-	-	-	-	30K1, 30K1M, 30K2	-
37K	-	-	-	-	-	37K1, 37K1M, 37K2	-

[그림 2-14] 서보앰프의 제품 형식

3) 보존환경

① 보존 주의 온도 : －20～＋85℃
② 보존 주의 습도 : 10～90 %RH 이하(결로하지 않는 곳)
③ 보존장소 : 옥내, 표고 1000m 이하, 분진, 부식성 가스, 직사광선 없는 곳
④ 보존기압 : 70～106Kpa
⑤ 진동/충격 : $4.9m/s^2$ / $19.6m/s^2$

4) 사용환경

① 사용 주위 온도 : －10～＋55℃
② 사용 주위 습도 : 10～90 %RH 이하(결로하지 않는 곳)
③ 사용장소 : 옥내, 표고 1000m 이하, 분진 부식성 가스, 직사광선이 없는 곳
④ 사용기압 : 70～106kpa
⑤ 진동/충격 : $4.9m/s^2$ / $19.6m/s^2$

5) 취부

① 서보앰프의 터치패널(Touch Panel)에 표시되어 있는 디스플레이부 및 조작부가 수평으로 보이도록 서보앰프를 수직으로 설치한다.

② 서보앰프 운전 시 발열로 인해 여러 대의 서보앰프를 동일 반경 내에 설치하는 경우 기본적으로 횡배열로 설치하며, RYC 형식의 서보앰프는 횡방향으로 밀착해 취부한다. 완전하게 밀착시킬 경우에는 80 %ED 정격으로 사용하며, 5mm 이상의 간격으로 설치하는 경우에는 운전 빈도에 제약은 없다. 서보앰프의 아랫방향으로는 40mm 이상의 간격을 유지한다. 서보앰프의 위쪽은 열을 발산하므로 50mm 이상의 간격이 필요하다.

※ 밀착시킨 상태로, 주위 온도가 45℃ 이하의 경우는 100 %ED로 사용 가능하다.

③ 전원공급(서보앰프 용량 0.75kW 이하)

서보앰프의 전원공급은 각종 사양범위 내의 전원을 공급한다.

단상 200V 입력 : AC200～230V(변동률 : －10%～＋10%)

(8) 터치스크린

1) 제품 외관

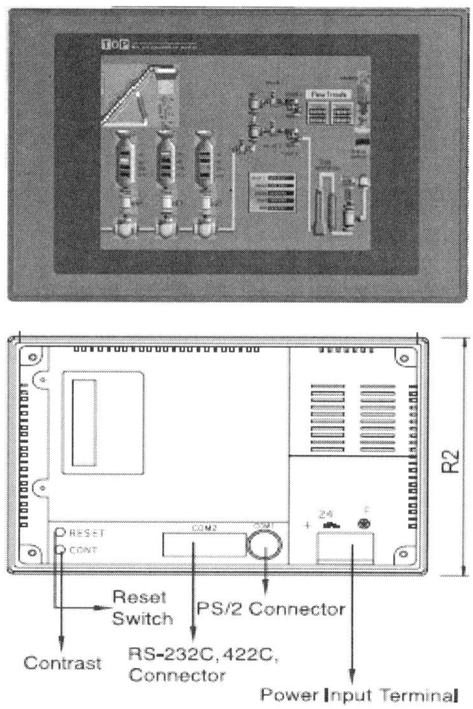

[그림 2-15] 터치스크린 제품 외관

2) 제품 형식

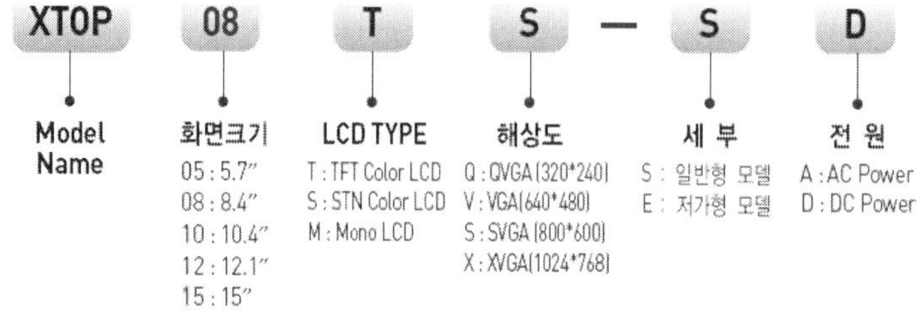

[그림 2-16] 터치스크린 제품 형식

3) 제품 사양

<표 2-20> 제품 사양

성능사양

항목	모델	TOP6SAE	TOP6TA	TOP6TAS
디스플레이 규격	Display	10"STN Color	10.4"TFT Color	
	Display Area	204×153mm	211.2×158.4mm	
	해상도	800×600	640×480	800×600
	컬러	256 Color		
	백라이트 수명	25,000hrs	50,000hrs	20,000hrs
	밝기 조정	Variable resistance	None	
	밝기	100cd/㎡	400cd/㎡	230cd/㎡
터치	작동방식	아날로그 저항막 방식		
	기계적수명	약 1백만회		
인터페이스	Serial	RS-232C, RS-422 / 485		
		통신속도 : 최대 115, 200bps		
	Ethernet	None		
	Parallel 프린터	None	Option	
	USB	None		
	CF카드	None	Option	
기타	전지	리튬 1차 전지		
	백업메모리	256KB		256KB
	백업기간	2년 (주위온도 25도)		
	시계	내장		
	동작 LED	내장		
	화면메모리	6MB		

일반사양

항목		사양
전원	Input Voltage	AC85~264V / DC24V
	Power Consumption	20W 이하
	Voltage Sag	10ms 이내
	Insulation Resistance	500V DC, 10MΩ
환경	Operation Temperature	0℃ ~ +50℃
	Storage Temperature	-10℃ ~ +60℃
	Ambient Humidity	85%RH 이하
	Atmosphere	No corrosive gas
	Vibration Endurance	Amplitude:10 ≤ F ≤ 25Hz (2G) X, Y, Z direction for 30 minutes
	Noise Immunity	1200Vp-p / 900Vp-p(펄스 폭 1μs)
	ESD Immunity	전압 : ±4KV
	Shock Endurance	10G, X, Y, Z direction for 3 times
	Electricity Endurance	IEC801-2에 준함
	Grounding	Class 3 (100Ω)
	Protection Classification	IP65F에 준함(*1)
구조	External Dimension	305×239×55
	Panel Cut	295×229
	Weight (본체)	2.8KG
	Cooling System	자연 공기 냉각
	Case Material	ABS (Resistance to flame)

2. 카드 설명

(1) C-NET 연결 및 설정

C-NET 카드는 각 PLC(RS 422통신)를 연결하여 PLC 간 정보의 전달과 터치패널과 통신하는 역할을 한다. 즉, 다른 공정부에 입출력 신호의 전송과 터치패널과 PLC와 상호 데이터 통신을 한다.

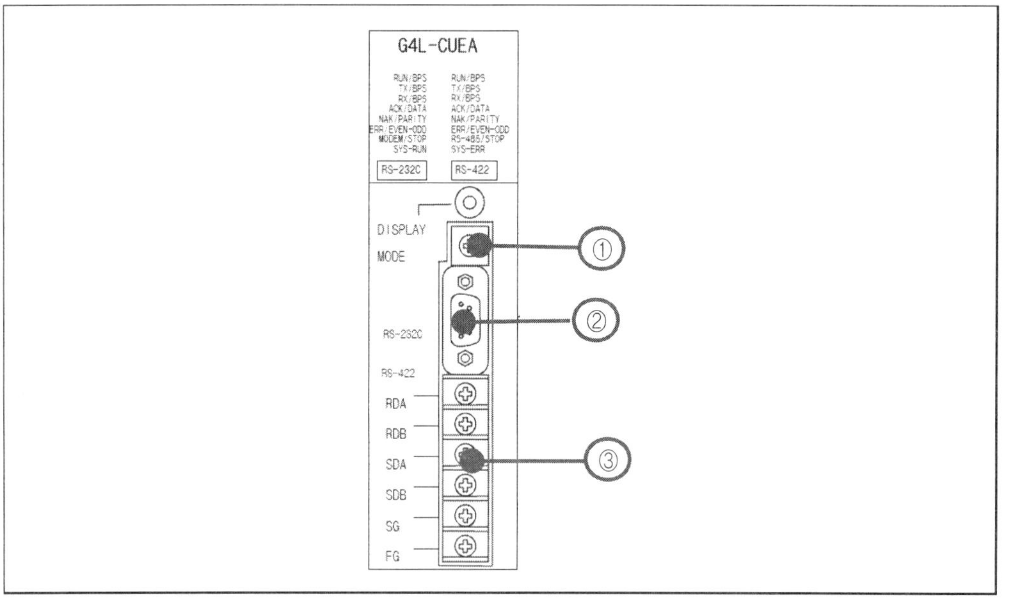

[그림 2-17] C-NET 카드 명칭

1) 통신 케이블 연결

가. RS 232C

3선식 연결방법으로 케이블을 제작하여 ②번과 터치패널 뒷면의 COM2와 연결한다. 이때 C-NET 쪽에 연결할 케이블 단자는 1, 2, 3, 4, 5, 6, 7, 8PIN을 납땜한 부분이 되고 터치패널의 COM2는 2, 3, 5만 납땜한 케이블 단자를 연결한다. 연결이 잘못되었을 시에 터치패널과 PLC 간에 데이터 통신이 이루어지지 않고 오류 발생으로 C-NET 카드의 이상이 발생할 수 있다.

나. RS 422

베이스 증설 방법을 사용하여 ③번에 케이블을 연결한다. 이때, 연결하는 케이블은 실드 선이 포함된 전용통신 케이블을 사용해야 한다. 만약 전용 케이블 선을 사용하지 않을 경우 통신이 되지 않으므로 전용통신 케이블을 쓰도록 한다.

그리고 연결 시에 앞에 수록된 방법으로 종단저항을 꼭 연결하여야 한다. 1 : 1 단거리의 경우 종단저항이 없어도 통신이 되지만 2개 이상의 C-NET 카드를 연결할 시에 종단저항을 연결하지 않으면 통신이 되지 않으므로 꼭 종단저항을 연결하도록 한다.

다. 모드 설정

①번의 모드(Mode) 설정을 3번 전용통신으로 설정하고 전원을 재투입한다. RS 232C와 RS 422 통신이 전용통신을 사용하므로 3번으로 설정하도록 한다.

라. 프로그램 설정

① Touch Panel ↔ PLC C-NET 통신설정방법

전송 규격은 GMWIN4의 프레임 편집기에서 한다. GMWIN4를 실행시키고 메뉴 툴바 중 '도구 → C-NET 프레임 편집기'를 클릭한다.

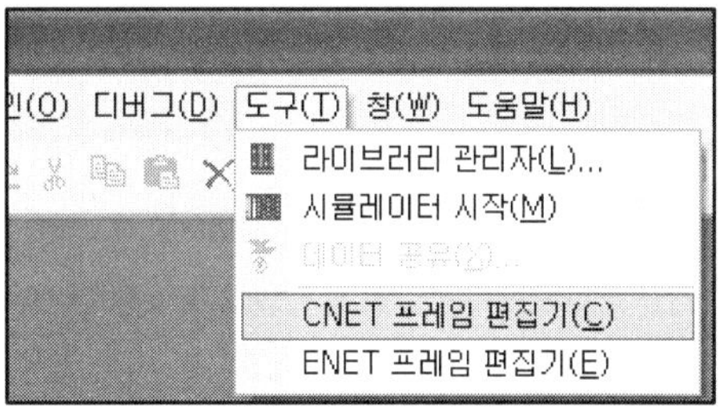

[그림 2-18] Touch Panel ↔ PLC C-NET 통신설정방법

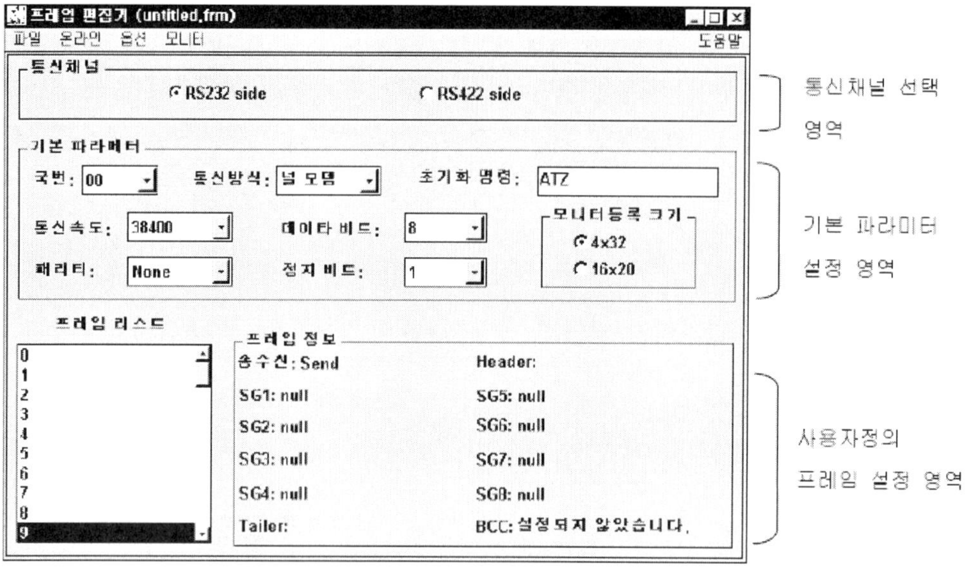

[그림 2-19] 프레임 편집기

위 그림과 같이 팝업창이 열리면 설정준비가 된 상태이다.
위의 팝업창에서 '옵션 → 통신포트 선택'을 클릭한다.

[그림 2-20] 프레임 편집기의 통신포트 선택(1)

통신포트 선택에서 PC는 PLC의 CPU와 연결된 통신포트를 말한다. PLC의 통신포트 설정에서 PLC는 단독으로 사용 중이므로 단독에 체크하고 확인 버튼을 클릭한다.

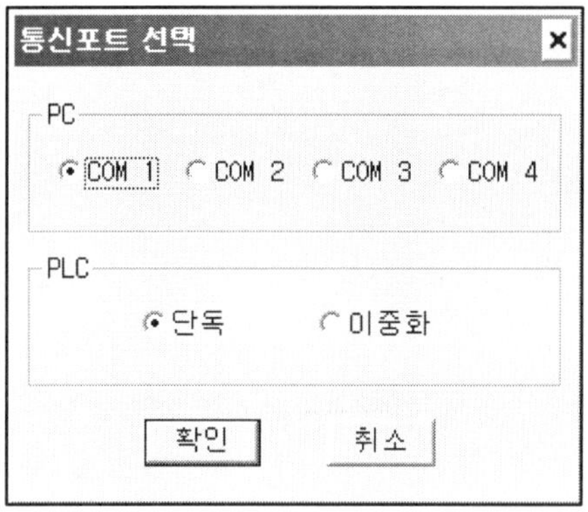

[그림 2-21] 프레임 편집기의 통신포트 선택(2)

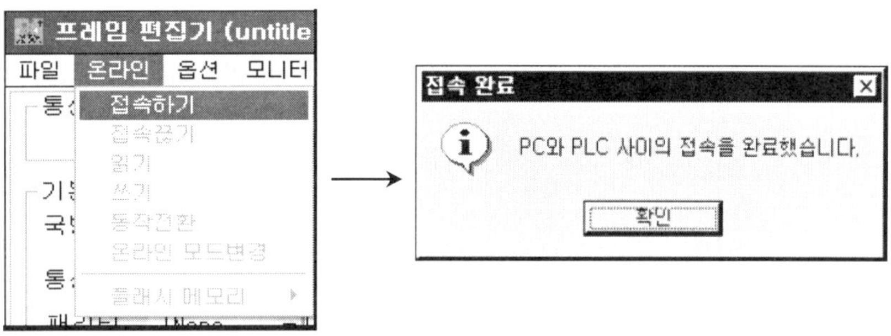

[그림 2-22] PC와 PLC 사이의 접속

프레임 편집기 창에서 '온라인 → 접속하기'를 클릭하여 접속에 성공하면 접속 완료 팝업창이 열리고 이때부터 설정 내용을 PLC에 쓰기를 할 수 있다.

확인 버튼을 클릭하고 C-NET 프레임 편집기 창에서 아래와 같이 설정한다.

◈ Touch Panel과의 통신 설정

- 통신채널 : RS-232 side
- 기본 파라미터
- 국번 : 베이스의 번호를 말하며, 각각의 PLC가 Touch Panel과는 전부 1 : 1 로 연결되어 있으므로 00으로 설정한다.
- 통신방식 : 널모뎀으로 설정
- 초기화 명령 : ATZ
- 통신속도 : 38400

- 데이터 비트 : 8
- 패리티 : None
- 정지비트 : 1
- 모니터 등록 크기 : 사용자 선택사항
- 프레임 리스트 : 사용자 선택사항

설정을 완료하면 프레임 편집기 메뉴 중 '온라인 → 쓰기'를 클릭하여 아래와 같은 창이 열리면 현재 C-NET 카드가 장착된 슬롯번호를 확인하여 슬롯번호를 클릭하고 통신 옵션에서 기본 파라미터를 체크 후 쓰기 버튼을 클릭한다.

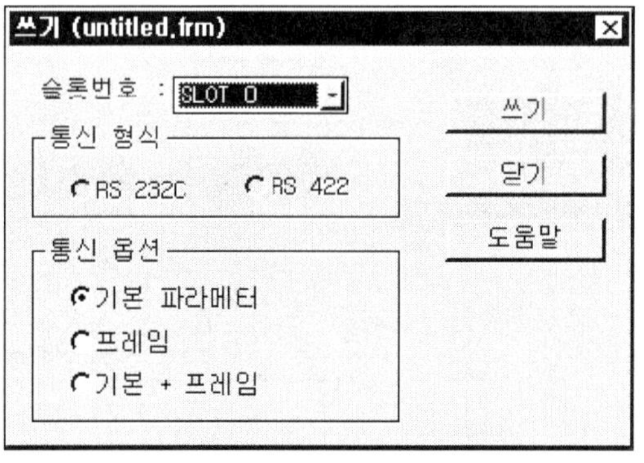

[그림 2-23] 쓰기를 위한 기본 파라미터 체크

파라미터 쓰기가 성공할 경우 파라미터 쓰기를 완료했다는 메시지가 나타난다.

[그림 2-24] 통신 완료

파라미터 쓰기가 완료된 후, 프레임 편집기 창의 메뉴에서 '온라인 → 동작전환' 메뉴를 선택하여 현재 슬롯번호를 설정해 주고 해당 채널의 동작상태를 RUN으로 전환해 준다.

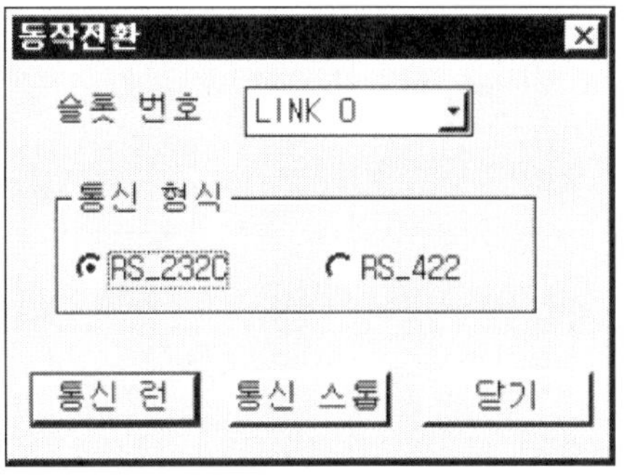

[그림 2-25] 동작전환

이와 같은 방법으로 3개의 각 공정부의 C-NET 카드를 전부 설정한다.

② PLC ↔ PLC C-NET 통신설정방법

각각 C-NET 카드마다 국번을 다르게 하여 설정해야 한다. 만약 국번이 충돌이 일어날 경우 에러가 발생한다.

- 통신채널 : RS422 side로 체크
- 국번 : Master는 00, Sub-1은 01, Sub-2는 02로 설정하여 국번이 서로 다르게 한다. 이 국번은 LD 프로그램을 작성할 때 사용한다.

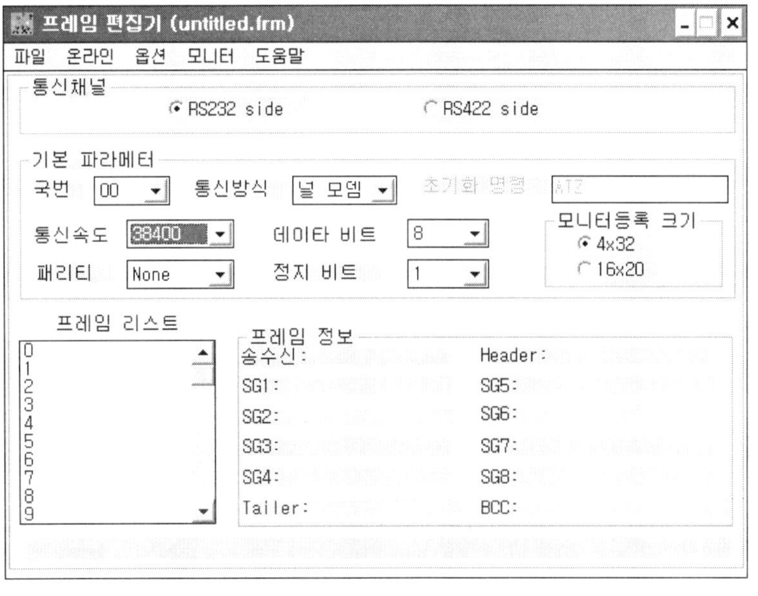

[그림 2-26] 통신채널, 국번 및 통신속도 설정

- 통신속도 : 각 PLC에 부착된 C-NET 카드의 통신속도가 같지 않을 경우 통신이 되지 않으므로 19200이나 38400으로 통신속도를 설정해 준다. 나머지 기본 파라미터 설정은 같다.

쓰기방법과 통신런의 방법은 앞의 RS-232C와 같고 통신형식 체크 시에 RS-422를 체크하고 쓰기와 통신런을 하면 된다. 이 방법으로 각 PLC의 RS-422 통신설정을 한다.

(2) 위치결정 카드 설정

위치결정 카드 설정은 GMWIN의 프로그램에서 함수를 직접 사용하는 방법과, 위치결정 카드를 설정할 수 있는 전용 프로그램인 APM 소프트웨어가 있다. APM 소프트웨어는 서보제어를 좀 더 손쉽게 할 수 있는 프로그램으로서, 서보제어에 필요한 명령어를 비주얼 베이직의 화면을 통해 서보제어에 필요한 위치제어, 속도제어, 토크제어를 간단한 설정만으로 제어할 수 있다.

1) APM 소프트웨어 기본화면

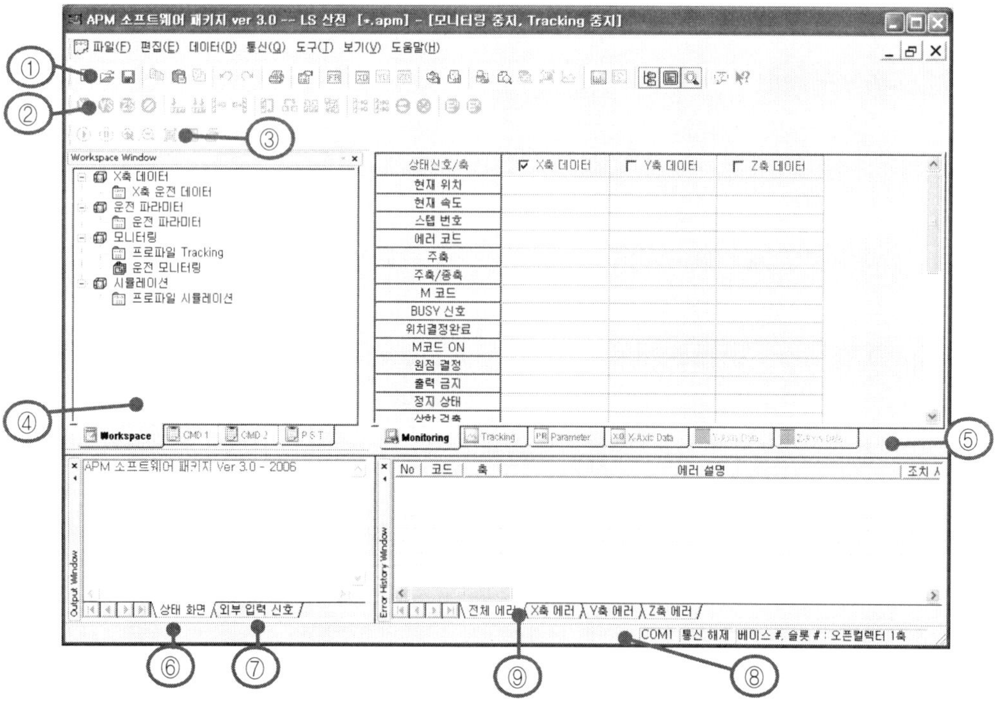

[그림 2-27] APM 소프트웨어 기본화면

① 기본 도구모음 : 파일 열기, 저장, 편집, 인쇄, 운전 데이터, 운전 파라미터, 온라인, 오프라인 모델 설정, 통신연결, 모니터링 및 시뮬레이션 기능에 대한 도구모음이 포함되어 있다.

② 지령 도구모음 : 지령항목 중 사용자가 자주 쓰는 항목을 모아 놓은 도구모음들이 포함되어 있다.

③ 트래킹(Tracking) 도구모음 : 수행 시 사용자는 줌 인/아웃 기능 및 다양한 기능들을 이 도구모음을 사용하여 구현할 수 있다.

④ 작업화면 및 지령창 : '작업화면'을 통해서 작업 간의 원하는 화면으로 쉽게 이동할 수 있으며, '지령창'을 통해서 지령명령을 쉽게 수행할 수 있다.

⑤ 작업공간 : 모니터링, 트래킹, 운전 파라미터, 운전 데이터(X, Y, Z) 등으로 구분되어 있어 동시에 여러 작업을 수행할 수 있도록 구성되어 있다.

⑥ 상태화면 창 : APM 소프트웨어 패키지의 작업상태 정보를 표시한다.

⑦ 외부 입/출력 신호창 : 모니터링 중에 각 축의 외부 입/출력 신호들을 확인할 수 있도록 구성되어 있다.

⑧ 상태표시줄 : APM 모듈의 특성과 위치를 나타내는 정보, 통신 환경/상태를 나타내는 정보 및 운전 파라미터의 최대/최소값을 표시하는 기능을 담당한다.

⑨ 에러 히스토리 창 : 에러 히스토리 창은 지령을 수행하면서 발생되는 에러들의 내역을 각 축마다 각각 10개씩 확인할 수 있도록 구성된 화면이다.

2) 통신접속

가. 통신 환경 설정

APM 소프트웨어의 메뉴 중 '통신 → 통신 환경 설정'을 클릭한다.

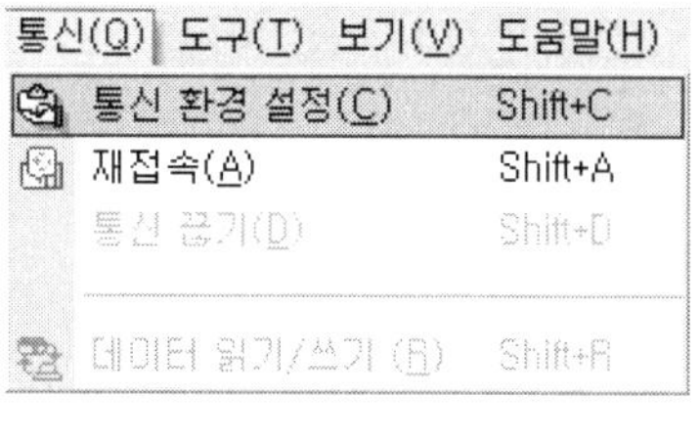

[그림 2-28] APM 통신 환경 설정

다음의 팝업창이 열리면 통신방식은 RS-232로 설정하고 통신 포트는 현재 PC와 PLC와 연결된 COM 포트를 설정하고 통신속도는 19200이나 38400을 선택한다.

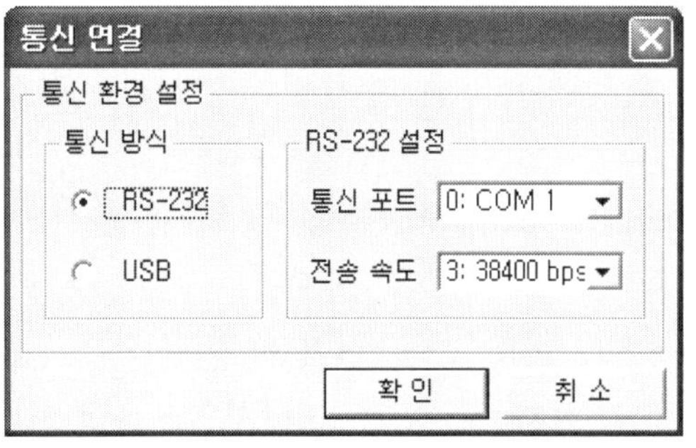

[그림 2-29] APM 통신 연결 설정

◈ PLC 모델 설정

APM 소프트웨어의 메뉴 중 '도구 → 온라인 모델 설정'을 클릭한다. 수초의 시간 동안 현재 PLC에 연결된 위치결정 카드를 PC가 직접 검사한다.

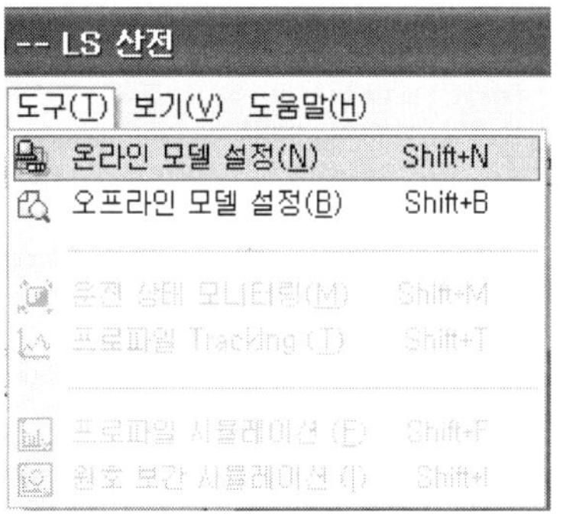

[그림 2-30] PLC 모델 설정

위치결정 카드의 검사가 완료되면 위치결정 모듈의 정보를 [그림 2-31]의 창과 같이 표시한다. 여러 개의 위치결정 카드가 연결되어 있을 때에는 편집할 위치결정 카드를 선택하여 설정을 해주면 된다. 본 실습장비의 위치결정 카드는 한 개만 연결되어 있으므로 베이스 0에 표시된 위치결정 카드를 선택하여 확인 버튼을 클릭한다.

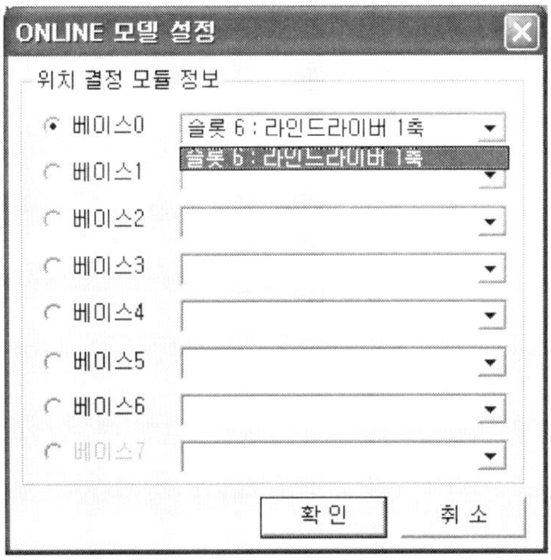

[그림 2-31] 위치결정 모듈의 정보

3) 파라미터 설정

가. 기본 파라미터 설정

	항목	X축
기본 파라미터	단위	0: Pulse
	1회전당 펄스 수	20000 pls
	1회전당 이송거리	20000 pls
	단위배정도	0: x 1
	펄스 출력모드	0: CW/CCW
	바이어스 속도	1 pls/s
	속도 제한치	200000 pls/s
	가/감속 시간1	500 ms
	가/감속 시간2	1000 ms
	가/감속 시간3	1500 ms
	가/감속 시간4	2000 ms

[그림 2-32] 기본 파라미터 설정

나. 확장 파라미터 설정

	항목	X축
확장 파라미터	S/W 하한	-2147483648 pls
	백래쉬 보정량	0 pls
	위치결정 완료 시간	1000 ms
	외부 명령선택	0: 기동
	펄스 출력 방향	0: CW
	M 코드 출력	0: NONE
	외부 명령	0: 금지
	외부 정지	0: 금지
	외부 동시기동	0: 금지
	외부 속도/위치 전환	0: 금지
	등속 운전중 SW상하한	0: 검출 안함
	등속 운전중 위치표시	0: 표시 안함
	가/감속 패턴	0: 사다리꼴 운전
	S-Curve 비율	50

[그림 2-33] 확장 파라미터 설정

다. 원점 파라미터 설정

	항목	X축
원점/수동 파라미터	원점복귀 방법	0: 근사원점/원점(OFF)
	원점복귀 방향	1: CCW
	원점 어드레스	0 pls
	원점 보정량	0 pls
	원점 복귀고속	30000 pls/s
	원점 복귀저속	10000 pls/s
	원점복귀 재기동시간	0 ms
	원점복귀 가감속 시간	1000 ms
	DWELL 시간	0 ms
	JOG 고속속도	30000 pls/s
	JOG 저속속도	10000 pls/s
	JOG 가감속 시간	1000 ms
	인칭 속도	100 pls/s

[그림 2-34] 원점 파라미터 설정

나머지 파라미터는 설정하지 않아도 된다.

4) CMD1의 활용

CMD에서는 서보 위치제어에 필요한 좌표를 조그(JOG) 운전을 통해서 엔코더의 값을 읽어 들일 수 있다. 화살표는 방향을 말하며, 또한 속도를 의미한다. 더블 화살표는 고속 JOG 모드를 뜻한다. 먼저 원점복귀 지령을 내린 후 원점복귀가 완료되면 CMD1의 JOG 운전을 통해서, 서보 위치에 필요한 좌표, 즉 엔코더 좌표값을 찾아 X-AXIS Data에 기록한다.

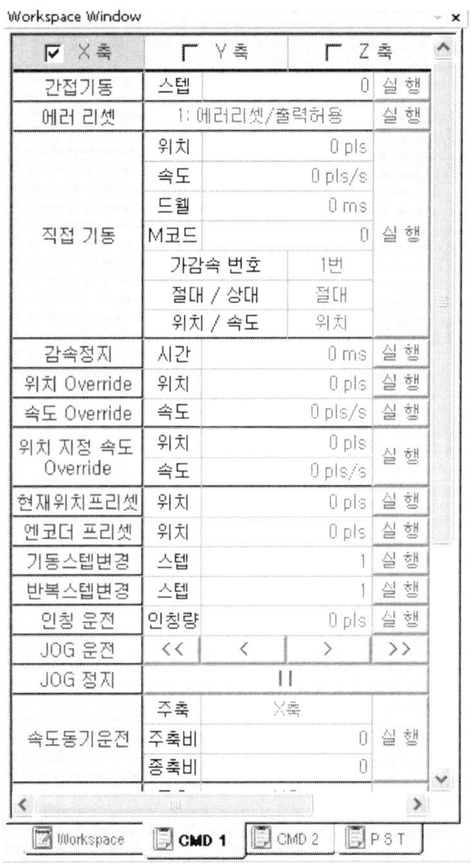

[그림 2-35] Workspace Window

아래의 X-Axis Data에 목표위치와 운전속도 Pls를 넣으면 된다. Master와 Sub2가 각각 5개의 스텝을 요구하므로 스텝 5개에 대한 데이터를 CMD1의 JOG 운전을 통해 목표위치 값을 넣도록 한다.

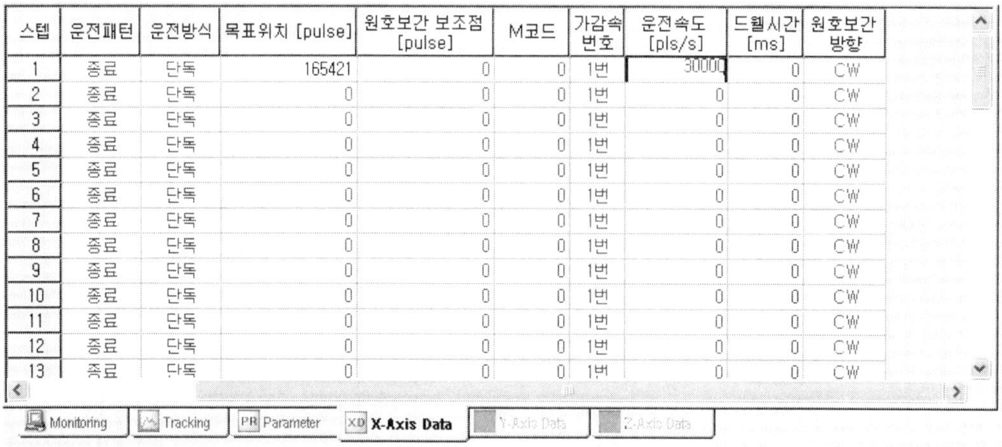

스텝	운전패턴	운전방식	목표위치 [pulse]	원호보간 보조점 [pulse]	M코드	가감속 번호	운전속도 [pls/s]	드웰시간 [ms]	원호보간 방향
1	종료	단독	165421	0	0	1번	30000	0	CW
2	종료	단독	0	0	0	1번	0	0	CW
3	종료	단독	0	0	0	1번	0	0	CW
4	종료	단독	0	0	0	1번	0	0	CW
5	종료	단독	0	0	0	1번	0	0	CW
6	종료	단독	0	0	0	1번	0	0	CW
7	종료	단독	0	0	0	1번	0	0	CW
8	종료	단독	0	0	0	1번	0	0	CW
9	종료	단독	0	0	0	1번	0	0	CW
10	종료	단독	0	0	0	1번	0	0	CW
11	종료	단독	0	0	0	1번	0	0	CW
12	종료	단독	0	0	0	1번	0	0	CW
13	종료	단독	0	0	0	1번	0	0	CW

[그림 2-36] X-Axis Data

5) 데이터 읽기 / 쓰기

서보의 X축 운전 데이터와 Y축 운전 데이터, 그리고 파라미터의 값을 설정한 후, 이 설정값을 위치결정 카드에 전송해 주어야 유효하며, 데이터 읽기/쓰기는 모니터링 중이거나 트래킹 중에는 불가능하므로 해당 기능을 정지한 후 수행해야 한다.

메뉴 중 '통신 → 데이터 읽기 / 쓰기'를 클릭한다. 만약 이 메뉴가 활성화되어 있지 않다면 '통신 → 통신 끊기'를 클릭하고 다시 '통신 → 재접속'을 클릭하여 쓰기를 하면 된다.

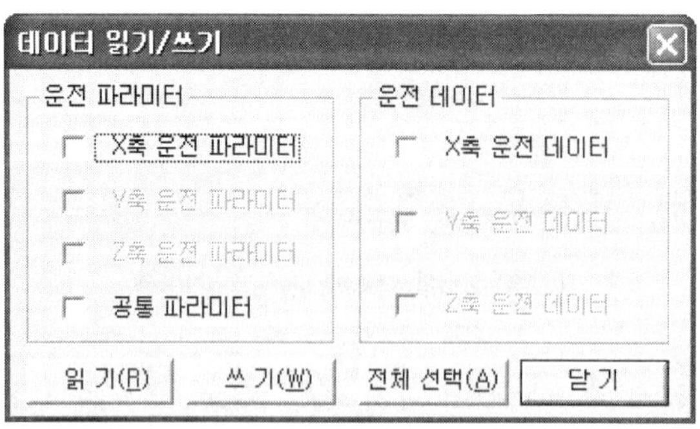

[그림 2-37] 데이터 읽기/쓰기

위의 팝업창이 열리면 운전 파라미터와 운전 데이터의 체크 박스를 체크하여 쓰기 버튼을 클릭하면 된다. 읽기의 경우도 마찬가지로 PLC 내에 미리 짜여진 데이터들을 읽을 때에는 읽을 부분의 체크 박스를 체크하고 읽기 버튼을 클릭하면 된다.

(3) 서보앰프 설정

서보앰프의 파라미터 설정을 함부로 변경 시 오동작과 에러의 원인이 되므로 함부로 변경하지 않도록 한다. 이를 변경할 필요가 있을 시에는 MR-J2A-ㅁA의 매뉴얼을 충분히 읽고 변경하도록 한다.

1) 기어비 변경

에폭시 공급부와 적재부의 서보모터 구동이 앞의 APM 소프트웨어에서 최고속도로 하였는데도 너무 느린 경우에만 변경한다.

① 서보앰프 터치패널의 원형 누름 버튼 4개 중 왼쪽 첫 번째 버튼을 클릭하여 파라미터 넘버가 표시되게 한다.

② P 00 등으로 파라미터 No.가 표시되면 파라미터 번호를 왼쪽 두 번째와 세 번째 버튼을 클릭하여 P 03으로 설정한다. P 03은 분자가 되고 P 04는 분모가 된다.

③ 오른쪽 버튼을 누르면 현재 파라미터가 선택되고 한 번 더 누르면 설정을 변경할 수 있다.

④ P 03의 설정을 5 이하로 설정한다. 5 이상으로 설정해도 무관하나 속도가 너무 빠를 시에 오동작이나 부딪힘이 일어날 수 있으므로 적정선으로 정한다.

⑤ P 04의 공장 출고 세팅이 1로 되어 있다. 더 자세한 사항은 해당 앰프의 매뉴얼을 참고하도록 한다.

제 3 절 LED 실습장비 운용

1. LED 실습장비

(1) LED 실습장비 Operating

1) 전원 ON

리드프레임 공급부, 에폭시 공급부, 적재부의 Main과 DC24V의 스위치를 ON한다.

2) 매거진 물품 채움

각 그립과 컨베이어 적재함 등에 리드프레임이나 주형 컵이 있으면 제거하고 매거진에 주형 컵과 리드프레임을 채운다.

① 리드프레임은 리드프레임 공급부의 매거진에 머리 부분이 공급 실린더 쪽으로 오게 하여 채워 넣는다.
② 주형 컵은 주형 컵 틀의 밑바닥의 작은 홈이 컨베이어 방향으로 가게 하여 매거진에 채워 넣는다.

3) 비상정지 해제

각각의 공정부의 조작 스위치와 터치스크린 상의 비상정지 스위치를 전부 해제한다.

① 초기 전원을 ON하면 터치패널의 비상스위치가 ON 되어 있는데 이를 터치하여 OFF한다.
② 각각의 비상정지들은 공정별로 나누어져 있지만 Main의 비상정지는 전부 연결되어 있으므로 해제하지 않으면 각각의 공정들은 기동하지 않는다.
③ Master Touch Panel의 Main 화면의 비상정지도 해제를 해야 한다.

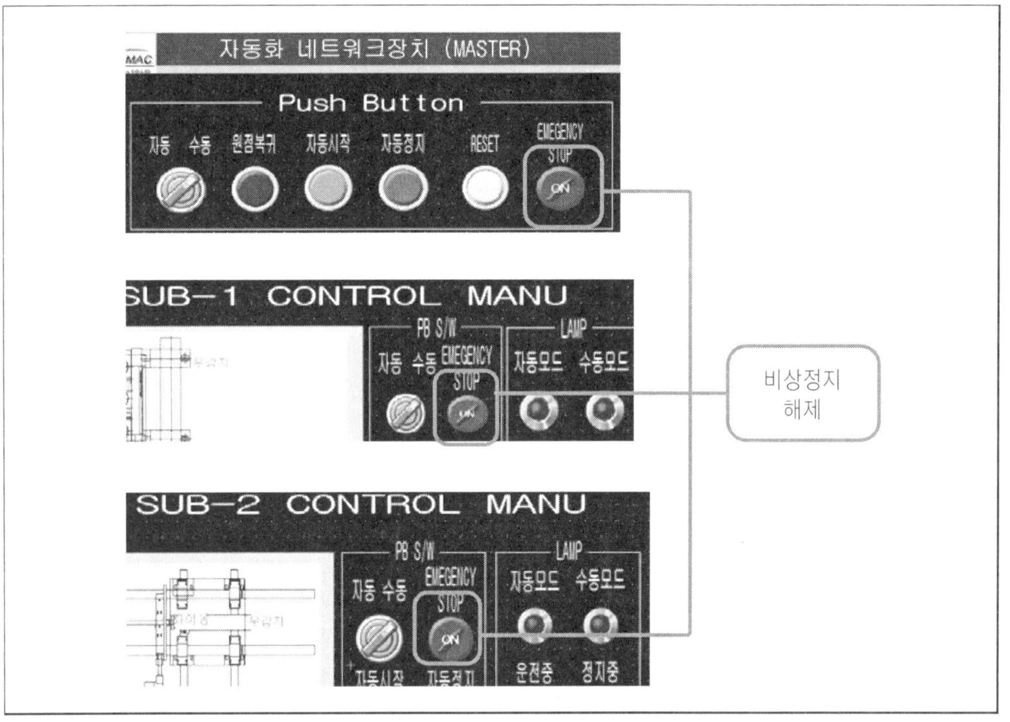

[그림 2-38] 비상정지 해제

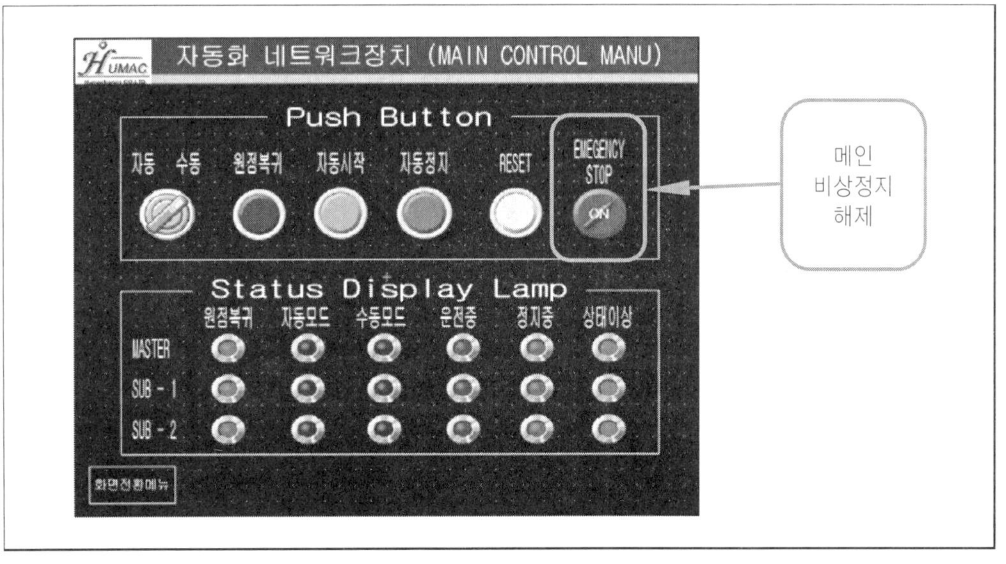

[그림 2-39] 메인 비상정지 해제

4) 원점복귀

각각의 공정부의 SELECT Switch를 수동으로 위치하고 터치스크린 상에서 원점복귀를 누른다.

① 각각의 터치스크린에서 공정별로 원점복귀가 가능하고 Main에서 전체 원점복귀도 가능하다.
② 원점복귀가 완료되면 각 공정의 터치화면에서 원점복귀 완료 램프가 ON되고 이를 Main 터치에서 한 번에 모니터링이 가능하다.

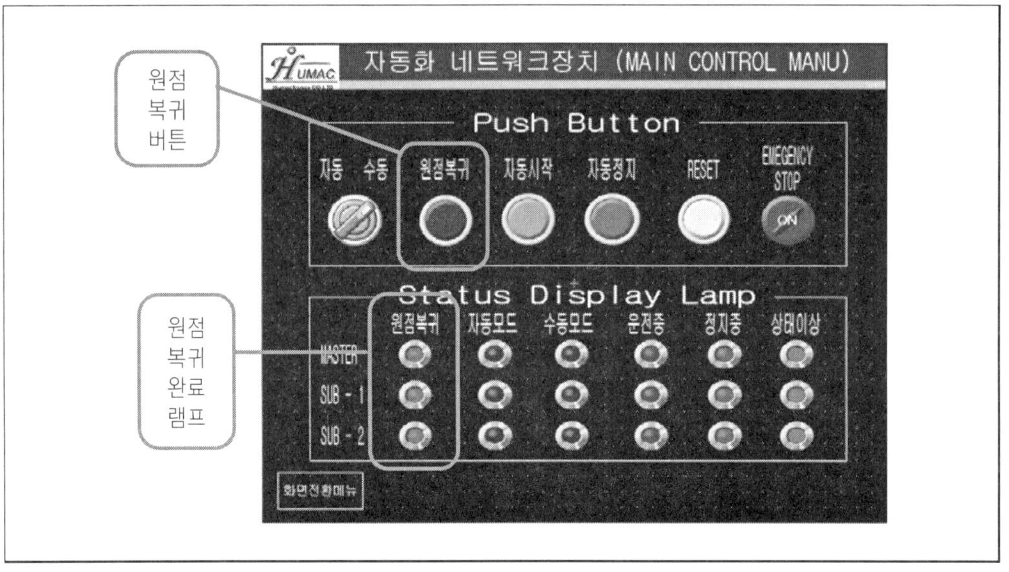

[그림 2-40] 원점복귀

5) 자동전환

원점복귀가 완료되면 각 공정부의 SELECT Switch를 자동으로 전환하고 에폭시 공급 공정부의 터치스크린의 전체 공정 조작 화면에서 각 공정부의 원점복귀 완료와 자동모드 전환이 되어 있는지 확인한다. SELECT Switch를 자동으로 하였는데도 수동모드가 되어 있을 시에는 각 공정부의 조작 스위치가 수동으로 되어 있는지 확인하고 자동으로 전환한다.

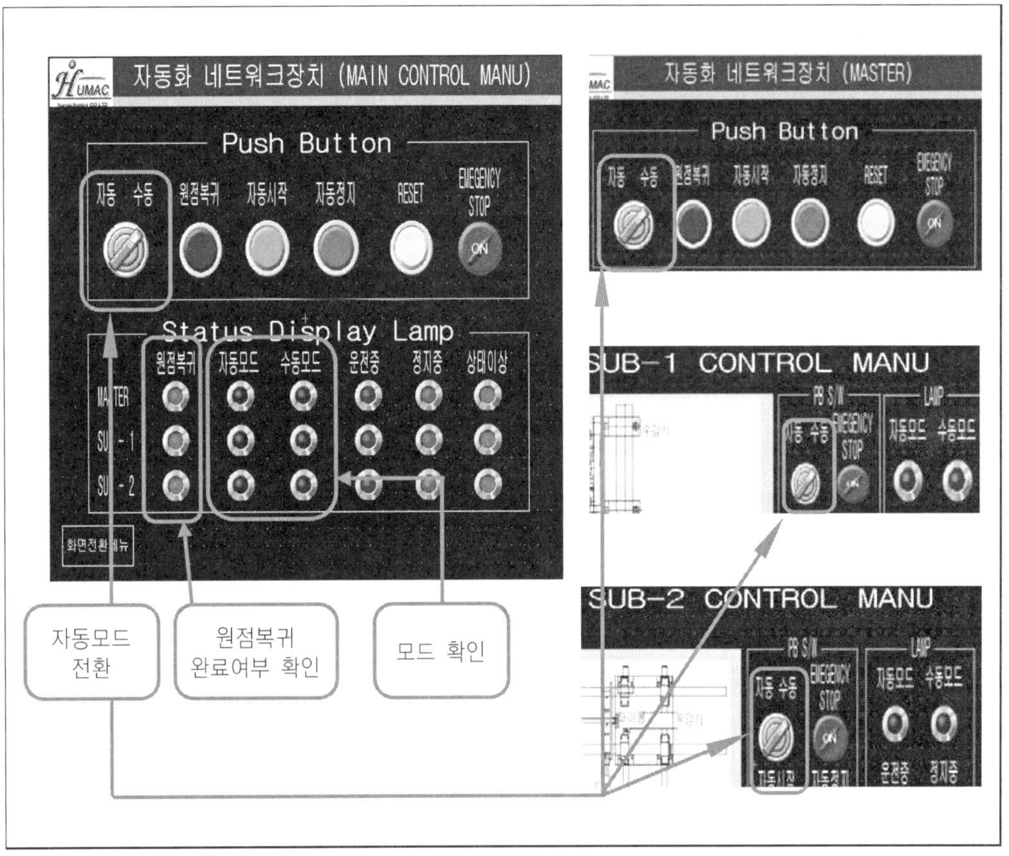

[그림 2-41] 자동전환

6) 자동시작

에폭시 공급 공정부의 Main Control Manu 화면에서 자동시작을 눌러 주면 각각의 램프가 적색등으로 바뀌고 시스템이 자동으로 시작된다.

① Main Control Manu의 시작 버튼을 누르면 전체 공정이 동시에 시작된다.
② 각각의 공정의 시작 버튼을 누르면 각 공정별로 각각 자동운전이 시작된다.
③ 기동정지도 마찬가지로 Main Control Manu의 기동정지 버튼을 눌렀을 때 전체 공정이 한 번에 기동정지를 하고 각 공정별로 자동정지를 눌렀을 때 공정별로 각각 기동이 정지한다.

7) 적재함 알림

적재함에 5개의 리드프레임이 차게 되면 Main 화면에 알림이 표시되고 적재함이 원점으로 복귀하면서 적재 공정부의 시스템이 정지한다. 이때, 적재함에 적재된 리드프레임을 제거하고 다시 시작 버튼을 누르면 적재공정이 재시작된다.

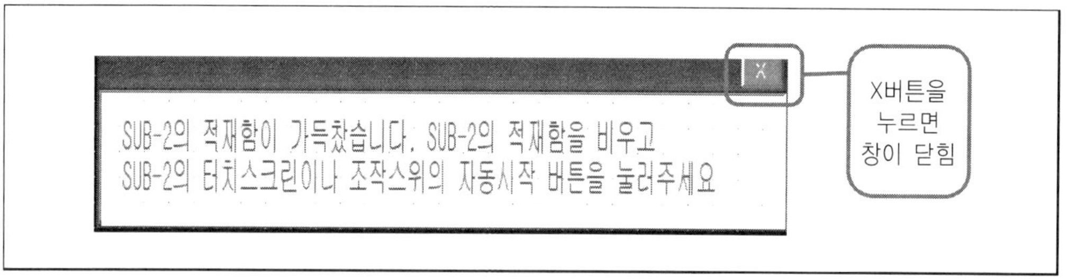

[그림 2-42] 적재함 알림

가. 비상정지가 ON되어 있으면 기동이 되지 않는다.

① 각각의 공정부의 조작 스위치에 비상정지가 걸려 있으면 각각의 공정만 기동이 되지 않는다. 각 공정의 신호를 받아야 기동한다. 다음 공정의 신호를 보내야 하는데 다음 공정이 비상정지가 걸려 있으면 기동하지 않으므로 비상정지를 전부 해제하도록 한다.

② Main Control Manu의 비상정지는 전체 비상정지이다. 이 비상정지가 ON 되어 있으면 전체 기동이 되지 않으므로 비상정지를 꼭 해제하고 기동하도록 한다.

③ 비상정지는 총 7개가 걸려 있다. 기동이 되지 않을 시에는 비상정지를 꼭 확인하도록 한다.

나. 원점복귀 버튼을 눌렀는데 원점복귀가 되지 않을 때

① 비상정지를 ON하고 해제 후 수동상태에서 리셋 버튼을 눌러 원점복귀를 한다.

② 각각의 케이블의 연결이 제대로 되어 있는지 확인한다.

③ 원점복귀는 수동상태에서만 기동하므로 수동상태인지 확인한다.

다. Main Control Manu의 자동시작 버튼을 눌렀는데 기동이 되지 않을 때

① 원점복귀 완료가 되어 있는지 확인한다.
② 비상정지가 해제되어 있는지 확인한다.
③ 자동모드로 전환되어 있는지 확인한다.
④ 각각의 케이블의 연결이 제대로 되어 있는지 확인한다.

라. 시스템을 기동하기 전에 꼭 해야 할 일

① 그립과 컨베이어 상단, 적재함에 리드프레임과 주형 컵 틀이 있으면 꼭 제거를 해야 한다. 초기 기동 시에 오동작의 원인이 된다.
② 주변에 습기나 먼지가 많으면 습기와 먼지를 제거한 후 작동한다. 감전 또는 화재의 원인이 된다.

2. 터치패널

(1) 터치패널의 원리

손으로 접촉(touch)하면 그 위치를 입력받도록 하는 특수한 입력장치를 장착한 화면으로, 키보드를 사용하지 않고 화면(스크린)에 나타난 문자나 특정 위치에 사람의 손 또는 물체가 닿으면, 그 위치를 파악하여 저장된 소프트웨어에 의해 특정 처리를 할 수 있도록 화면에서 직접 입력자료를 받을 수 있게 한 화면을 말한다.

터치스크린은 일반 모니터의 화면에 터치패널(Touch Panel)이라는 장치를 덧붙여서 기능을 발휘하는 것으로, 터치패널은 좌우상하로 눈에 보이지 않는 적외선이 흐르게 하여 화면에 수많은 사각형 격자가 생기도록 함으로써, 손끝이나 기타 물체로 이 격자에 접촉하면 그 위치를 파악할 수 있도록 하는 기능을 가지고 있다.

따라서 터치패널을 장착한 화면에 미리 나타낸 문자나 그림 정보를 손으로 접촉하면, 접촉한 화면의 위치에 따라 사용자가 선택한 사항이 무엇인지를 파악하고 이에 대응하는 명령을 컴퓨터로 처리하도록 하여, 아주 쉽게 자신이 원하는 정보를 얻을 수 있도록 할 수 있다.

터치스크린의 이러한 특성 때문에 대중들이 많이 이용하는 장소 즉, 지하철, 백화점, 은행 등의 장소에서 안내용 소프트웨어에 많이 이용되며, 각종 점포에서 판

매용 단말기에도 많이 응용될 뿐만 아니라 일반 업무용으로도 활용되고 있다.

(2) 터치패널의 종류

터치패널의 종류에는 저항망 방식, 적외선광 방식, 센서 방식, 초음파 방식이 있으며 본 LED 실습장비의 터치패널은 저항막 방식으로 현재 가장 많이 쓰이는 터치패널이다.

(3) Master Touch Panel

1) Master Touch Panel Main 화면

Master 공정부의 터치패널 Main 화면으로 전체 공정을 제어한다.

① 조작 스위치 : 각각의 버튼은 전체 공정을 제어한다.
② 작업 표시 램프 : 각각의 램프는 전체 공정을 공정부별로 구분하여 현재 상황을 표시한다.
③ 화면전환 : Master Touch Panel에 작화된 다른 조작 화면으로 전환한다.

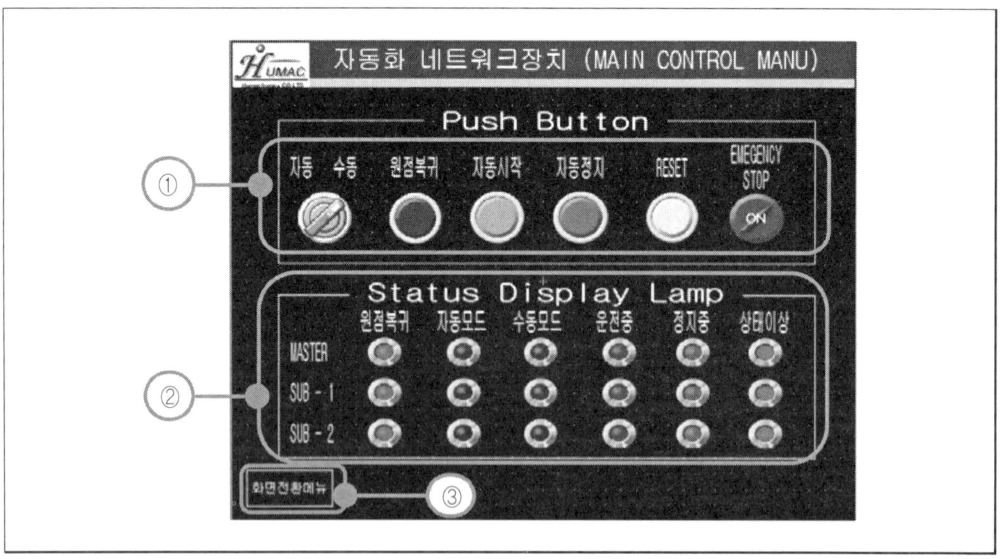

[그림 2-43] Master Touch Panel Main 화면

2) Master Touch Panel Master 화면

Master 공정부의 터치패널 Master 화면으로 Master 공정만 제어한다.

① 조작 스위치 : 각각의 버튼은 Master 공정만 제어한다.
② 작업 표시 램프 : 각각의 램프는 Master 공정부의 상태를 표시한다.
③ 화면전환 : Master Touch Panel에 작화된 다른 조작 화면으로 전환한다.

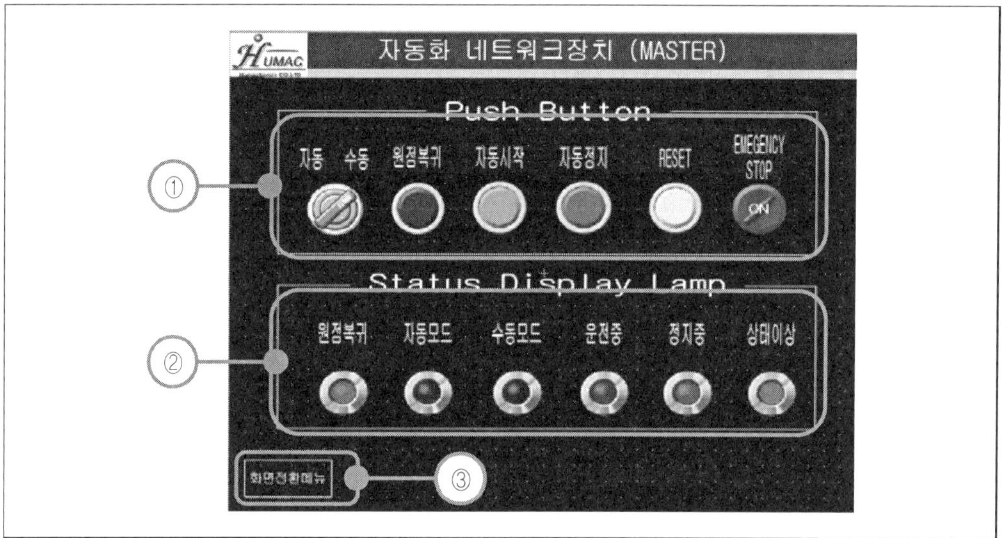

[그림 2-44] Master Touch Panel Master 화면

3) Master Touch Panel 실린더 및 컨베이어 수동조작 화면

Master 공정부의 터치패널 수동조작 화면으로 Master 공정 중 실린더와 컨베이어를 수동조작한다. 각각의 버튼은 실린더 및 컨베이어의 수동 동작을 제어하고 자동기동 중에는 버튼을 눌러도 적용되지 않는다.

① 공급 : 주형 컵 틀을 공급하는 실린더
② 그립 좌우 : 긴베이어 1에서 컨베이어 2로 이송하는 실린더
③ 그립 상하 : 그립 실린더를 상하로 기동하는 실린더
④ 그립 : 주형 컵 틀을 잡는 그립이 부착된 실린더
⑤ 스토퍼 1 : 에폭시 공급부에서 주형 컵을 잡는 실린더

⑥ 스토퍼 2 : 리드프레임을 공급받는 부분에서 주형 컵을 잡는 실린더
⑦ 스토퍼 3 : 컨베이어 1의 후단에서 컨베이어 끝으로 떨어지지 않게 잡는 실린더
⑧ 스토퍼 4 : 컨베이어 2에서 리드프레임 적재 시 주형 컵 틀을 잡는 실린더
⑨ 컨베이어 1 : 에폭시 공급과 리드프레임 공급 공정이 이루어지는 컨베이어
⑩ 컨베이어 2 : 리드프레임 적재와 배출이 이루어지는 컨베이어
⑪ 화면전환 메뉴 : Master Touch Panel의 다른 조작 화면으로 전환한다. 이 화면에서는 전체 공정을 제어하는 Main 화면으로의 전환은 할 수 없다. Main으로의 전환은 Master 조작 화면에서만 가능하다.

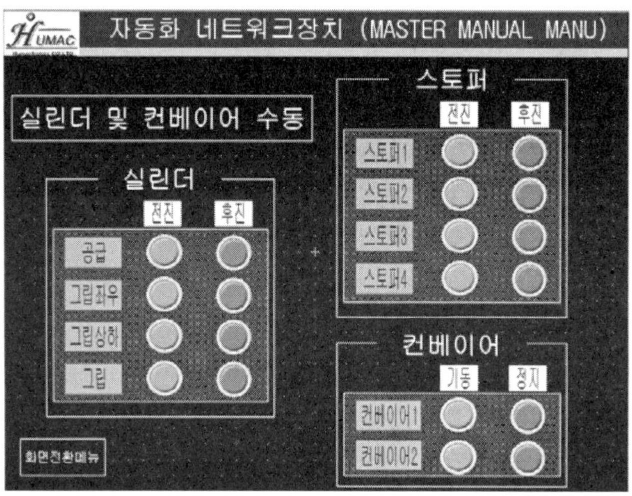

[그림 2-45] Master Touch Panel 실린더 및 컨베이어 수동조작 화면

4) Master Touch Panel 서보 수동조작 화면

Master 공정부의 터치패널 수동조작 화면으로 Master 공정 중 서보 유닛을 제어한다. 각각의 버튼은 서보 유닛부의 수동 동작을 제어하고 자동기동 중에는 버튼을 눌러도 적용되지 않는다.

① 조그 운전 : 서보모터를 현재 상태와 상관없이 수동으로 정역을 제어한다. 고속과 저속의 속도를 선택할 수 있다.

② 원점복귀 : 위치기동 시에 사용하기 위해 원점복귀 버튼이 필요하다. 원점복귀를 실행하지 않고 위치이동의 1~ 위치기동 버튼을 터치하면 서보는 기동하지 않는다.

③ 현재위치 : 위치기동 시 현재 디스펜싱 실린더가 부착된 워크 블록의 위치를 표시한다.

④ 위치이동 : 원점복귀 완료 후에 기동을 하고, APM 소프트웨어로 설정된 스텝으로 이동한다.

⑤ 디스펜싱 상하 : 에폭시 노즐이 부착된 실린더

⑥ 에폭시 공급 : 에폭시의 공급 차단을 제어한다.

⑦ 화면전환 메뉴 : Master Touch Panel의 다른 조작 화면으로 전환한다. 이 화면에서는 전체 공정을 제어하는 Main 화면으로의 전환은 할 수 없다. Main으로의 전환은 Master 조작 화면에서만 가능하다.

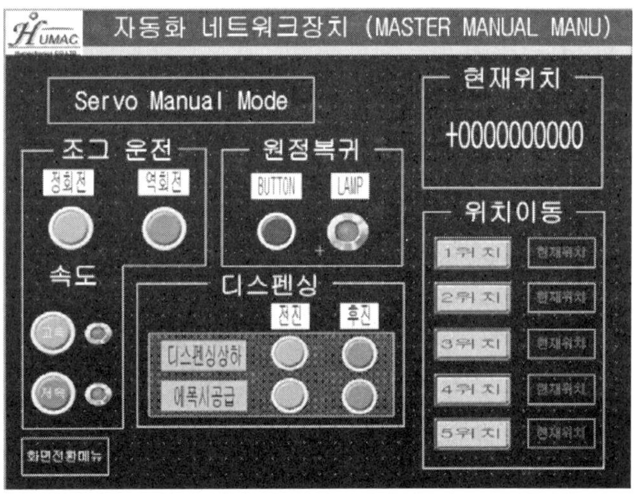

[그림 2-46] Master Touch Panel 서보 수동조작 화면

5) Master Touch Panel Master 공정상태 표시 화면

Master 공정부의 동작상태도 화면으로 현재 Master의 실린더 및 서보, 센서, 모터기동 등의 상태를 화면에 표시한다.

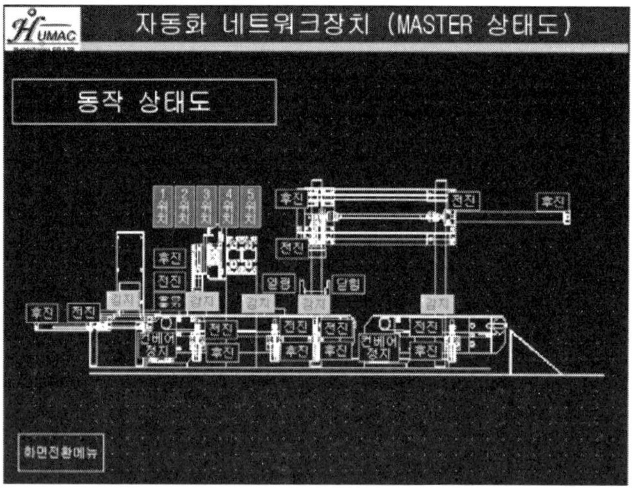

[그림 2-47] Master Touch Panel Master 공정상태 표시 화면

(4) SUB-1 Touch Panel

1) SUB-1 Main 화면

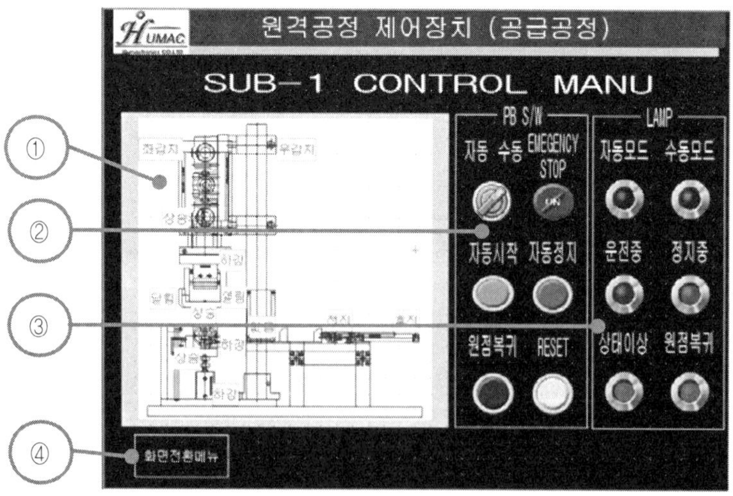

[그림 2-48] SUB-1 Main 화면

리드프레임 공급부의 Touch Panel Main 화면으로 리드프레임 공급부를 제어하고 실린더 동작상태와 리드프레임 공급부의 운전상태를 표시한다.

① 동작상태 표시 : 각 실린더의 동작상태를 표시한다.
② 조작 스위치 : 리드프레임 공급부의 동작을 제어한다.
③ 운전상태 표시 : 현재 리드프레임 공급부의 운전상태를 표시한다.
④ 화면전환 메뉴 : 다른 조작 화면으로 이동하는 버튼을 표시한다.

2) SUB-1 수동 화면

리드프레임 공급부의 실린더 동작을 수동제어한다.

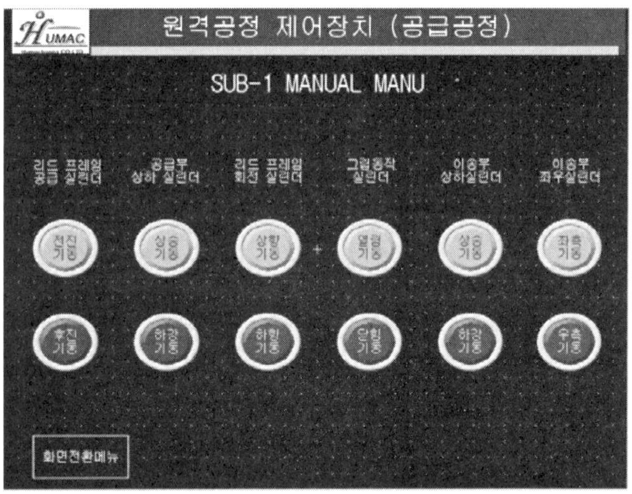

[그림 2-49] SUB-1 수동 화면

① 리드프레임 공급 실린더 : 매거진에 적재된 리드프레임을 공급하는 실린더
② 공급부 상하 실린더 : 회전 실린더를 상하 기동하는 실린더로 회전 실린더가 상향으로 기동된 상태가 아니면 상하로 기동하지 않는다.
③ 리드프레임 회전 실린더 : 공급부 상하 실린더에 부착된 회전 실린더로 공급부 상하 실린더가 하향일 때에는 샹향 하향으로 기동을 하고 공급부 상하 실린더가 상승상태일 때에는 하향으로 기동하지 않는다.

④ 그립 동작 실린더 : 리드프레임을 잡는 그립이 부착된 실린더로 이송부 상하 실린더가 하강상태일 때만 열림닫힘이 기동하고, 이송부 좌우 실린더가 기동 시에는 그립 동작 실린더는 기동하지 않는다.

⑤ 이송부 상하 실린더 : 그립 실린더가 부착된 상하 기동 실린더로 이송부 좌우 실린더가 기동 중에는 기동하지 않는다.

⑥ 이송부 좌우 실린더 : 그립 실린더와 이송부 상하 실린더가 부착된 좌우측 기동하는 실린더로 이송부 상하 실린더가 상승상태일 때에만 좌우측으로 기동한다.

⑦ 화면전환 메뉴 : 다른 조작 화면으로 이동하는 버튼을 표시한다.

※ 수동조작 중 부딪힘의 위험을 없애기 위해 수동기동의 조건이 맞아야만 기동하게 프로그래밍되어 있다.

(5) SUB-2 Touch Panel

1) SUB-2 Main 화면

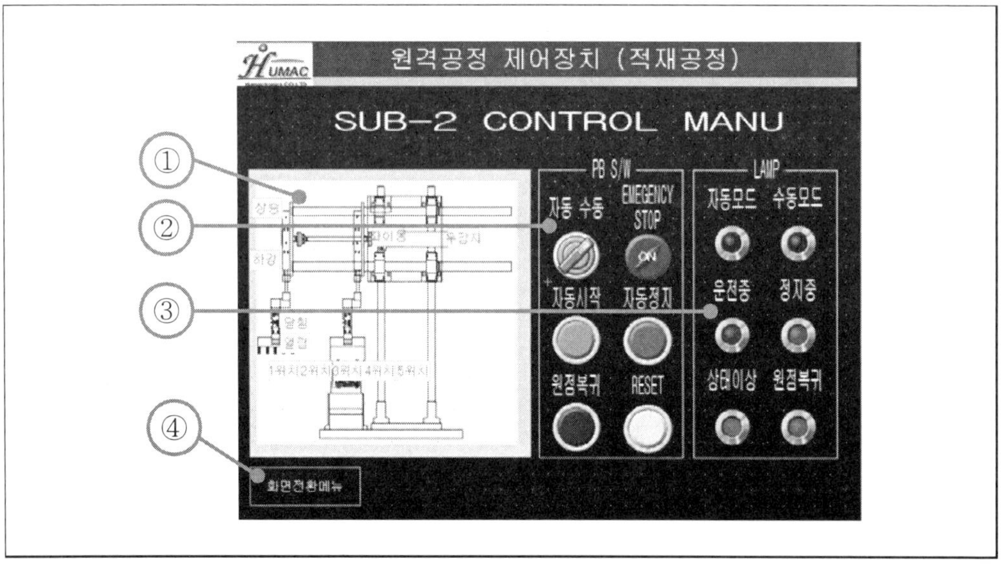

[그림 2-50] SUB-2 Main 화면

리드프레임 적재부의 Main 화면으로 리드프레임 적재부의 동작을 제어하고 실린더와 서보의 동작상태와 운전상태를 표시한다.

① 동작상태 표시 : 각 실린더의 동작상태를 표시한다.
② 조작 스위치 : 리드프레임 적재부의 동작을 제어한다.
③ 운전상태 표시 : 현재 리드프레임 적재부의 운전상태를 표시한다.
④ 화면전환 메뉴 : 다른 조작 화면으로 이동하는 버튼을 표시한다.

2) SUB-2 수동조작 화면

리드프레임 적재 공정부를 수동조작 제어한다.

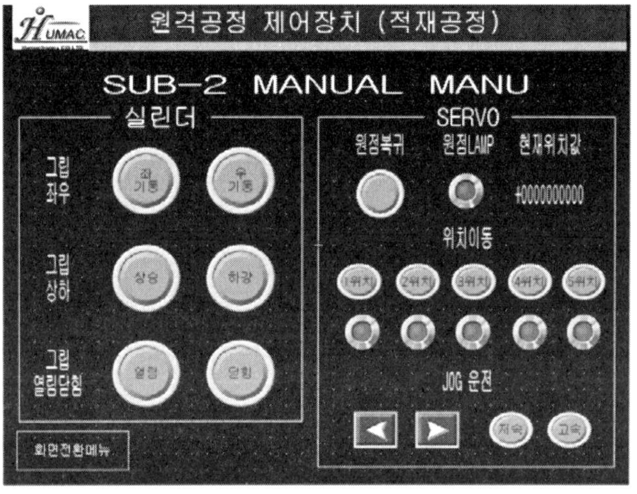

[그림 2-51] SUB-2 수동조작 화면

① 그립 좌우 : 그립 실린더와 그립 상하 실린더가 부착된 좌우측 기동 실린더
② 그립 상하 : 그립 실린더가 부착된 상하 기동하는 실린더
③ 그립 열림닫힘 : 리드프레임을 잡는 그립이 부착된 실린더
④ 원점복귀 : 서보 위치이동 시 원점복귀를 하지 않으면 기동하지 않으므로 원점복귀를 해야 한다.
⑤ 원점복귀 LAMP : 현재 서보가 원점복귀를 했는지 여부를 확인하는 램프
⑥ 현재위치 : 현재 서보의 위치를 표시하고 원점복귀를 하지 않았을 때에는 표시되지 않는다.

⑦ 위치이동 : 원점복귀 완료 후 이동이 가능
⑧ JOG 운전 : 서보를 수동으로 정역 제어
⑨ 저속 : JOG 운전 속도 선택
⑩ 고속 : JOG 운전 속도 선택
⑪ 화면전환 메뉴 : 다른 조작 화면으로 전환하는 버튼을 표시
※ 그립이 부착된 실린더 모듈은 기동조건이 맞아야 기동한다.
- 좌우 실린더가 기동 중에는 상하 실린더와 열림닫힘 실린더가 기동하지 않는다.
- 그립이 상승상태와 상승하강 기동 중에는 열림닫힘이 기동되지 않는다.

3. PLC LD 프로그램

(1) Master LD 프로그램

1) 자동수동 모드의 전환

◈ 동작 설명

① 조작 스위치의 자동수동 전환 스위치와 Master 터치패널의 Main 자동전환 스위치, Master 화면의 자동수동 전환 스위치가 전부 자동으로 전환되어야 자동모드로 변경된다. 조작 스위치가 하나라도 수동으로 되어 있으면 수동모드가 된다.

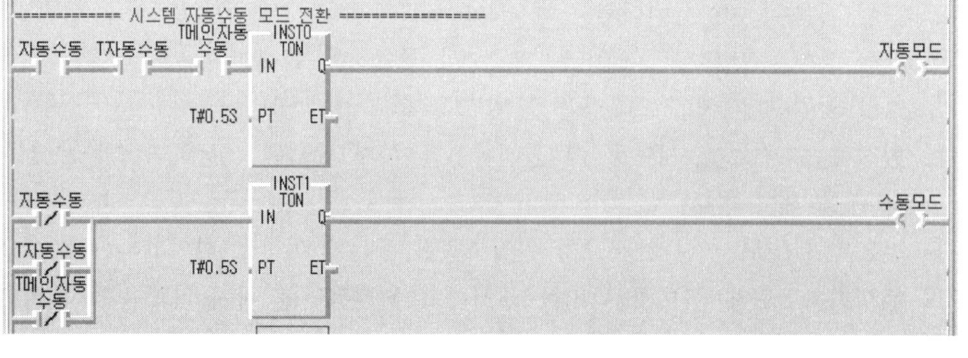

[그림 2-52] 자동수동 모드의 전환

2) 비상정지

◈ 동작 설명

① 터치패널의 Main과 Master 화면의 비상정지와 조작 스위치의 비상정지 스위치 3개가 모두 해제되어야 비상정지가 해제된다. 비상정지 스위치는 B접점으로 쓴다.

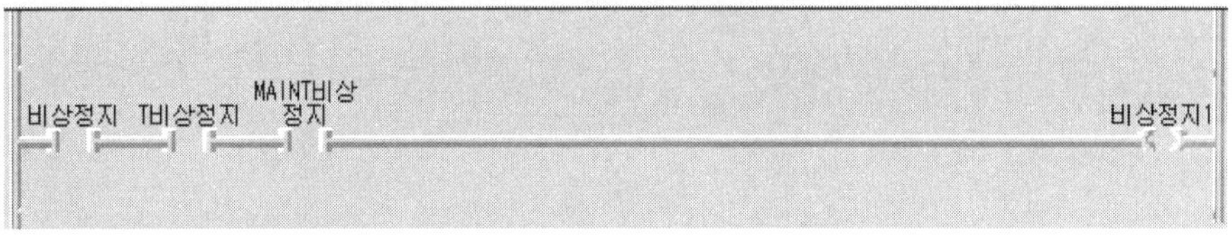

[그림 2-53] 비상정지

3) 원점복귀

◈ 동작 설명

① 수동모드에서 터치패널의 원점복귀 버튼이나 자동운전 자동정지 스위치를 동시에 눌렀을 때 각 실린더와 서보모터가 원점으로 복귀하고 완료신호를 보낸다.

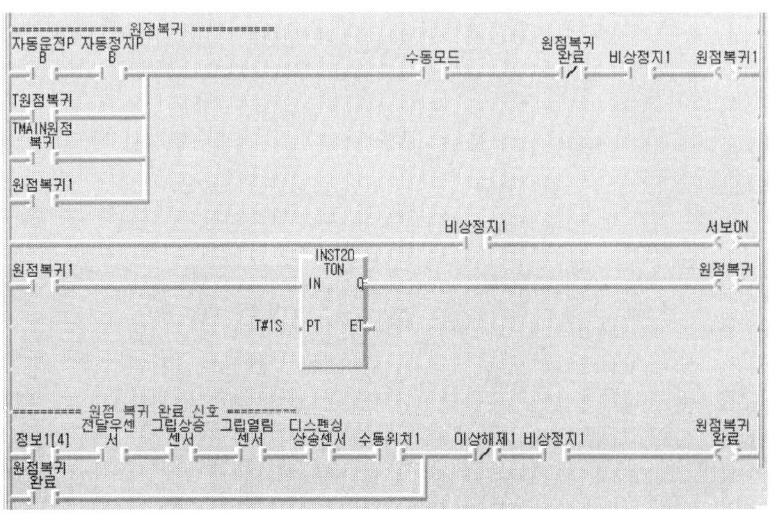

[그림 2-54] 원점복귀(1)

② 각 실린더는 후진상태가 되고 서보모터는 원점복귀한 후 1위치로 기동한다.

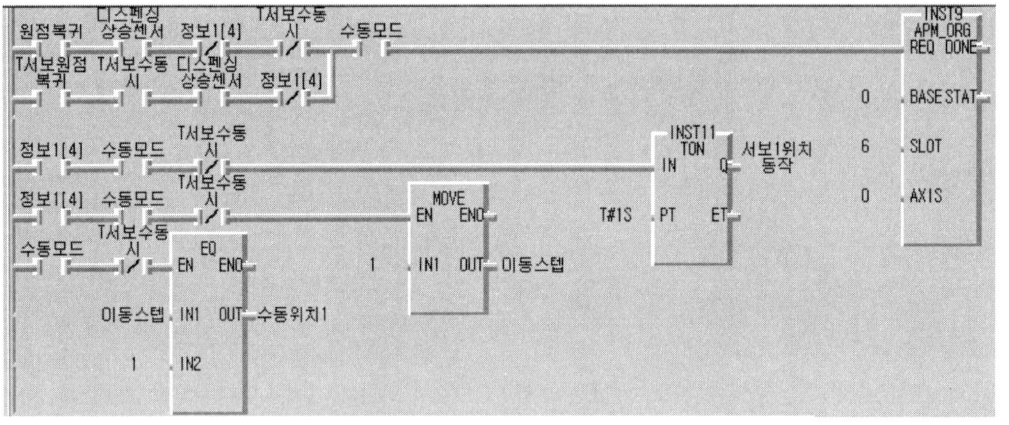

[그림 2-55] 원점복귀(2)

※ 비상정지가 해제되고 수동모드 상태여야 원점복귀가 기동이 된다. 만약 원점복귀가 되지 않을 때에는 비상정지 스위치와 자동수동 전환 스위치의 상태를 확인한다.

4) 자동운전 시작

◈ 동작 설명

① 원점복귀 완료신호가 ON되고 자동모드로 변경을 하고 비상정지가 해제되어 있어야 자동운전이 시작된다.

② 자동운전이 시작되면 자동운전 램프가 ON되고 주형 컵 공급 실린더 전진 SOL 밸브에 펄스 출력을 준다.

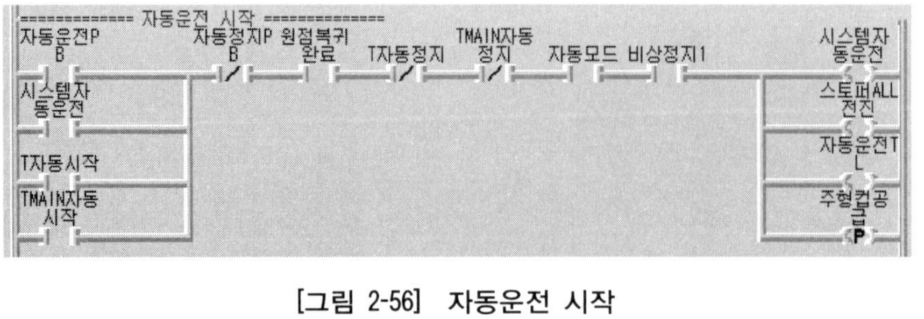

[그림 2-56] 자동운전 시작

5) 주형 컵 공급

◈ 동작 설명

① 주형 컵 매거진이 물품을 감지하고 자동운전 맨 처음 스캔 시 주형 컵 공급 펄스 출력이 물품공급 신호를 출력하면 공급 실린더가 전진 기동한다.

② 공급 실린더가 전진하면 전진 센서를 감지하여 다시 후진하고 디스펜싱부의 광파이버 센서가 주형 컵에 디스펜싱 작업을 끝내고 하강 펄스를 감지하면 다시 공급 실린더가 전진한다.

③ 비상정지가 하나라도 들어오면 시스템은 기동하지 않는다.

④ 디스펜싱 공급부에서 주형 컵의 작업이 완료되고 디스펜싱부에서 주형 컵을 하강 펄스로 검출했을 때 매거진의 주형 컵을 재공급하게 된다.

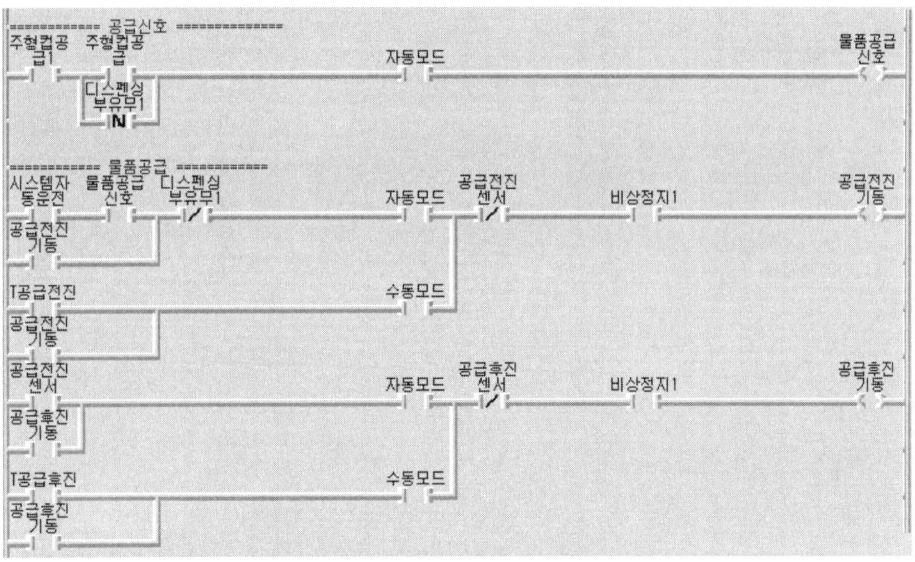

[그림 2-57] 주형 컵 공급

6) 디스펜싱부 상승하강 기동

◈ 동작 설명

① 주형 컵 틀에 5개의 홀이 있는데 5개의 홀 위치로 기동할 때마다 디스펜싱이 하강하고 에폭시가 공급이 완료되면 디스펜싱 실린더가 상승한다.

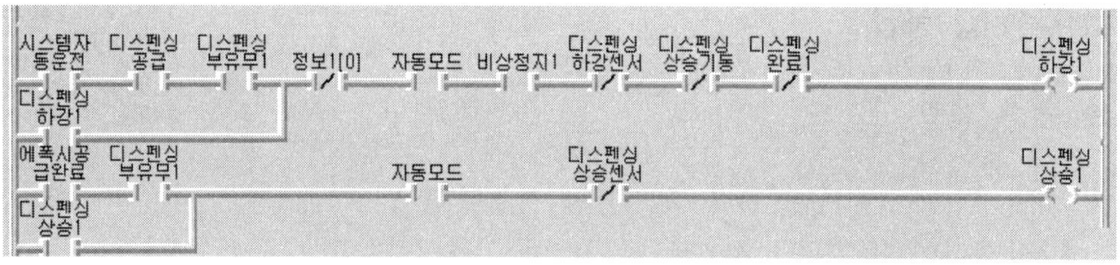

[그림 2-58] 디스펜싱부 상승하강 기동

7) 에폭시 공급

◈ 동작 설명

① 5개의 홀 위치로 디스펜싱 실린더가 위치하고 하강 센서를 감지하면 에폭시가 2초간 공급된다. 공급이 완료되면 공급완료 신호를 출력하고 공급완료 신호 출력에 의해 에폭시 공급을 단락하고 디스펜싱 실린더가 상승한다. 디스펜싱 실린더가 상승하면서 에폭시 공급단락의 출력신호를 끊어준다.

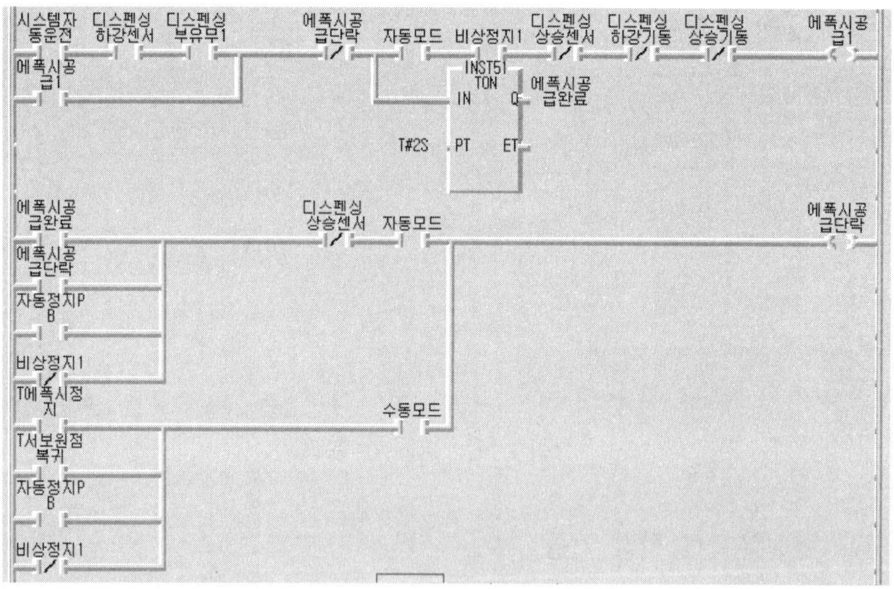

[그림 2-59] 에폭시 공급

8) 서보 위치 기동

◈ 동작 설명

① 에폭시가 공급되고 디스펜싱 실린더가 상승하게 되면 다음 홀 위치로 서보 유닛부가 기동하게 된다. 마지막 5위치에서 디스펜싱 공급이 완료되면 다시 1 위치로 기동하게 된다.

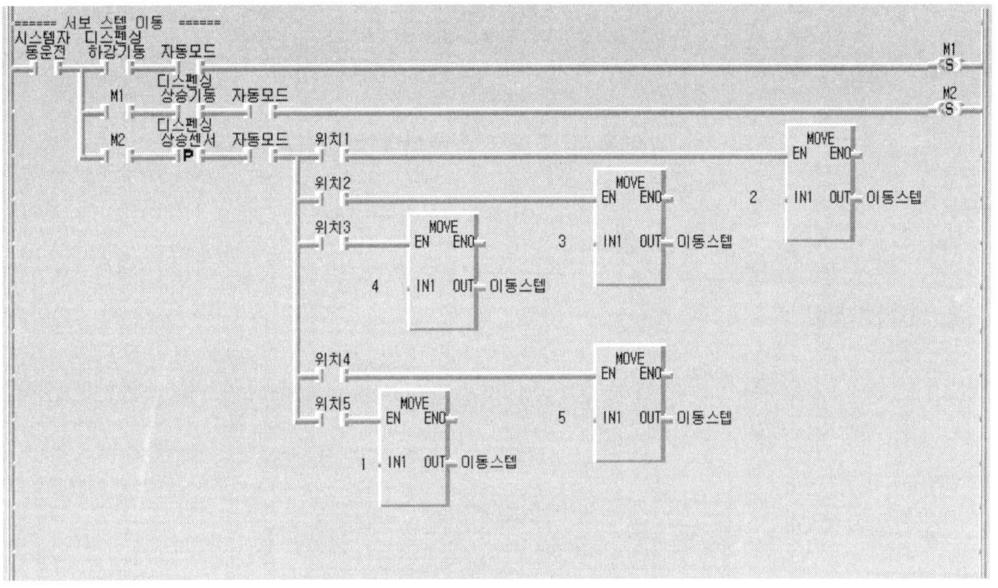

[그림 2-60] 서보 위치 기동

9) 에폭시 공급부 스토퍼 1 하강상승 기동

◈ 동작 설명

① 맨 처음 스캔 시 스토퍼 ALL 전진 펄스 입력을 받아 스토퍼 1이 상승기동을 하고 스토퍼 1 전진 센서에 의해 전진 기동이 단락된다.

② 디스펜싱 실린더가 5위치에서 하강 후 상승하면 디스펜싱 완료신호를 출력하여 그 출력신호를 펄스로 입력받아 스토퍼가 후진기동하게 된다. 주형 컵을 디스펜싱부 광파이버 센서에서 감지를 하지 않으면 다시 스토퍼 1이 상승하게 된다.

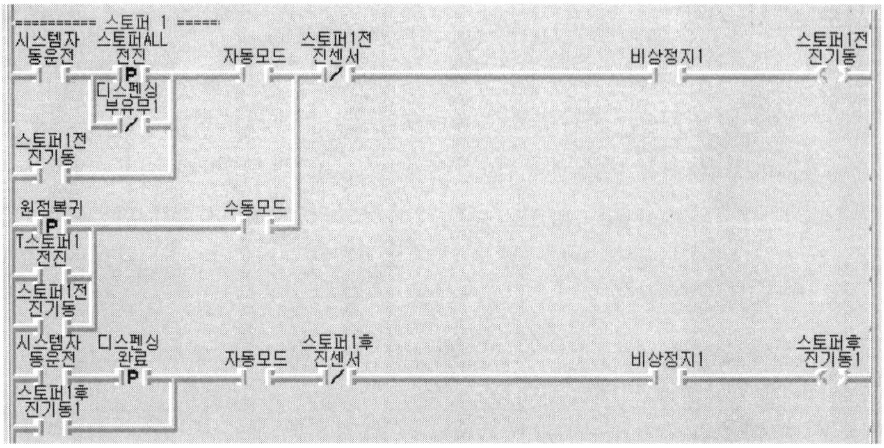

[그림 2-61] 에폭시 공급부 스토퍼 1 하강상승 기동

10) 리드프레임 공급요청 신호

◈ 동작 설명

① 스토퍼 2위치의 리드프레임 공급 광파이버를 검출하면 RS 422통신으로 SUB-1에 프레임을 공급하라는 신호를 수신한다.

[그림 2-62] 리드프레임 공급요청 신호

11) 리드프레임 공급완료 신호

◈ 동작 설명

① 위의 공급요청 신호에 의해 프레임이 공급되면 SUB-1에서 MASTER로 프레임이 공급을 완료했다는 신호를 수신한다.

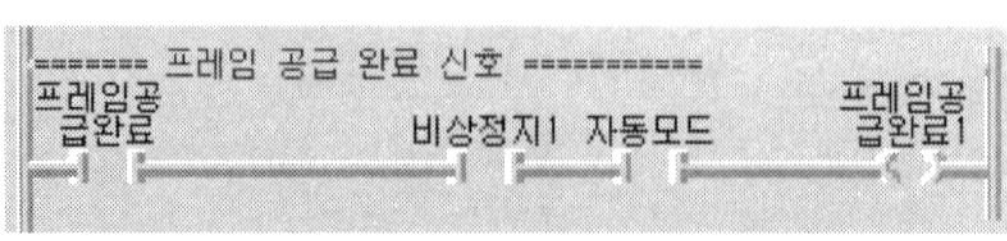

[그림 2-63] 리드프레임 공급완료 신호

12) 스토퍼 2 기동

◈ 동작 설명

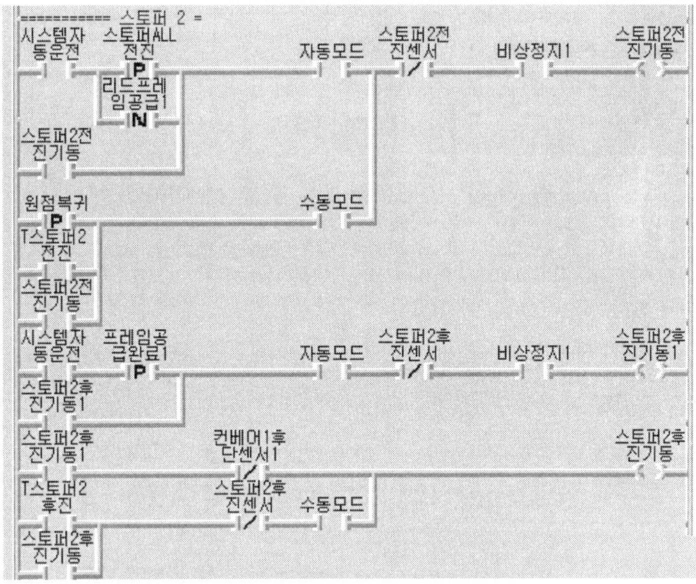

[그림 2-64] 스토퍼 2 기동

① 처음 자동시작 시 스토퍼 2는 상승하고 리드프레임 공급완료 신호를 받으면 스토퍼는 후진하고 리드프레임 공급 센서를 하강 펄스 검출하게 되면 다시 상승한다.

13) 컨베이어 2로 주형 컵 이동

◈ 동작 설명

① 컨베이어 1 후단에 위치한 광파이버 센서가 주형 컵 틀을 감지하면 그립 실린더가 부착된 이송 실린더가 좌로 기동한다.

[그림 2-65] 컨베이어 2로 주형 컵 이동(1)

② 그립이 좌측으로 기동하고 좌측 센서를 감지하면 그립 하강 실린더가 하강기동을 한다.

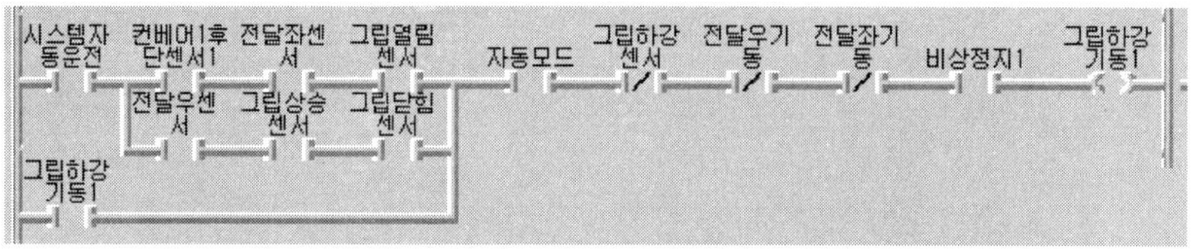

[그림 2-66] 컨베이어 2로 주형 컵 이동(2)

③ 그립 실린더가 하강하면 그립이 닫힘기동을 하여 주형 컵을 잡는다.

[그림 2-67] 컨베이어 2로 주형 컵 이동(3)

④ 그립이 닫혀 주형 컵을 잡으면 그립 실린더가 상승하고 우측으로 기동한다.

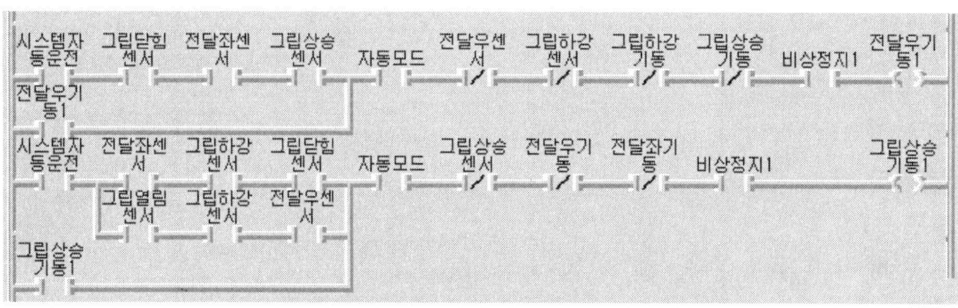

[그림 2-68] 컨베이어 2로 주형 컵 이동(4)

⑤ 그립이 우측으로 기동하여 우측 센서가 감지하면 컨베이어 2가 기동을 정지한다.

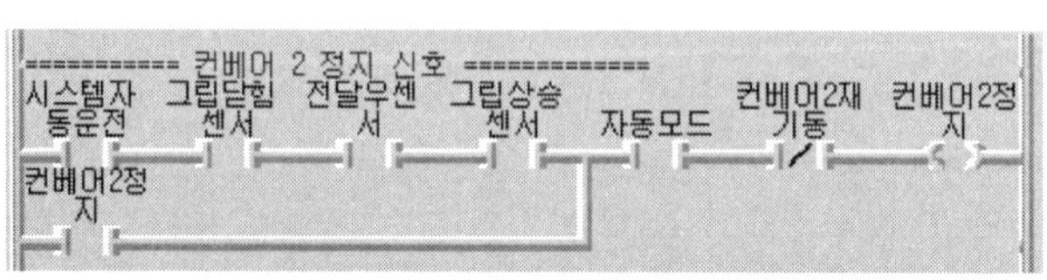

[그림 2-69] 컨베이어 2로 주형 컵 이동(5)

⑥ 컨베이어 2가 정지하면서 그립이 하강한다.

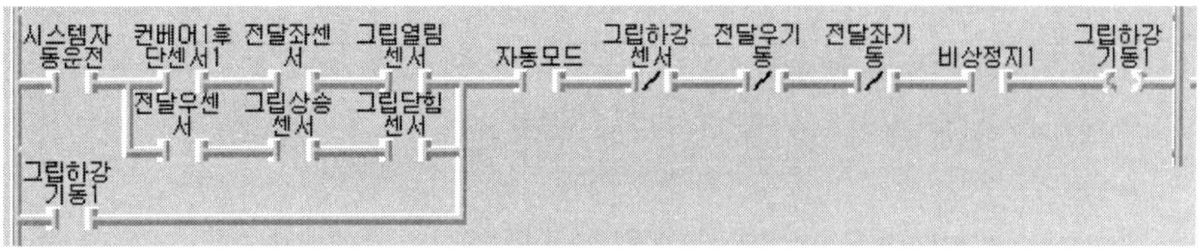

[그림 2-70] 컨베이어 2로 주형 컵 이동(6)

⑦ 그립이 하강하고 하강 센서를 감지하면 그립이 열리고 다시 상승하고 컨베이어 2가 재기동을 하고 컨베이어 1의 후단 센서가 주형 컵 틀을 감지하기 전까지 대기한다.

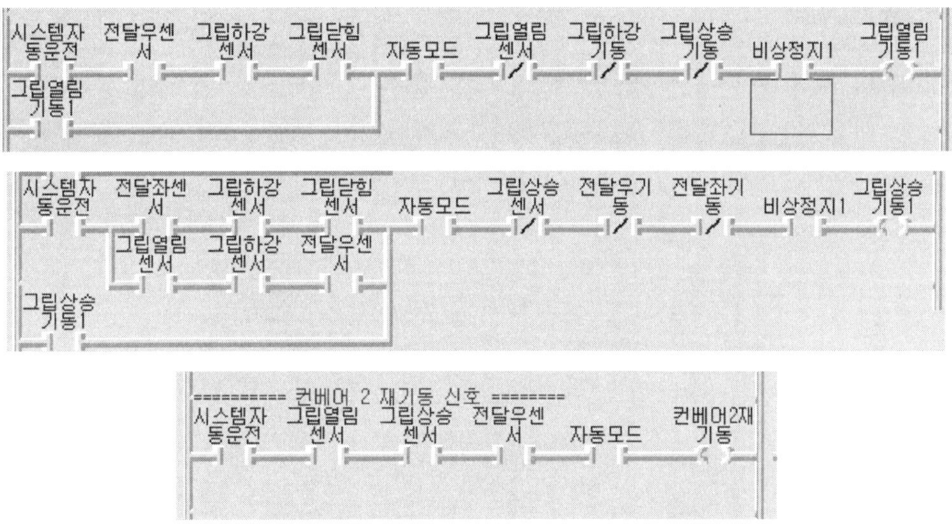

[그림 2-71] 컨베이어 2로 주형 컵 이동(7)

14) 배출 기동

◈ 동작 설명

① 리드프레임 배출 광파이버 센서가 주형 컵 틀을 감지하면 SUB-2에 배출시작 신호를 수신하고 SUB-2에서 리드프레임을 적재하기 위해 기동하고 리드프레

임을 주형 컵 틀에서 꺼냈을 때 배출이 시작신호를 MASTER로 보내면 스토퍼 4에 하강하고 주형 컵 틀은 배출된다.

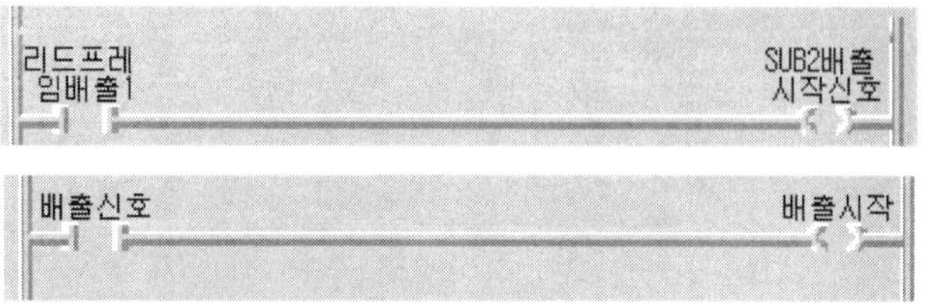

[그림 2-72] 배출 기동

15) 스토퍼 4 기동

◈ 동작 설명

① 위의 배출 기동에서 배출시작 신호를 검출하면 스토퍼 4가 후진기동하고 주형 컵 틀이 배출함으로써 배출된다. 리드프레임 배출 광파이버 센서가 하강 펄스를 감지하면 다시 스토퍼 4가 다시 상승한다.

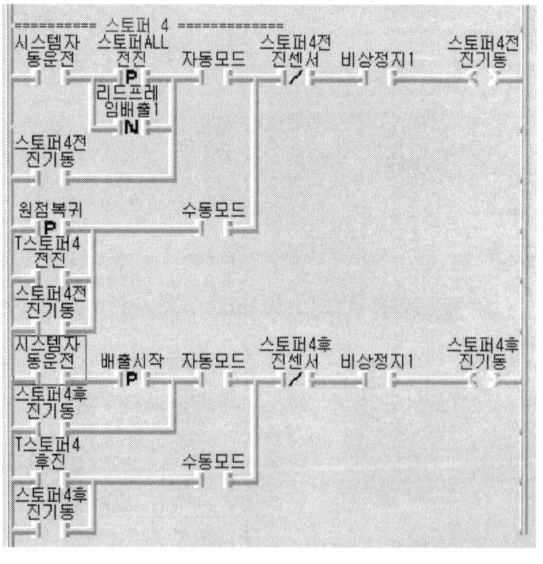

[그림 2-73] 스토퍼 4 기동

16) RS 422 통신 연결

◈ 동작 설명

① 각 바이트 메모리(%MBXX 8Bit 단위) 영역을 각 PLC에 정해진 국번으로(ST_N0) 송수신한다. PLC의 국번은 프레임 편집기에서 지정한다.

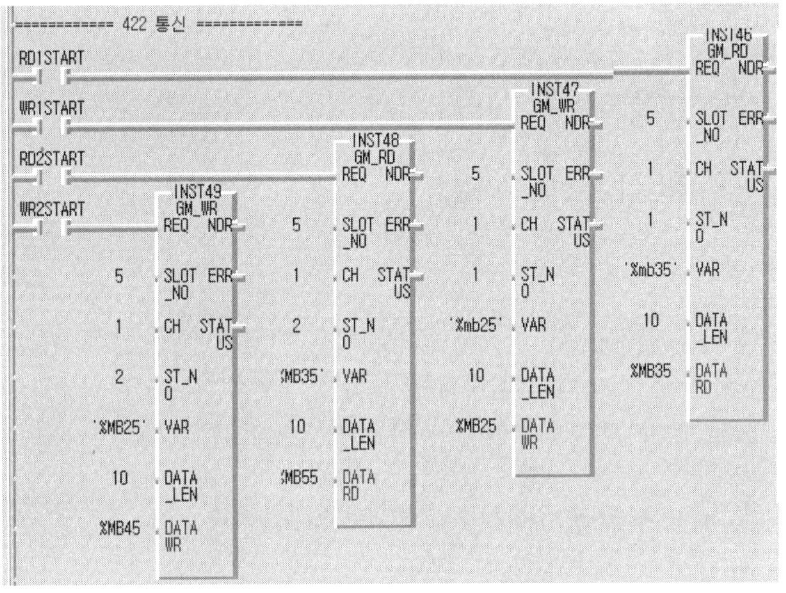

[그림 2-74] RS 422 통신 연결

② 본 LED 실습장비에서 ST_N0이 1이면 SUB-1이고 2이면 SUB-2이다.

- GM_WR : 현재 Master PLC에서 지정된 국번으로 쓰기
- GM_RD : 지정된 국번의 데이터를 현재의 Master PLC로 읽기
- SLOT_NO : C-NET 카드가 끼워진 슬롯 번호
- CH : 0 : RS-232C 1 : RS-422
- VAR : 읽기나 쓰기를 할 시작 데이터
- DATA_LEN : 한 번에 읽어들일 데이터의 길이
- DATA WR : 영역으로 쓸 데이터를 VAR에 지정된 데이터로 변환하여 쓴다.
- DATA RD : 데이터를 읽을 영역으로 읽어온 데이터를 VAR에 지정된 데이터로 변환하여 읽는다.

③ 데이터를 송수신

8Bit 단위로 송수신을 하게 되는데 위의 INST49 GM_WR을 예로 설명하자면 5번 슬롯의 C-NET 카드를 422통신으로 PLC 2번 국번에 %MB45~%MB54의 10개 데이터를 '%MB25'~'%MB34'에 쓰겠다는 펑션 블록이다. 이때 %MB45~%MB54의 영역은 %MX360부터 %MX439의 비트들을 말하고 '%MB25'~'%MB34'의 영역은 %MX200부터 %MX279까지를 비트들을 말하고 %MB25~%MX34는 PLC 2번 국번 즉 SUB-2에서 읽을 영역이 된다.

즉, MASTER PLC에서 %MX360번 접점을 살리면 RS 422 통신에 의해 C-NET 카드가 SUB-2에 %MX200의 접점을 살리게 된다.

17) RS 422 통신의 우선순위 결정

◈ 동작 설명

① 서로 통신을 할 때에는 각각의 우선순위를 결정해 줘야 한다. 우선순위를 정하지 않으면 통신 중에 데이터의 손실이 일어난다. 총 4개의 읽고 쓰는 통신 펑션 블록을 플리커 회로를 이용하여 순서적으로 작동하게 한다.

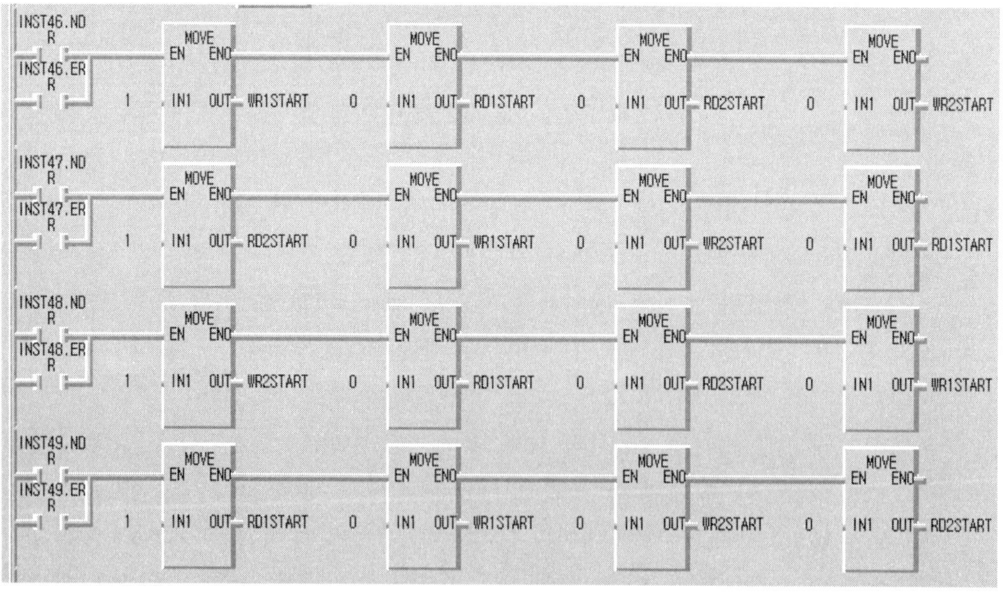

[그림 2-75] RS 422 통신의 우선순위 결정

(2) SUB-1 LD 프로그램

1) 자동수동 모드의 전환

◈ 동작 설명

① SUB-1의 터치의 자동수동 스위치와 조작 스위치 패널의 자동수동 스위치 그리고 MASTER의 Touch Panel의 Main 화면의 자동수동 스위치가 하나라도 수동으로 되어 있으면 SUB-1은 수동모드가 되고 전부 자동모드로 전환되어 있어야 자동모드가 된다.

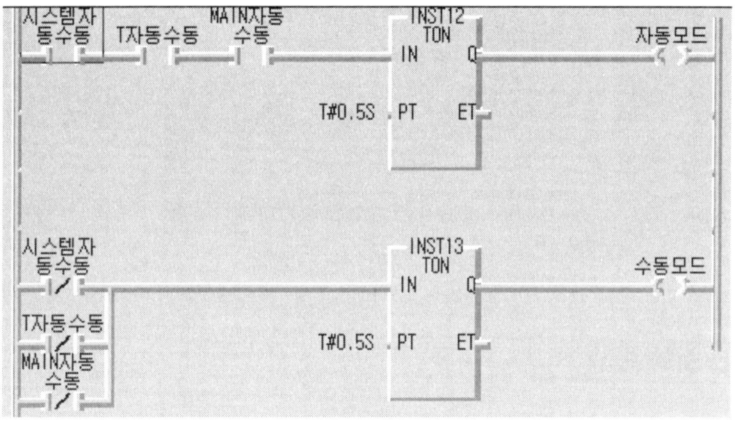

[그림 2-76] 자동수동 모드의 전환

2) 비상정지

◈ 동작 설명

① 비상정지는 B접점으로 사용한다. 하나라도 비상정지가 걸려 있으면 SUB-1의 공정은 기동하지 않는다.

[그림 2-77] 비상정지

3) 원점복귀

◈ 동작 설명

① 자동운전을 하기 전 초기상태 기동으로 원점복귀를 하지 않으면 자동운전이 되지 않는다. 원점복귀는 수동모드에서 할 수 있다.

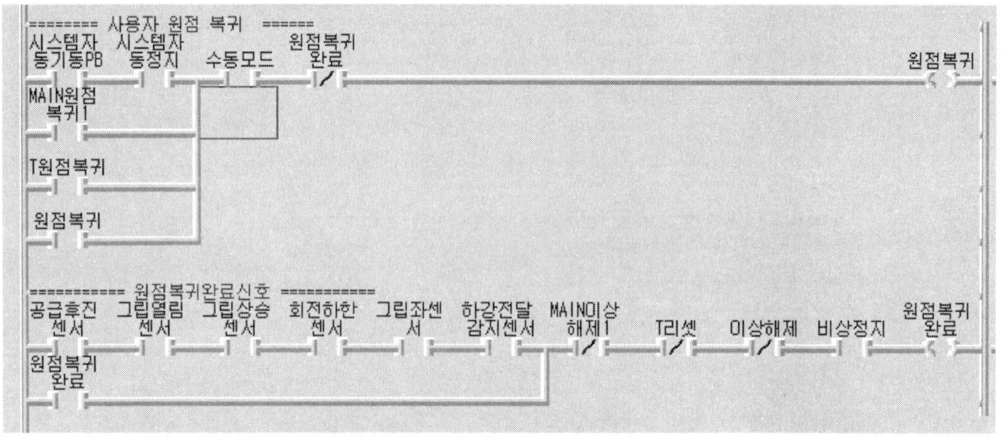

[그림 2-78] 원점복귀

4) 시스템 자동운전

◈ 동작 설명

① 원점복귀가 완료되고 자동운전 PB를 누르면 시스템은 자동운전이 된다.

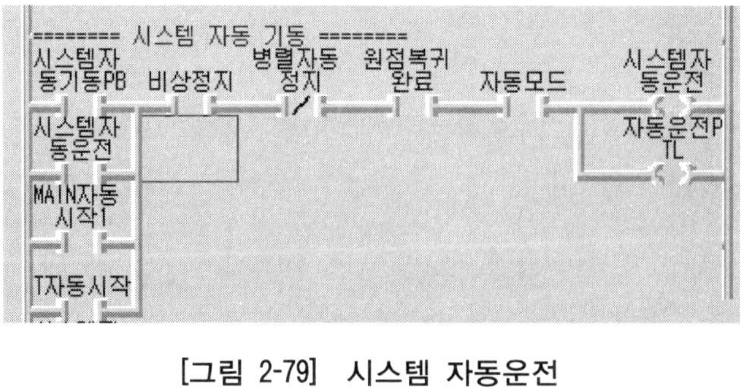

[그림 2-79] 시스템 자동운전

5) 리드프레임 공급

◈ 동작 설명

① 시스템 자동운전이 시작되고 매거진의 리드프레임을 광파이버 센서가 감지하면 공급 실린더가 전진한다. 이때 회전 실린더가 상승상태로 있으면 공급전진 기동을 하지 않는다.

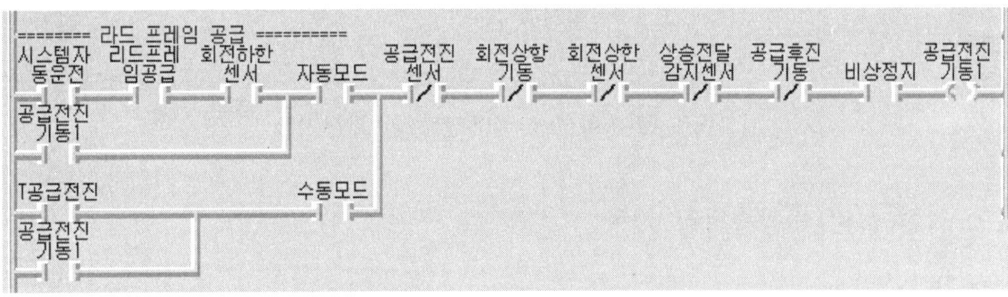

[그림 2-80] 리드프레임 공급(1)

② 공급 실린더가 전진하고 전진 센서를 검출하면 공급 실린더가 후진기동하고 다음 공급신호가 검출되기 전까지 대기한다.

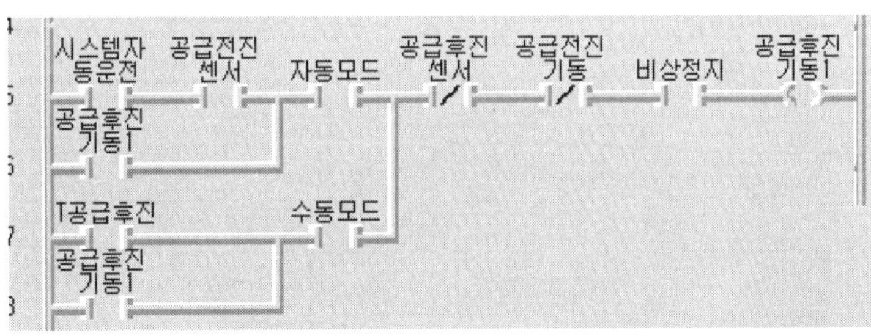

[그림 2-81] 리드프레임 공급(2)

6) 회전 실린더 상하한 회전기동

◈ 동작 설명

① 물품이 공급되어 공급전진 센서를 검출하면 회전 실린더가 상향기동한다. 회전 실린더가 상향기동한 상태에서 상승하고 그립이 리드프레임을 잡으면 회전 실린더가 하강기동 후 하한기동을 한다.

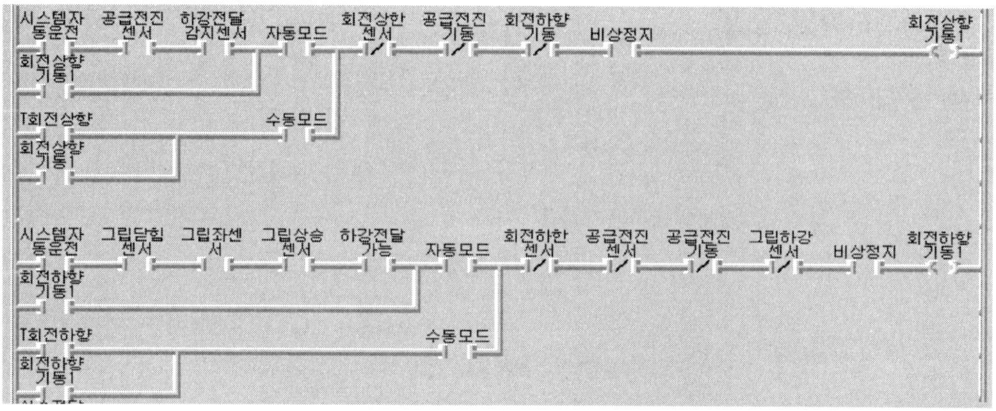

[그림 2-82] 회전 실린더 상하한 회전기동

7) 회전 실린더 상승하강 기동

◈ 동작 설명

① 회전 실린더가 상향으로 기동하면 그립이 우측에 상승상태에서 열려 있으면 회전 실린더를 상승시키고 그립이 좌측 또는 우측에서 닫힘상태로 있으면 상승기동을 하지 않는다. 회전 실린더가 상승상태에서 그립이 리드프레임을 잡으면 회전 실린더는 다시 하강하게 된다.

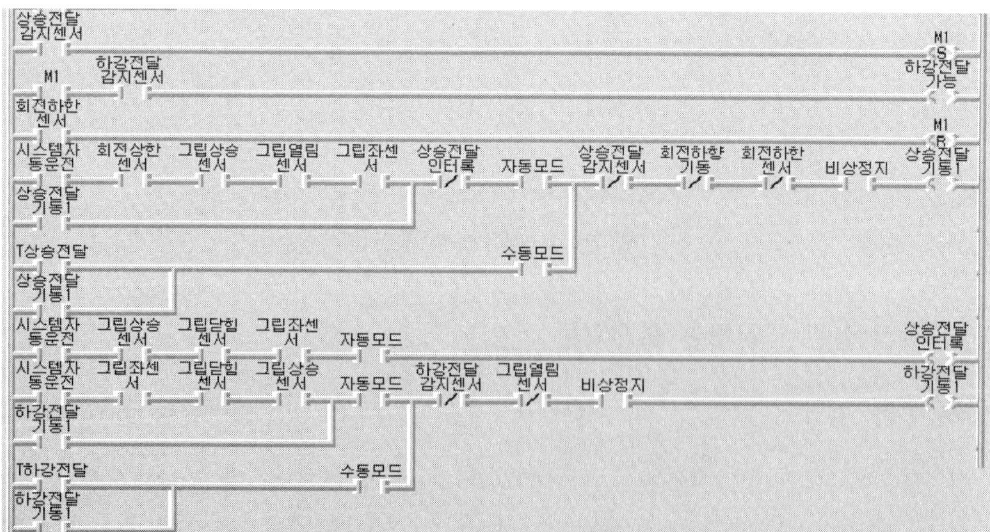

[그림 2-83] 회전 실린더 상승하강 기동

8) 그립 실린더 좌우측 기동

◈ 동작 설명

① 그립이 리드프레임을 잡은 상태에서 MASTER의 프레임 전달 시작신호를 받으면 그립이 우로 기동한다. 우센서를 감지한 후 그립이 리드프레임을 주형컵에 놓고 상승하면 좌측으로 기동한다.

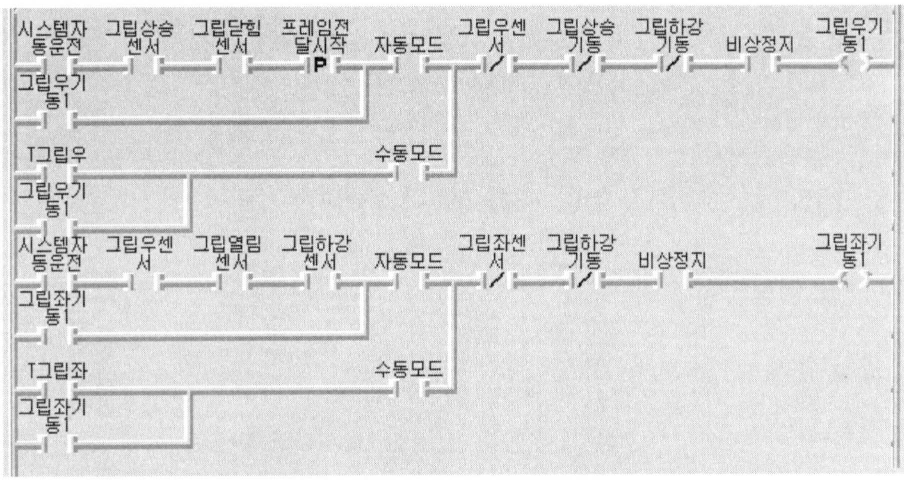

[그림 2-84] 그립 실린더 좌우측 기동

9) 그립 실린더 상승하강 기동

◈ 동작 설명

① 그립이 좌측에서 회전 실린더의 상승 센서를 감지하면 하강기동한다.
② 그립이 우센서를 감지하고 닫힘 센서를 감지하면 리드프레임을 주형 컵에 놓기 위해 하강한다.
③ 그립이 하강상태에서 좌측 센서와 닫힘 센서를 감지하면 상승기동한다.
④ 그립이 우센서를 감지하고 열림 센서를 감지하면 그립은 상승기동한다.

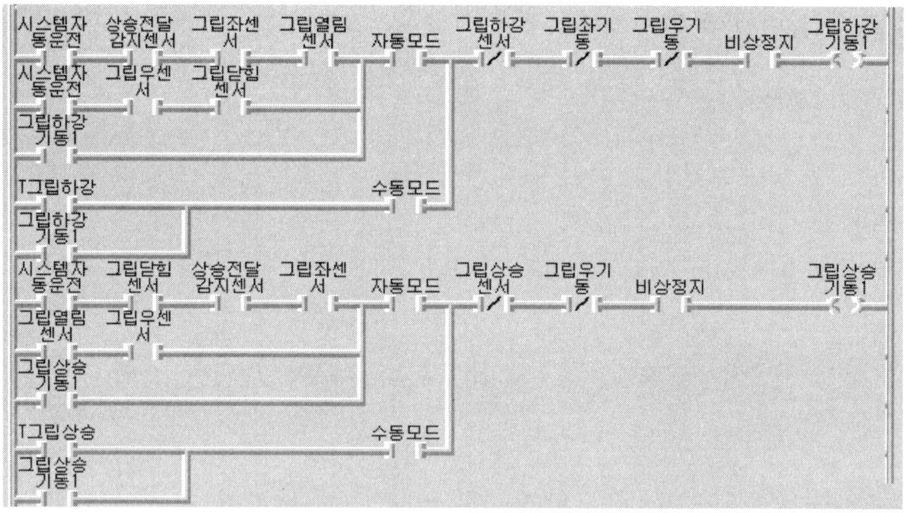

[그림 2-85] 그립 실린더 상승하강 기동

10) 그립 열림닫힘

◈ 동작 설명

① 그립이 하강하고 상승전달 센서를 감지하면 리드프레임을 잡기 위해 닫힘기동한다.

② 그립이 우측에서 하강 센서를 감지하면 리드프레임을 주형 컵 틀에 놓기 위해 열림기동한다.

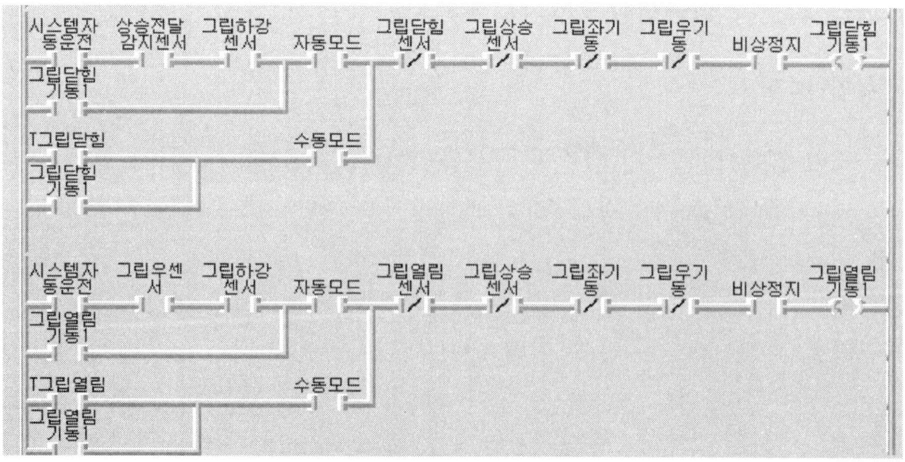

[그림 2-86] 그립 열림닫힘

11) RS 422 통신

◈ 동작 설명

① 각각의 통신신호 접점신호

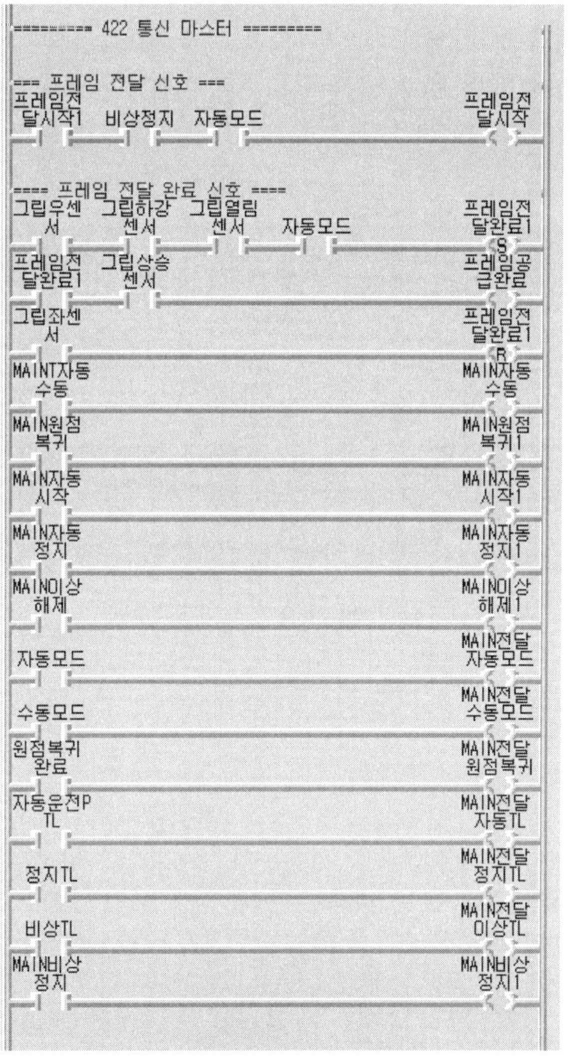

[그림 2-87] RS 422 통신

(3) SUB-2 LD 프로그램

1) 자동수동 모드의 전환

◈ 동작 설명

① 앞의 프로그램들과 마찬가지로 한 개라도 수동으로 되어 있으면 수동모드 상태가 되고 자동모드 상태가 되기 위해서는 자동수동 SELECT 스위치 3개가 모드자동으로 전환되어 있어야 한다.

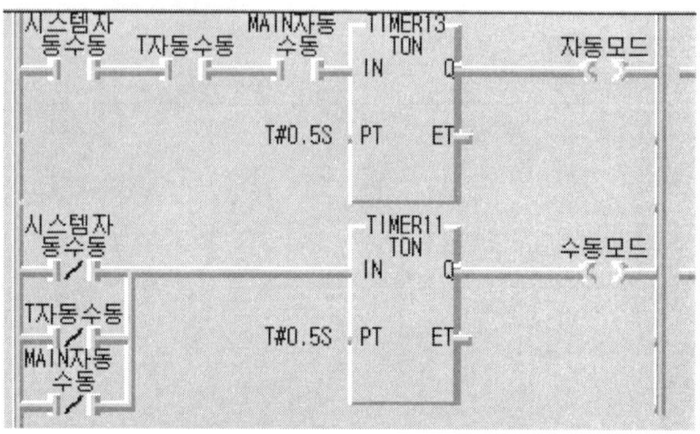

[그림 2-88] SUB-2 LD 프로그램

2) 비상정지

◈ 동작 설명

① 비상정지 스위치는 B접점으로 사용한다. 하나라도 비상정지 스위치가 ON되면 시스템은 절대 기동하지 않는다.

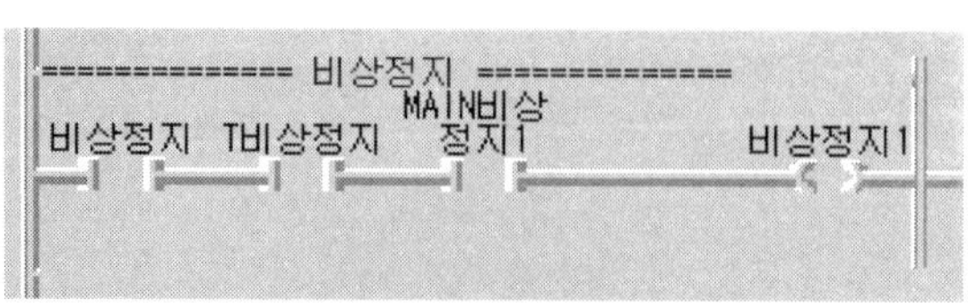

[그림 2-89] 비상정지

3) 원점복귀

◈ 동작 설명

① 서보의 원점과 실린더 등이 후진상태로 대기하도록 한다. 수동모드에서만 작동되고 원점복귀를 하지 않을 때에는 자동모드에서 자동운전이 기동하지 않는다.

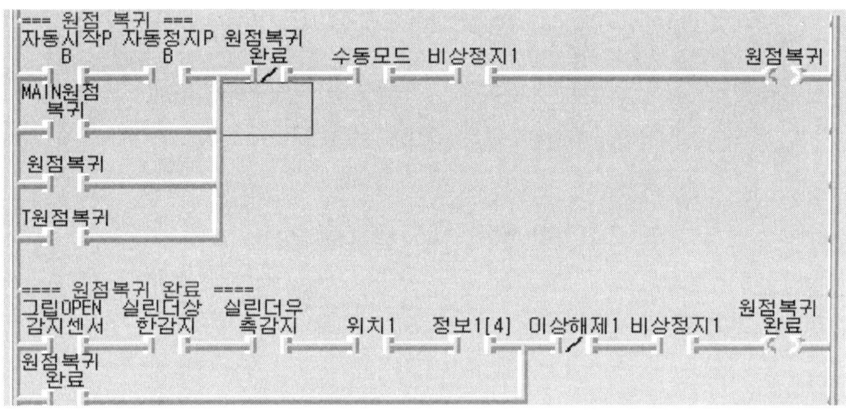

[그림 2-90] 원점복귀

4) 서보모터의 원점복귀 후 1위치 기동

◈ 동작 설명

① 위의 원점복귀 신호로 서보가 원점복귀를 하고 원점복귀가 완료되면 적재함 1위치로 기동한다. 이는 수동모드에서만 작동하고 자동모드에서는 기동하지 않는다.

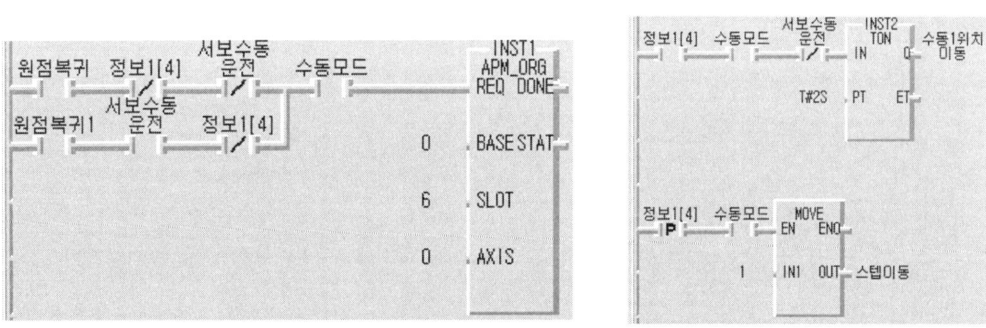

[그림 2-91] 서보모터의 원점복귀 후 1위치 기동

5) 시스템 자동운전

◈ 동작 설명

① 원점복귀가 완료되고 자동시작 PB버튼을 누르면 시스템이 자동운전된다. Master Touch Panel의 Main 화면과 SUB-2 Touch Panel의 Main 화면, 조작 스위치의 3개의 자동시작 PB가 있다.

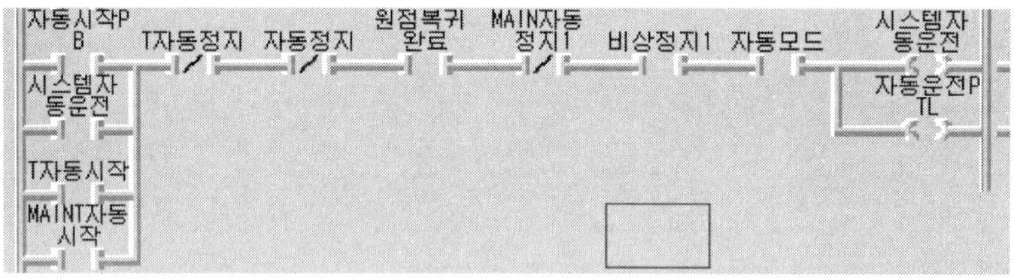

[그림 2-92] 시스템 자동운전

6) 그립 좌우기동

◈ 동작 설명

① 시스템이 자동운전되면 서보는 1위치, 실린더는 후진상태에서 대기하게 된다. 이때 Master에서 SUB-2로 프레임 적재신호를 보내면 SUB-2의 실린더가 좌측으로 프레임을 잡기 위해 기동한다. 좌측 센서를 감지하고 그립이 하강상태에서 리드프레임을 잡고 상승하면 적재함에 리드프레임을 적재하기 위해 우측으로 기동한다.

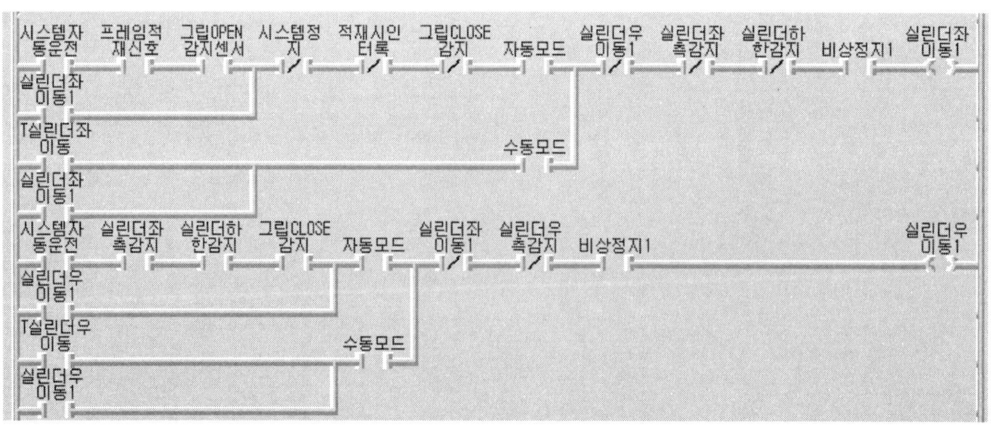

[그림 2-93] 그립 좌우기동

7) 그립 상하기동

◈ 동작 설명

① 그립이 실린더 좌측과, 그립 열림을 감지하면 리드프레임을 잡기 위해 하강 기동한다.
② 그립이 실린더 우측과, 그립 닫힘을 감지하면 리드프레임을 적재하기 위해 하강기동한다.
③ 그립이 실린더 좌측과, 하강, 그립 닫힘을 감지하면 상승기동한다.
④ 그립이 실린더 우측과, 하강, 그립 열림을 감지하면 상승기동한다.

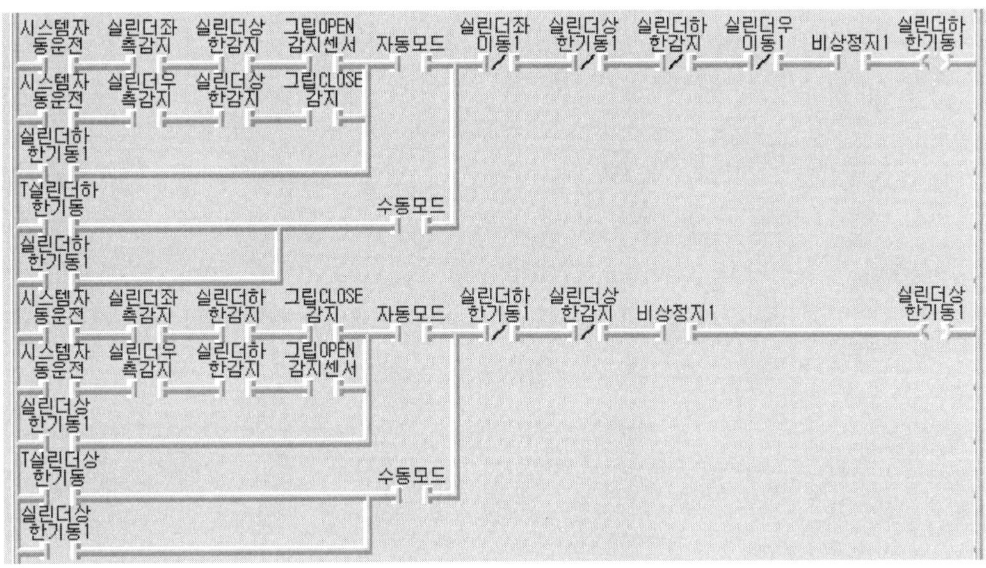

[그림 2-94] 그립 상하기동

8) 그립 열림닫힘 기동

◈ 동작 설명

① 실린더 좌측 센서와 하강 센서, 그립 열림을 감지하면 그립이 리드프레임을 잡기 위해 닫힘기동을 한다.
② 실린더 우측 센서와 하강 센서, 그립 닫힘을 감지하면 그립이 리드프레임을 적재하기 위해 열림기동을 한다.

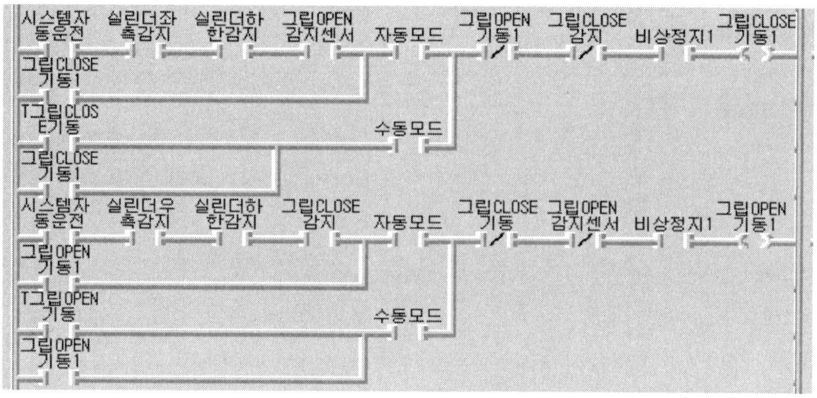

[그림 2-95] 그립 열림닫힘 기동

9) 서보기동

◈ 동작 설명

① 원점복귀완료 후 1위치 대기에서 리드프레임을 1위치에 놓고 그립이 상승하면 스텝 이동에 2값을 넣어 스텝 2 즉 2위치로 기동하게 된다. 5위치에 리드프레임을 적재하고 그립이 상승기동하면 서보는 1위치로 재이동하고 SUB-2의 적재공정이 정지된다. 이때, 적재함에서 리드프레임을 제거하고 자동시작 버튼을 누르면 SUB-2의 공정이 재시작된다.

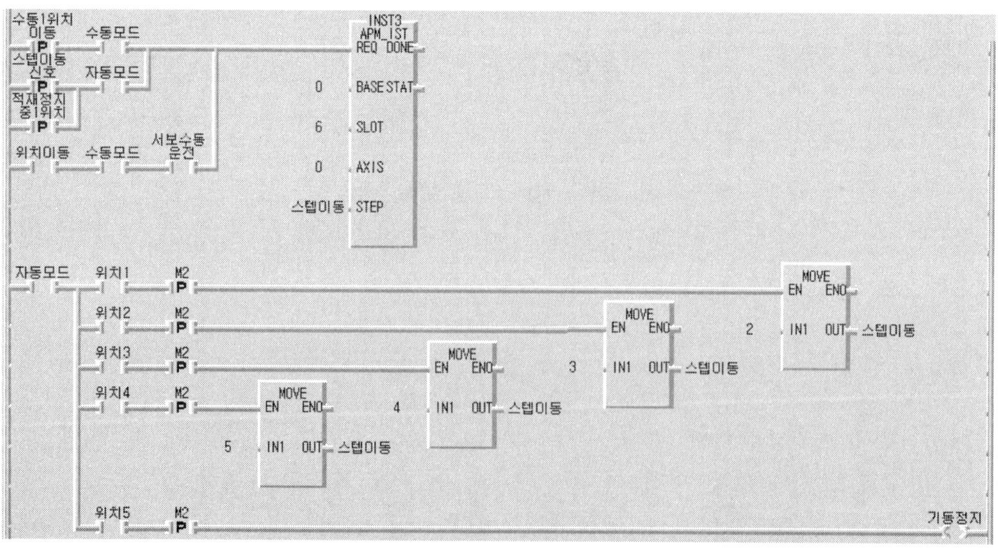

[그림 2-96] 서보기동

10) RS 422 통신

◈ 동작 설명

① 각각의 통신신호 접점

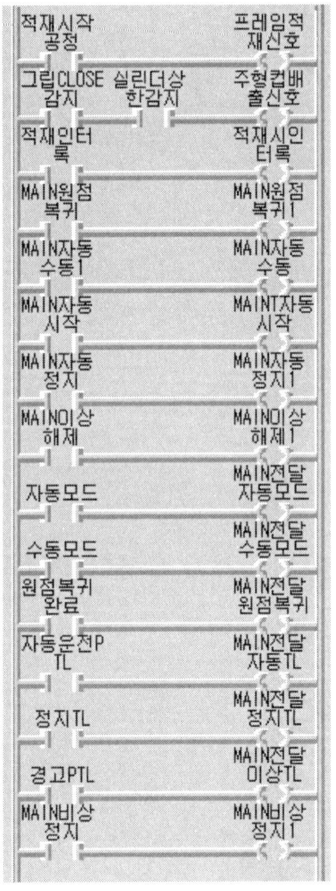

[그림 2-97] RS-422 통신

제 4 절 장비 부속품

1. 더블로드 실린더

로드가 2개인 실린더로 회전을 방지한다.

(1) 사용 위치

① SUB-1의 그립 실린더 상하한 기동
② SUb-2의 그립 실린더 상하한 기동

(2) 특 징

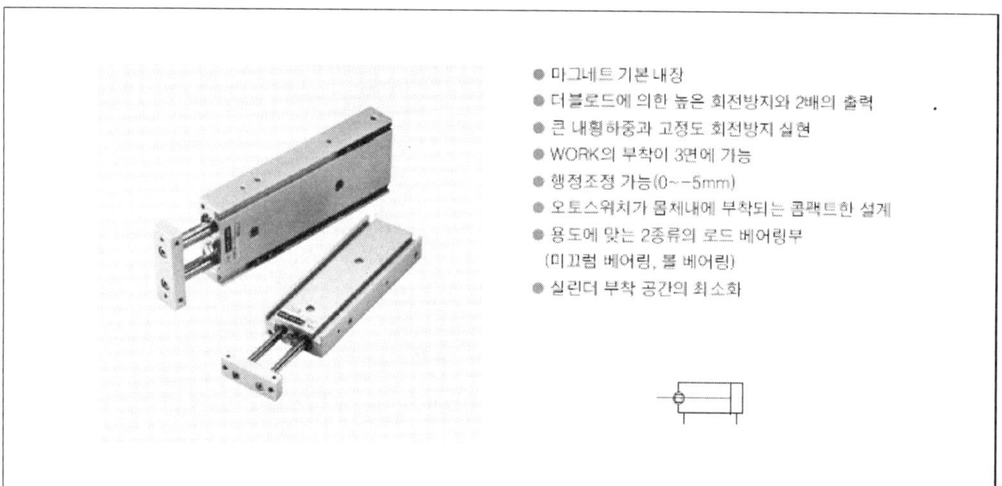

[그림 2-98] 더블로드 실린더와 특징

(3) 표시 형식

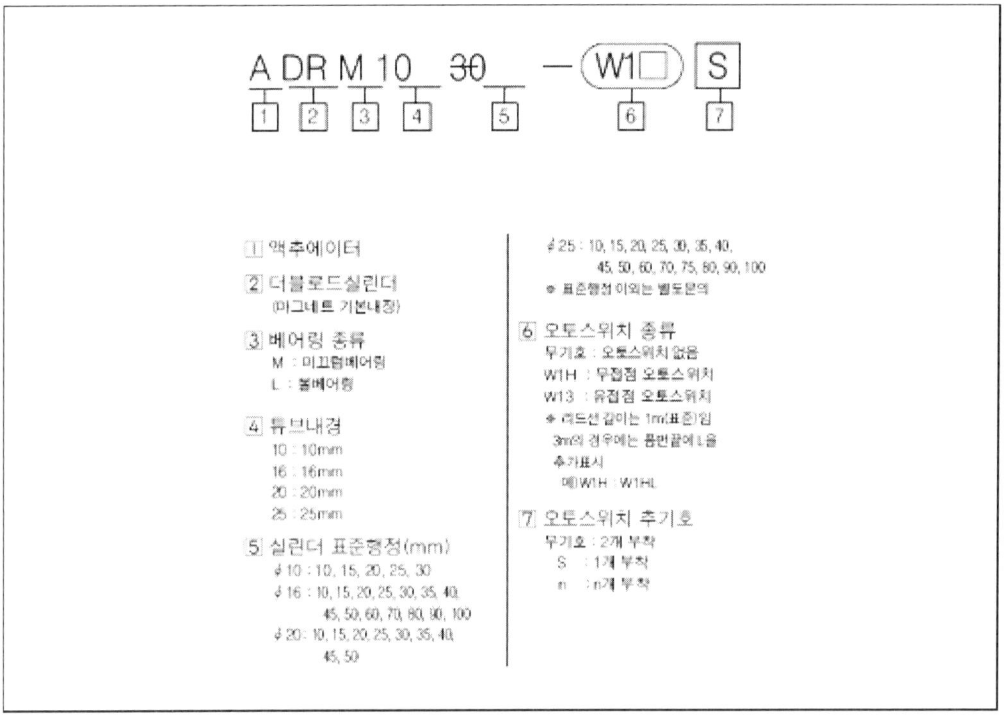

[그림 2-99] 더블로드 실린더의 표시 형식

2. 디렉트 마운트 실린더

디렉트 마운트(Direct Mount) 실린더는 로드커버에 의해 직접 부착이 가능한 실린더로 그립 실린더를 좌우측으로 이동하는 데 사용한다.

(1) 사용 위치

① Master, Sub-1, Sub-2의 그립 실린더를 좌우측으로 이동하는 데 사용한다.

(2) 특 징

- DIRECT MOUNT 실린더
  TCM2R 시리즈는 각형 로드커버에 의해 직접 부착이 가능한 실린더이다.
- 생 SPACE를 실현
- 부착정도 · 강도의 항상
- 2종류의 부착형식

표시 기호

복동/편로드

[그림 2-100] 디렉트 마운트 실린더와 특징

(3) 표시 형식

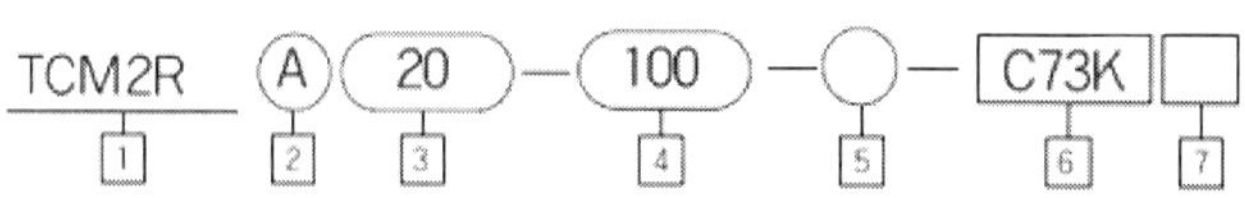

1 소형실린더
(DIRECT MOUNT)
*자석내장이 기본형임

2 부착 형식
A : 앞면 부착형
B : 옆면 부착형

3 튜브내경
20 : 20mm
25 : 25mm
32 : 32mm
40 : 40mm

4 실린더 행정
표준행정표 참조

5 시리즈
무기호 : 표준형
XC16 : 동계불가형

6 오토스위치 종류
유접점 오토스위치
밴드부착형
〈그로메트〉
C73K:D-C73K
*리드선의 길이는 0.5m(표준)이다. 3m의 경우 품번 끝에 L을 추가 표시한다.
(예) C73KL:D-C73KL

7 오토스위치 추기호
무기호:2개부착
S :1개부착
n :n개부착

오토스위치 부착밴드/부품 품번

오토스위치 형식	튜브내경(mm)			
	20	25	32	40
D-C73K	TBM2-020	TBM2-025	TBM2-032	TBM2-040

[그림 2-101] 디렉트 마운트 실린더의 표시 형식

3. 로터리 실린더

로터리 형태의 실린더로 각도의 회전을 공압으로 구현하였다.

(1) 사용 위치

① SUB-1의 공급부의 상향하향 회전기동 실린더로 사용하였다.

(2) 표시 형식

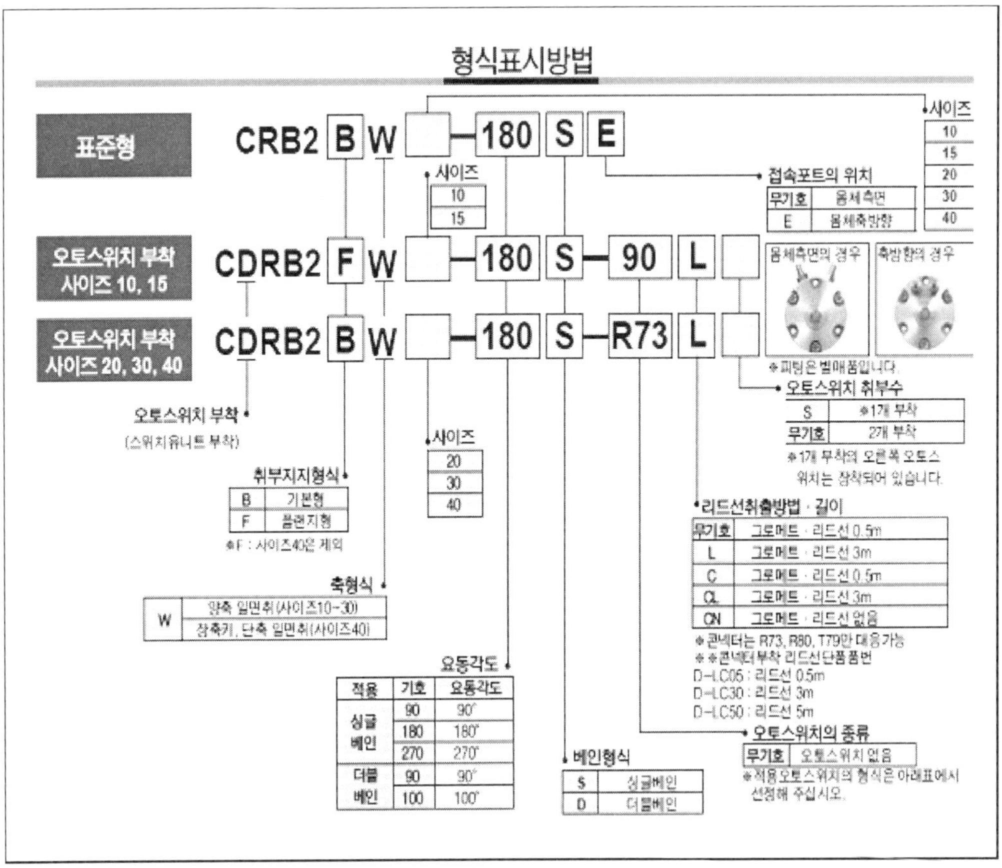

[그림 2-102] 로터리 실린더의 표시 형식

3

LED HANDLER

제 1 절 LED HANDLER 장비의 구성 및 동작 순서

1. 장비의 개요

교육용 LED HANDLER는 LED LAMP의 LUMINOSITY를 검사하는 장비로서 작업자가 LED LAMP를 LINEAR FEEDER에 적재하면 LINEAR FEEDER에 의해 LED LAMP가 공급되고 SEPARATOR에 의해 LED LAMP가 분리되면 PUSHER에 의해 LED LAMP가 GUIDE RAIL에 안착되고 TRANSFER에 의해 LED LAMP가 PITCH 이송된다. 이때 이송되는 LED LAMP의 극성을 CHECK하여 극성이 맞지 않을 경우 ROTATE UNIT에 의해 회전하여 일정한 방향으로 공급되고 LUMINOSITY를 검사하여 각 LED LAMP의 특성에 따른 분류공정에 의해 각각의 분류 BIN으로 분리되며, 불량 LED LAMP의 경우 불량배출 BIN으로 분류되고 LUMINOSITY 검사 데이터는 PC에 저장되도록 구성된 장비이다.

(1) 장비의 기본 사양

① 장비명 : LED HANDLER

② POWER SUPPLY : 220ACV±10%, 50～60Hz, 2HP

③ AIR SUPPLY :

- 1차 공기압 : 6 kgf/cm^2
- 장비 내 제어공기압 5～6 kgf/cm^2
- AIR 접속경 : Φ10 (외경) 2EA

④ 장비 CONTROLLER : PLC CONTROLLER

⑤ 장비 DISPLAY : LCD TOUCH SCREEN

⑥ 장비 SIZE : 2000×750×1578(H)

⑦ 장비중량 : ABOUT 300kg

⑧ 사용환경

- 온도 : 15～40°C
- 30～80%

2. 장비의 구성

(1) 장비의 도면

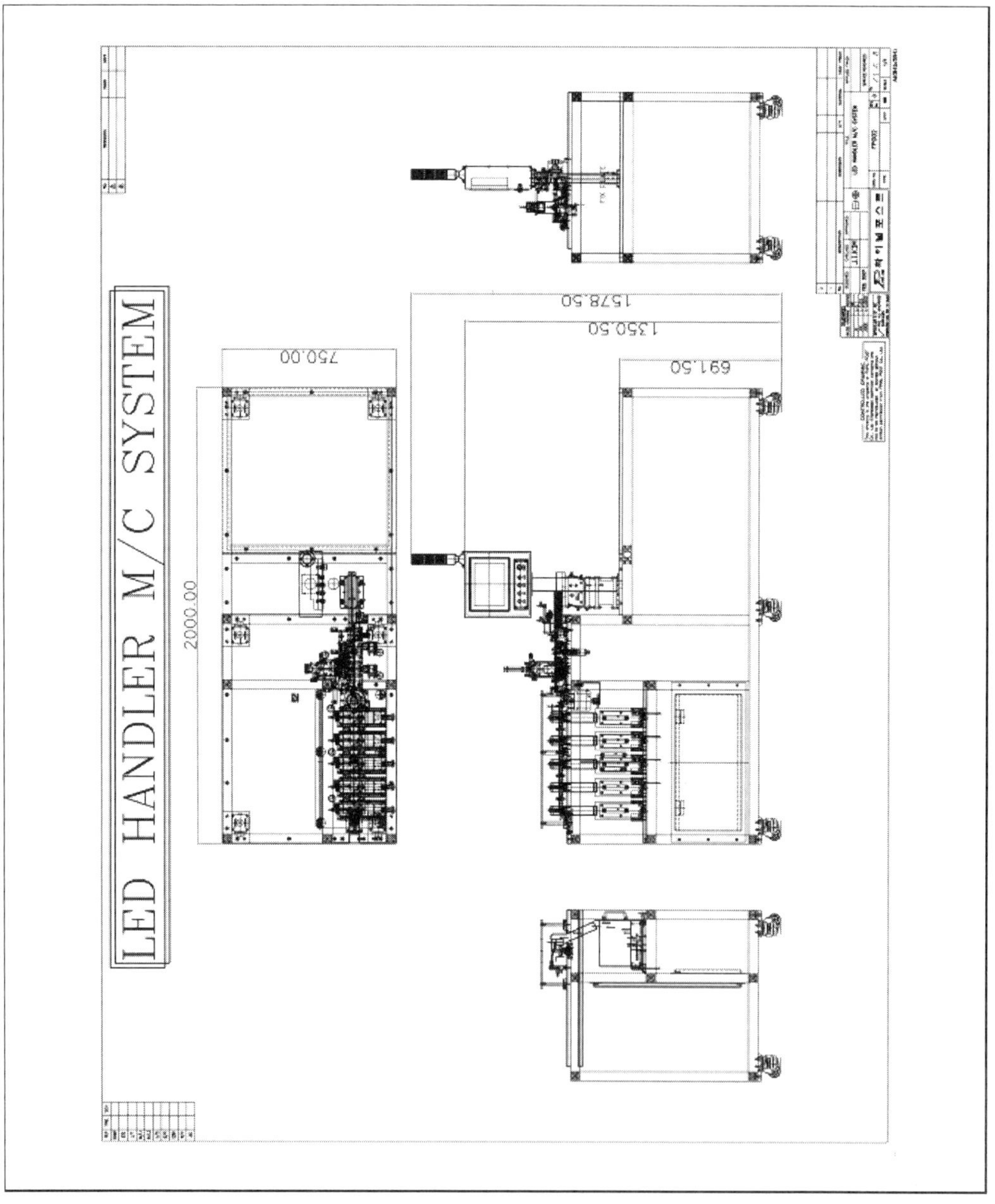

[그림 3-1] SYSTEM ASS'Y DWG

3. 동작 순서

(1) LINEAR FEEDER

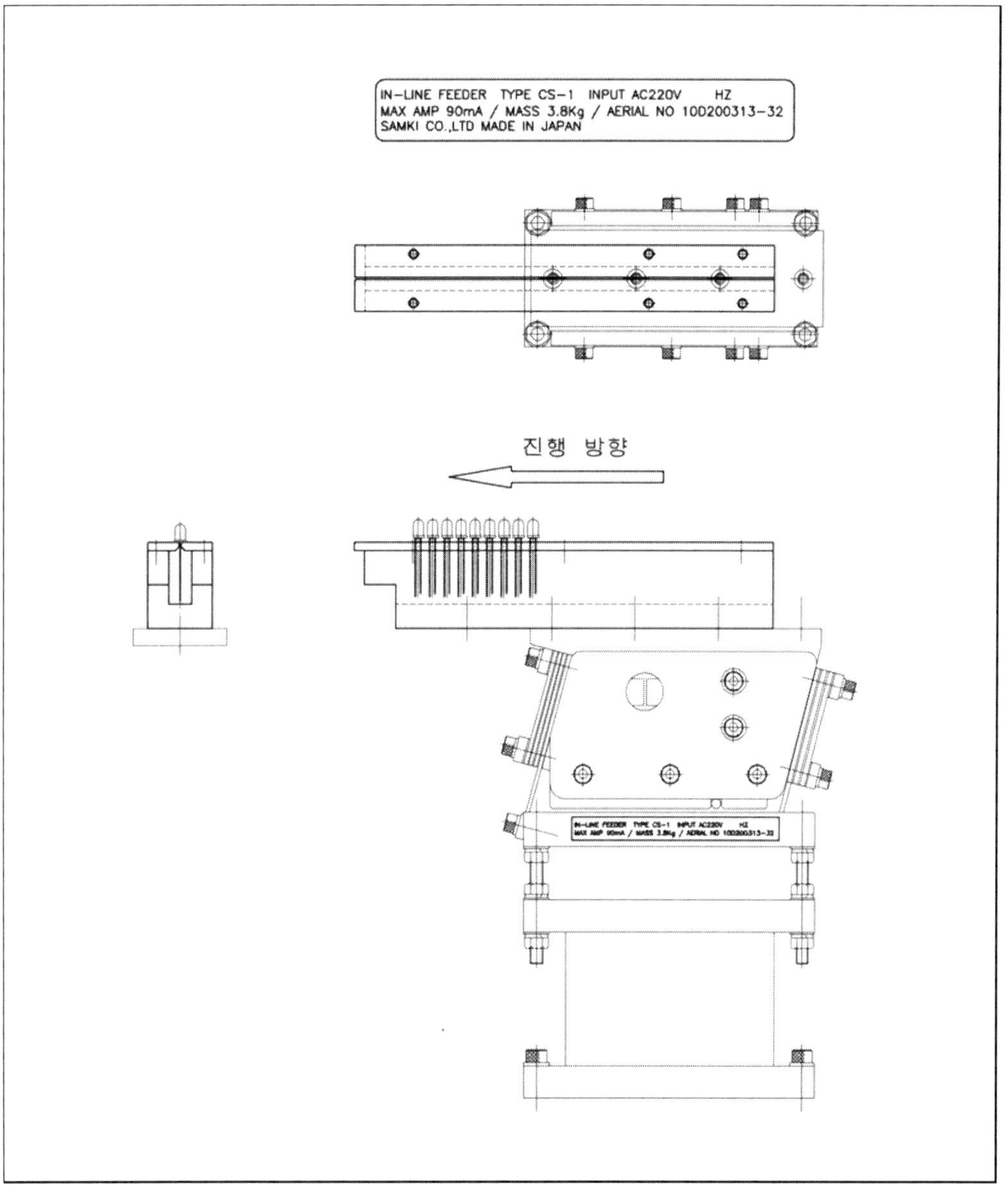

[그림 3-2] LINEAR FEEDER

1) 개 요

진동에 의해 물체를 이송시키는 장치로서 아래 그림의 CONTROLLER에 의해 FEEDER SETTING이 가능하다.

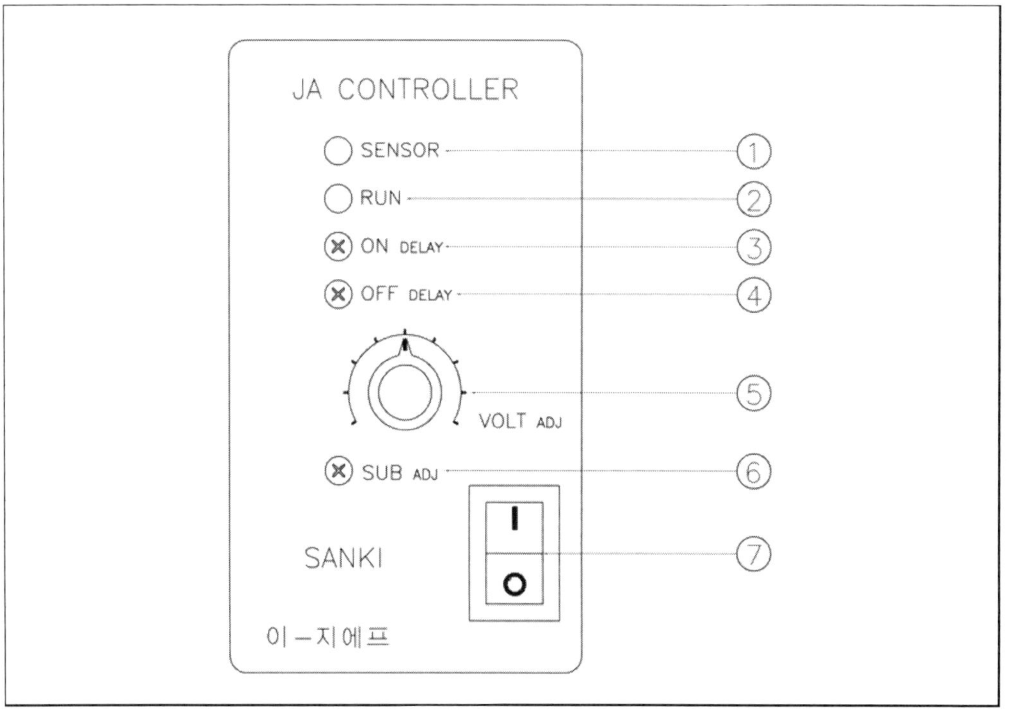

[그림 3-3] LINEAR FEEDER CONTROLLER

① LAMP SENSOR : READY LAMP로서 FEEDER가 동작하면 LAMP는 OFF 된다.

② LAMP RUN : 동작 LAMP로서 FEEDER가 동작하면 LAMP는 ON 된다.

③ ON DELAY : FEEDER 가동 지연시간으로 시계방향으로 돌리면 지연시간이 늘어난다.

④ OFF DELAY : FEEDER 정지 지연시간으로 시계방향으로 돌리면 지연시간이 늘어난다.

⑤ VOLT ADJ : FEEDER의 이동속도를 조절하는 곳으로 시계방향으로 돌리면 이동속도는 증가한다.

⑥ SUB ADJ : FEEDER의 진동량을 조절하는 곳으로 시계방향으로 돌리면 진동량

이 증가한다(진동량 조절 시 위 이동속도와 BALANCE를 맞춰 조절하여야 한다).

⑦ ON/OFF SWITCH : FEEDER의 전원을 ON/OFF 한다.

(2) SEPARATOR

1) 개 요

LINEAR FEEDER에서 공급된 LED LAMP를 실린더로 한 개씩 분리하여 PUSHER에 공급하는 장치이다.

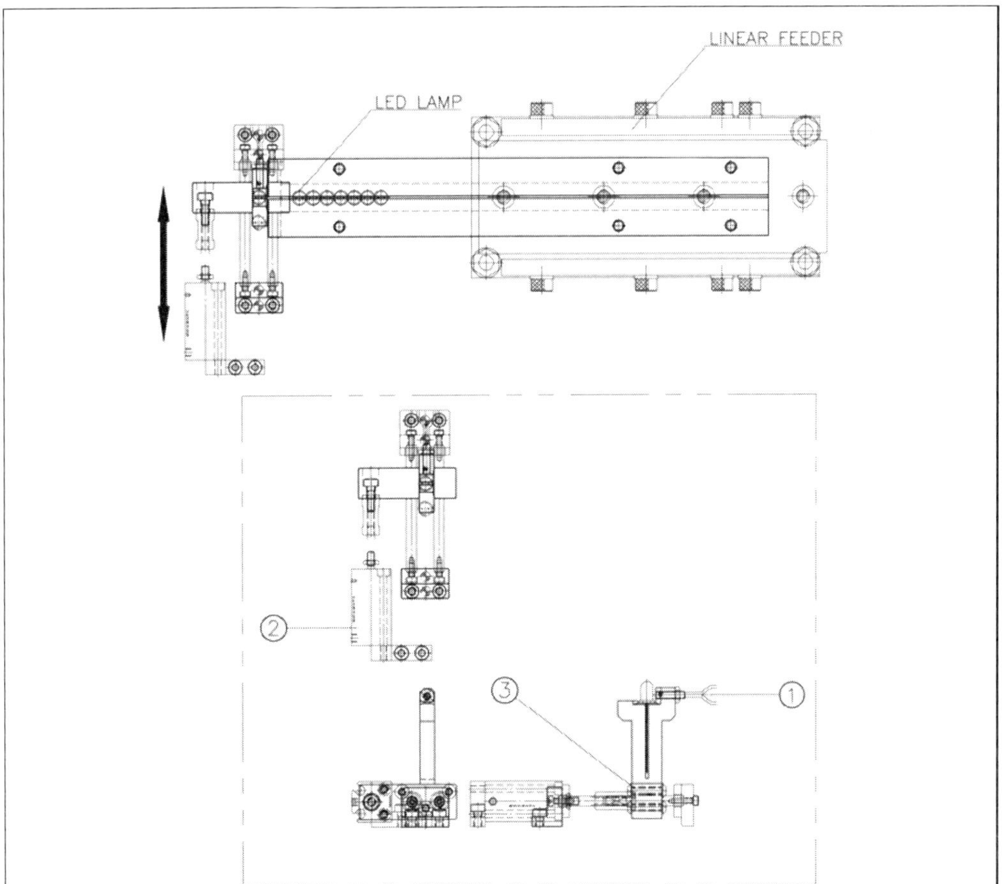

[그림 3-4] SEPARATOR

2) 동작 순서

LINEAR FEEDER에서 공급된 LED LAMP가 SEPARATOR에 안착되면 ① FIBER SENSOR가 LED LAMP를 감지하고 ② CYLINDER가 동작하여 LED LAMP를 한 개씩 분리하여 PUSHER UNIT에 공급한다.

① LED LAMP ARRIVER SENSOR : FIBER SENSOR
② SEPARATOR CYLINDER
③ BALL BUSH

(3) PUSHER

1) 개 요

SEPARATOR UNIT에서 한 개씩 공급받은 LED LAMP를 TRANSFER GUIDE RAIL에 공급하는 장치이다.

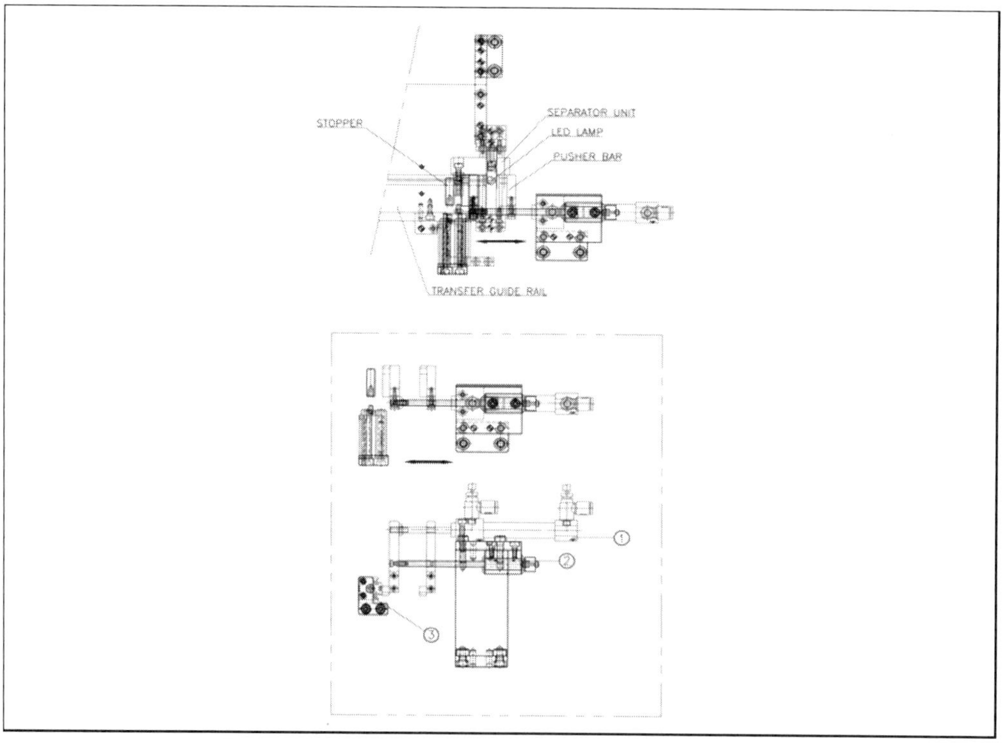

[그림 3-5] PUSHER

2) 동작 순서

한 개씩 분리된 LED LAMP는 ① PUSHER에 의해 TRANSFER GUIDE RAIL에 진입하고 ③ STOPPER에 의해 LED LAMP가 멈춘다.

① PUSHER CYLINDER
② BALL BUSH
③ STOPPER CYLINDER

(4) TRANSFER

1) 개 요

PUSHER UNIT에 공급받은 LED LAMP를 극성 CHECK, ROTATE, LUMINOSITY CHECK UNIT, SORTING UNIT로 PITCH 이송시키는 장치이다

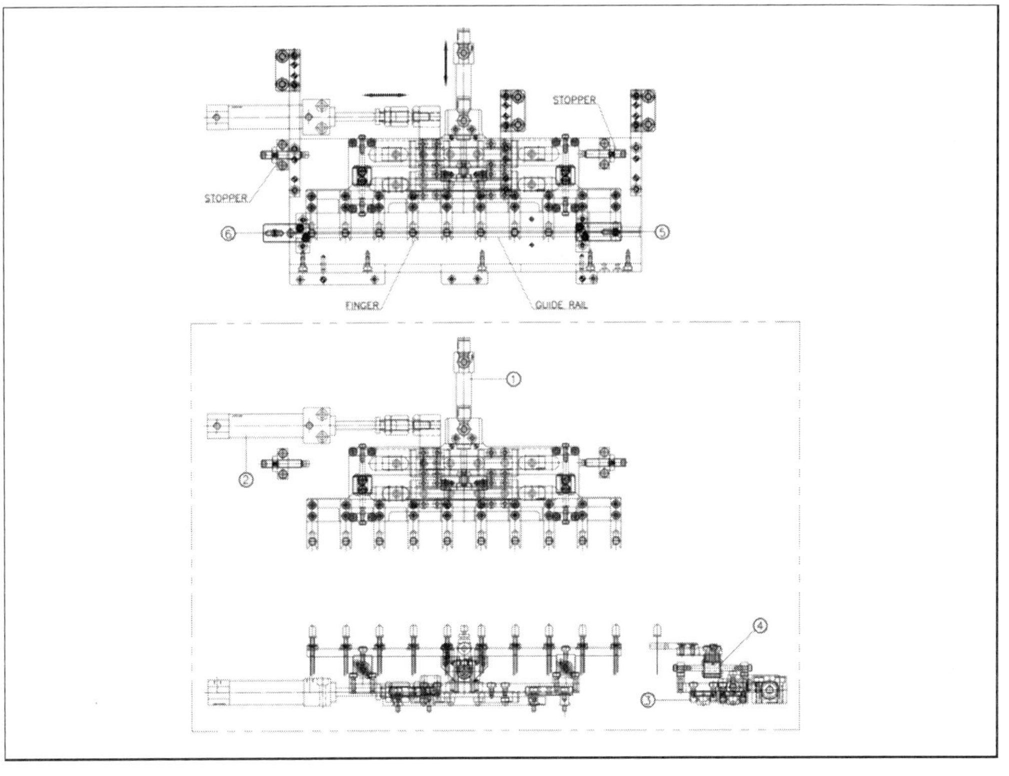

[그림 3-6] TRANSFER

2) 동작 순서

PUSHER UNIT에 의해 LED LAMP가 GUIDE RAIL에 진입하고 ⑤ LED ARRIVER SENSOR가 LED LAMP를 감지하면 ① INDEX CYLINDER가 전진하여 FINGER가 LED LAMP의 LEAD 사이에 삽입되고 ② TRANSFER CYLINDER가 후진한다. 이와 같은 동작을 반복하여 LED LAMP를 극성 CHECK, ROTATE, LUMINOSITY CHECK UNIT, SORTING UNIT로 PITCH 이송시키고 SORTING UNIT로 진입 시 ⑥ LED ARRIVER SENSOR로 확인한다.

① INDEX CYLUNDER
② TRANSFER CYLINDER
③ LM GUIDE
④ BALL BUSH
⑤ LED LAMP ARRIVER SENSOR
⑥ LED LAMP ARRIVER SENSOR

(5) 극성 CHECK & LUMINOSITY CHECK

1) 개 요

가. 극성 CHECK

TRANSFER UNIT에 의해 PITCH 이동된 LED LAMP는 투입방향에 따라 극성 CHECK를 하여 LED LAMP의 반전 유무를 결정한다.

나. LUMINOSITY CHECK

극성 CHECK와 ROTATE UNIT을 TRANSFER UNIT에 의해 지나오면 최종적으로 LUMINOSITY CHECK를 하고 CHECK된 데이터는 PC로 전송되어 PC에서 각 LED LAMP의 ADDRESS을 할당하여 PLC로 전송한다.

2) 동작 순서

가. 극성 CHECK

TRANSFER UNIT에 의해 PITCH 이동되어 LED LAMP가 극성 CHECK POSITION에 오

면 ① 극성 CHECK CYLINDER가 전진하여 CYLINDER에 부착되어 있는 ③ CONTACT PROBE에 의해 5V의 전기가 LED LAMP에 인가되어 극성을 CHECK하여 LED LAMP의 반전 여부를 결정한다.

① 극성 CHECK CYLINDER

③ CONTACT PROBE, RECEPTERCLES

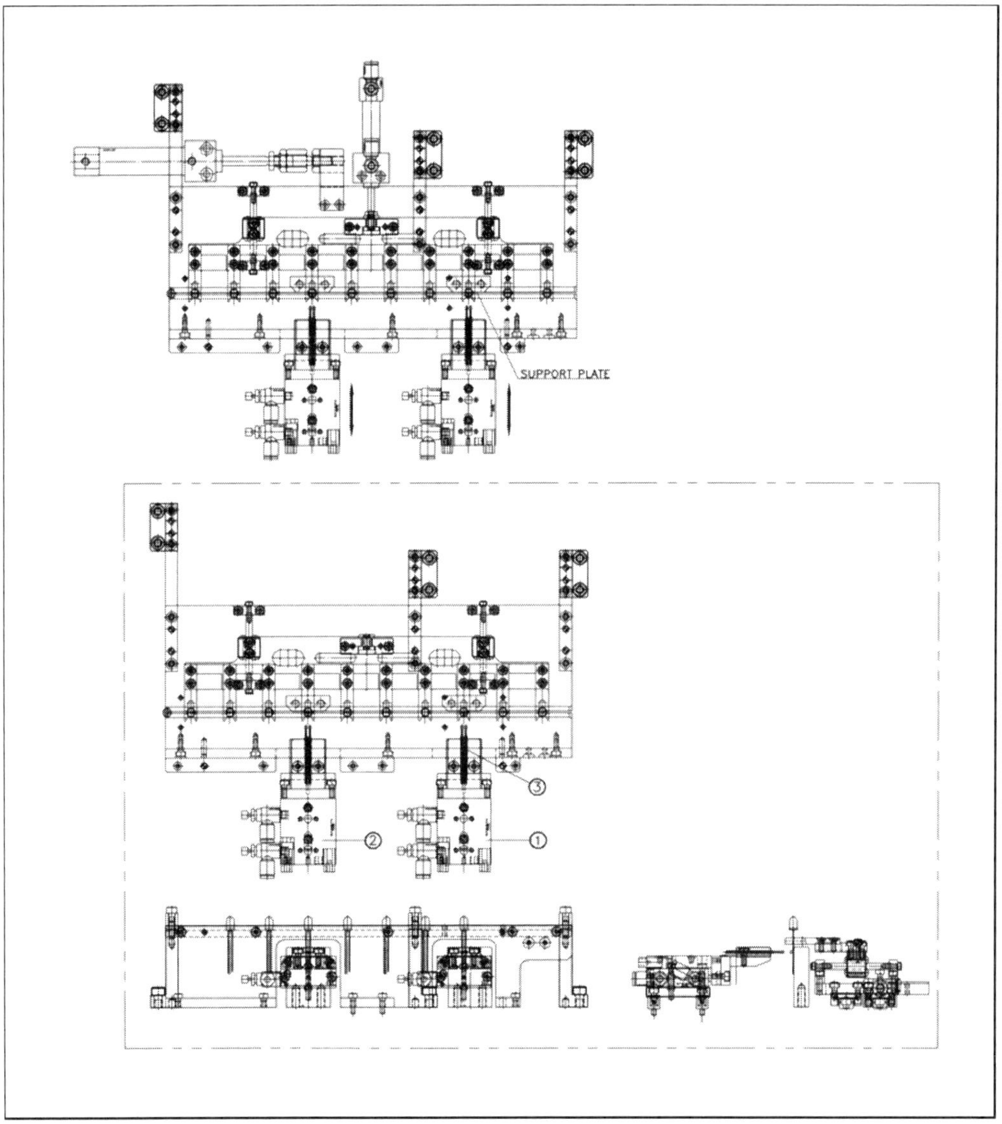

[그림 3-7] 극성 CHECK와 LUMINOSITY CHECK

나. LUMINOSITY CHECK

극성 CHECK와 ROTATE UNIT을 TRANSFER UNIT에 의해 지나오면 ② LUMINOSITY CHECK CYLINDER가 전진하여 CYLINDER에 부착되어 있는 ③ CONTACT PROBE와 ASTROPHOTOMETER에 의해 LED LAMP의 LUMINOSITY CHECK한다. 이때 CHECK된 데이터는 PC에 송신되고 PC는 수신된 데이터에 의해 파장과 광도, 색좌표의 특성에 따라 각 LED LAMP에 ADDRESS을 할당하여 PLC로 송신한다.

② LUMINOSITY CHECK CYLINDER
③ CONTACT PROBE, RECEPTERCLES
④ X ,Y STAGE
⑤ DOVETAIL

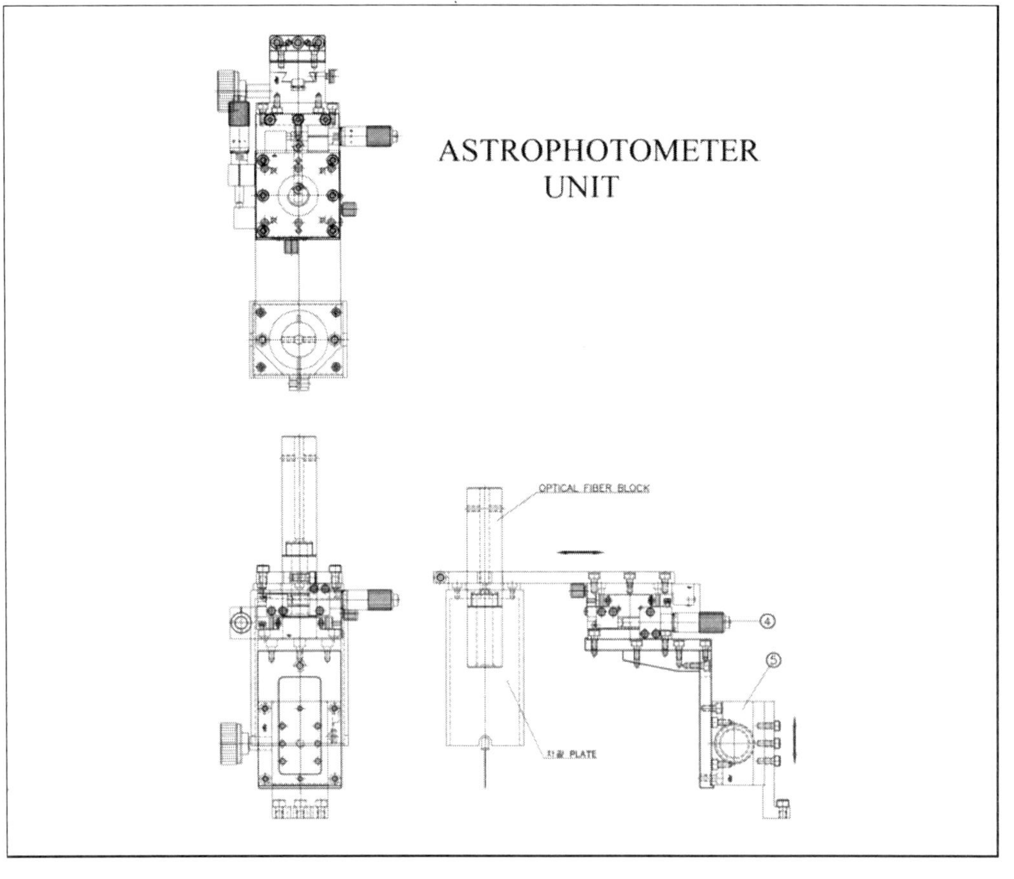

[그림 3-8] ASTROPHOTOMETER UNIT

(6) ROTATE

1) 개요 및 동작 순서

극성 CHECK에서 LED LAMP의 반전 여부를 결정하면 TRANSFER UNIT에 의해 ROTATE POSITION까지 이동하고 ① ROTATE CYLINDER에 의해 LED LAMP 180도 회전하여 반전한다.

① ROTATE CYLINDER

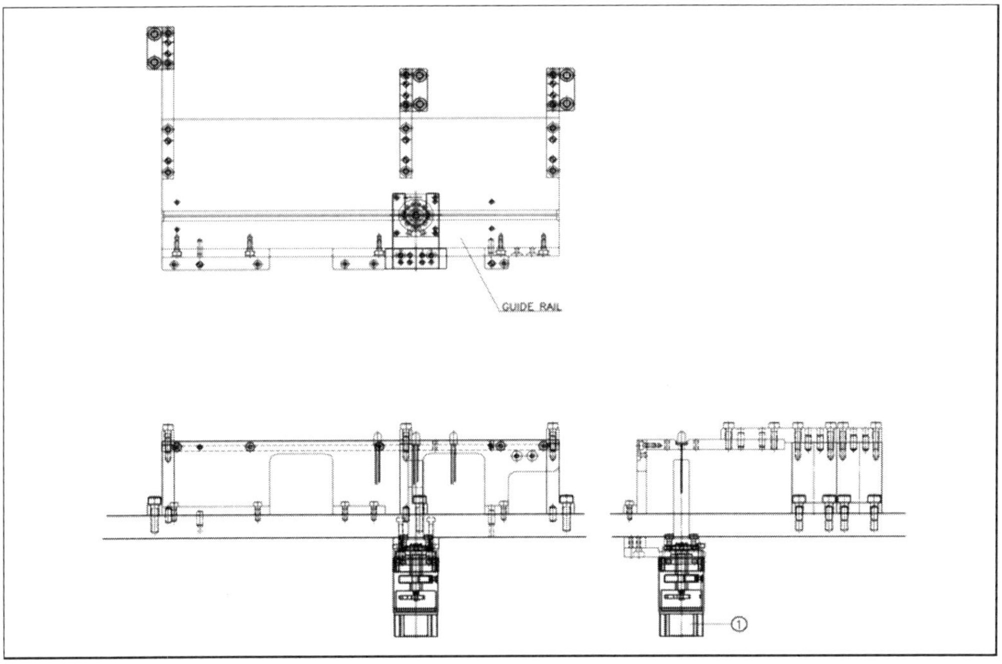

[그림 3-9] ROTATE

(7) SORTING

1) 개 요

TRANSFER UNIT에 의해 PITCH 이송된 LED LAMP는 DRIVE MOTOR에 의해 각각 지정된 ADDRESS로 이송되고 AIR BLOW에 의해 BIN으로 떨어져 적재된다.

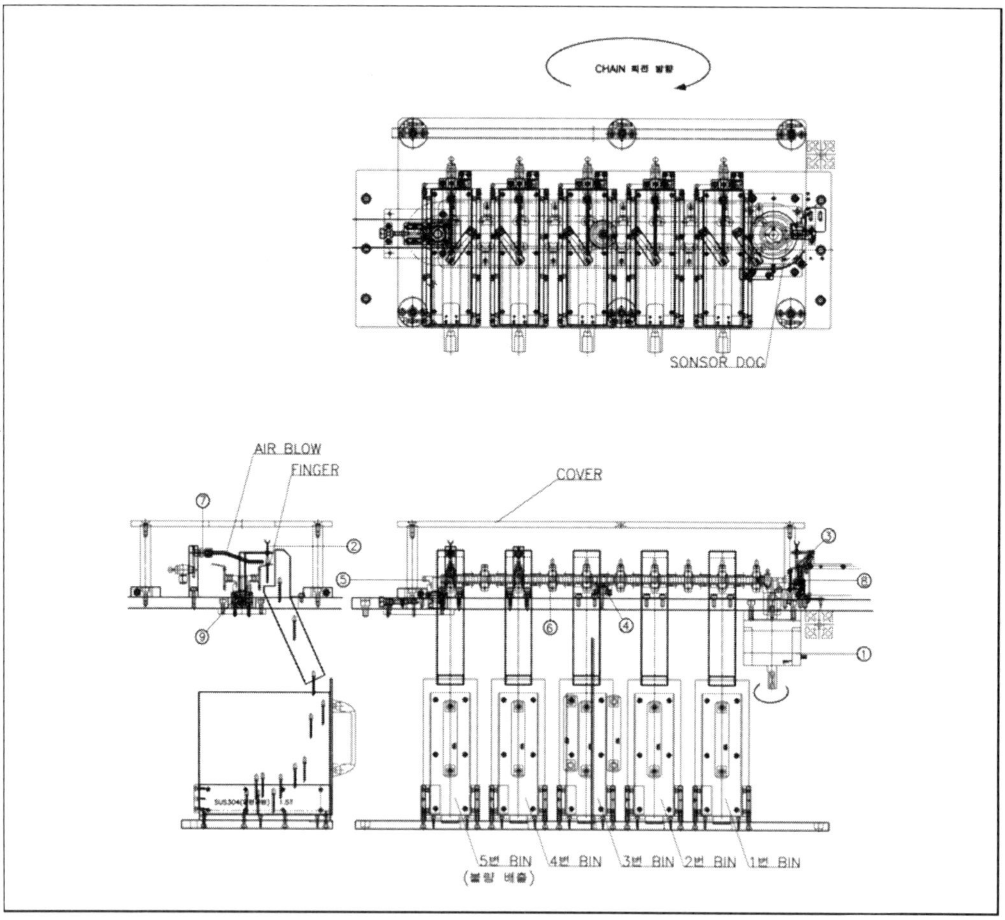

[그림 3-10] SORTING

2) 동작 순서

TRANSFER UNIT에 의해 PITCH 이송된 LED LAMP는 ① DRIVE MOTOR, ③ DRIVE SPROCKET, ⑥ ATTACHMENT CHAIN에 의해 회전 이송되고, 이송되는 PITCH는 ⑧ PHOTO SENSOR에 의해 조절하며 각 BIN 위치에 LED LAMP가 도착하면 ② ARRIVER SENSOR가 감지하여 AIR BLOW로 LED LAMP를 낙하 BIN에 적재한다.

① DRIVE MOTOR

② LED LAMP ARRIVER SENSOR (TAKEX)-5EA

③ DRIVE SPROCKET

④ BEARING
⑤ TAIL SPROCKET
⑥ ATTACHMENT CHAIN
⑦ JOINT
⑧ PHOTO SENSOR
⑨ BEARING

4. MAINTENANCE(유지 보수)

1) 개 요

설비를 설치하고 사용함에 있어 설비가 제 기능을 할 수 있도록 유지, 관리하며 설비에 이상이 생기면 설비를 보완 수리하는 것이다. 설비의 MAINTENANCE는 항상 설비가 정지했을 때 하는 것을 원칙으로 한다.

① 매일 작업시작 전과 설비사용 후 진공청소기를 이용하여 모든 이물질과 먼지를 제거하여 항상 청결한 상태로 유지해야 한다.
② 장비 분해조립 작업 후에는 항상 그리스 및 오일을 깨끗하게 건조시킨다.
③ 모든 동작부위에 간섭이 없는지 확인하고 파손된 제품조각이 떨어져 있지 않도록 깨끗하게 청소한다.

2) 조 정

① TRANSFER PITCH 조정

TRANSFER의 PITCH를 조정하기 위해서는 항상 설비가 정지한 다음 조정을 하여야 한다. TRANSFER PITCH 조정은 양쪽의 STOPPER로 조정하며 LED LAMP의 LEAD 사이로 TRANSFER FINGER가 삽입되어야 한다.

설비를 정지한 후 조작 S/W를 AUTO MODE에서 MANUAL MODE로 바꾸고 스패너로 STOPPER의 FIX NUT을 풀러 PITCH 거리값을 조정한 뒤 스패너로 FIX NUT을 조이고 MANUAL MODE에서 TRANSFER CYLINDER을 동작시켜 조정한 거리값을 확인한다.

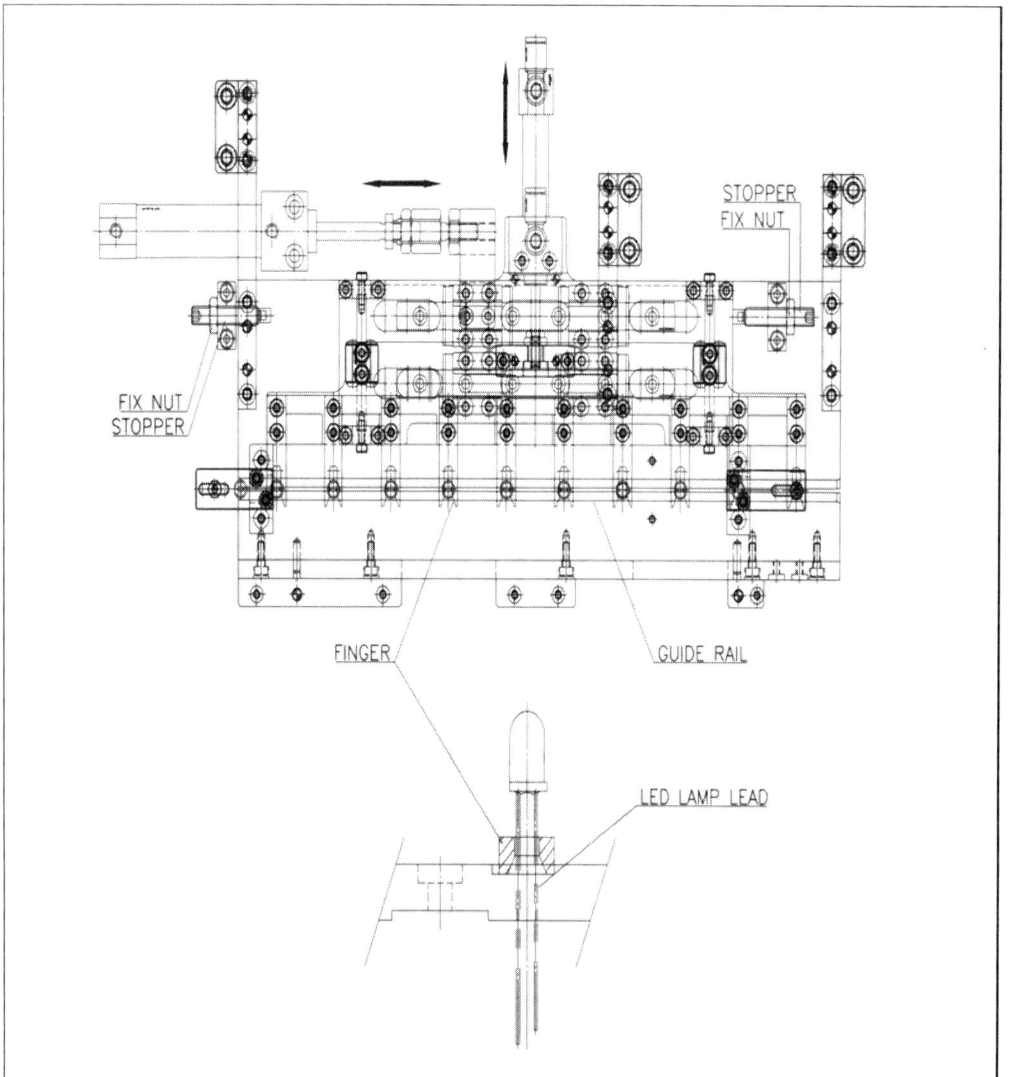

[그림 3-11] TRANSFER PITCH 조정

② 극성 및 LUMINOSITY CHECK 조정

극성 및 LUMINOSITY CHECK 조정은 CYLINDER가 전진할 때 CONTACT PROBE가 LED LAMP의 LEAD를 너무 압박하지 않고 CONTACT PROBE가 약간 들어갈 정도로 조정하며 CYLINDER의 전·후진 거리를 CYLINDER의 끝단에 있는 거리조절 볼트로 조정한다.

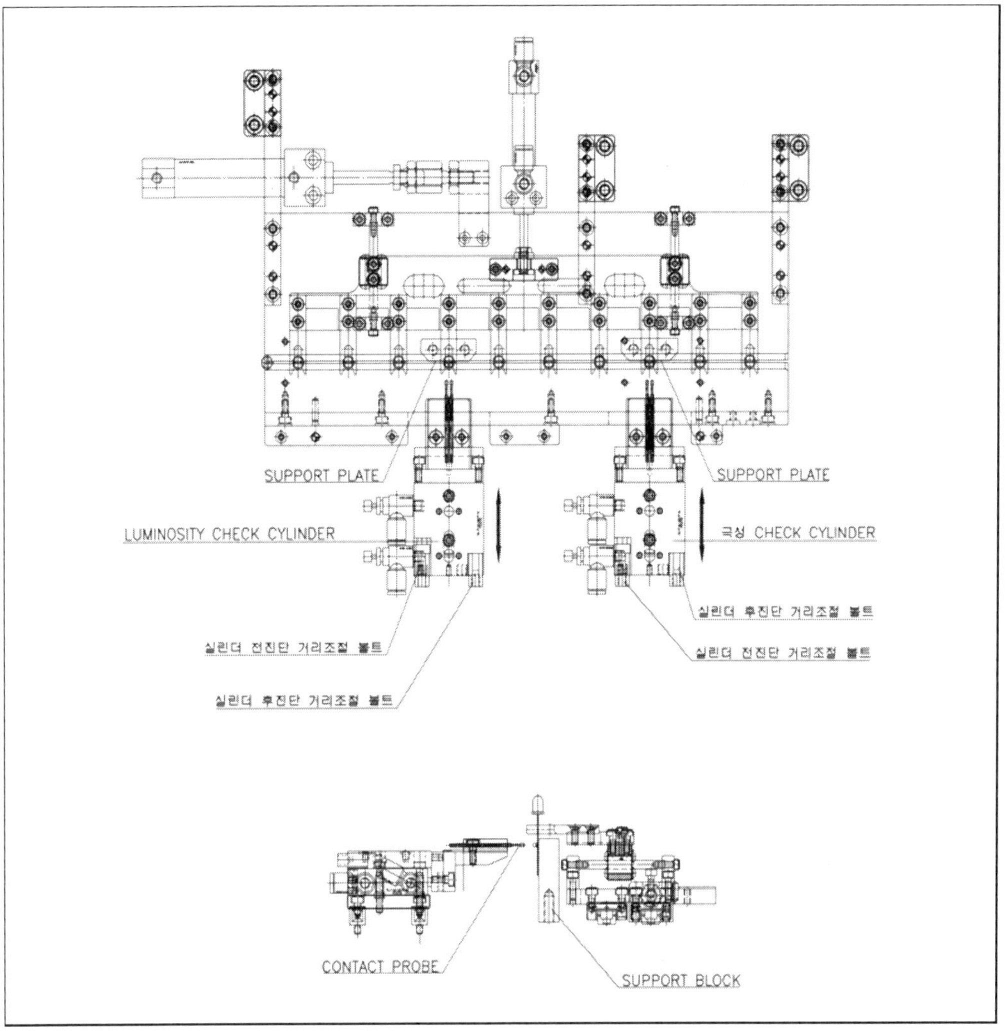

[그림 3-12] 극성 및 LUMINOSITY CHECK 조정

③ 각 SENSOR 유격조정

SENSOR BRACKET에는 SENSOR를 조정할 수 있도록 되어 있어 SENSOR의 위치 조정이 필요할 경우 유격거리 한도에서 조정한다.

TRANSFER UNIT에서 PITCH 이송된 LED LAMP가 ATTACHMENT CHAIN에 부착된 FINGER에 안착되는 POSITION을 정하는 정위치 SENSOR를 잘못 조정할 경우 LED LAMP가 파손되므로 주의하여야 한다.

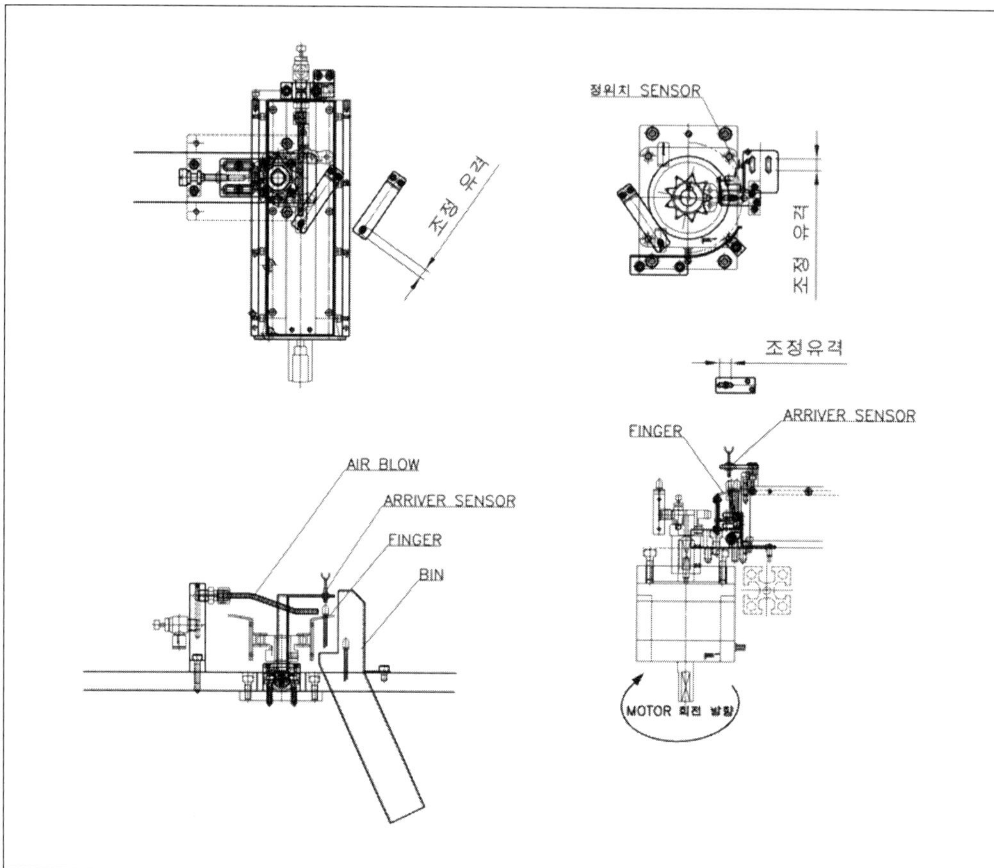

[그림 3-13] SENSOR 유격조정

④ ATTACHMENT CHAIN TENSION 조정

ATTACHMENT CHAIN TENSION 조정 시 필히 비상정지 스위치를 누르고 작업해야 하며 설비동작 중에 CHAIN에 손가락 등의 협착이 일어날 수 있으므로 주의해야 한다.

ATTACHMENT CHAIN TENSION 조정은 FIXBOLT와 FIX NUT을 풀러 ADJUST BOLT를 돌려 CHAIN의 TENSION을 조정하고 FIA BOLT와 FIX NUT을 잠근다. CHAIN TENSION을 조정한 경우 ③번에서 언급한 ATTACHMENT CHAIN에 부착된 FINGER에 LED LAMP의 안착이 잘되는지 확인한다.

설비에서 ATTACHMENT CHAIN을 분리할 경우 CHAIN 연결구의 스냅형 고정핀을 분리한 후 ATTACHMENT CHAIN에서 CHAIN 연결구를 빼면 된다.

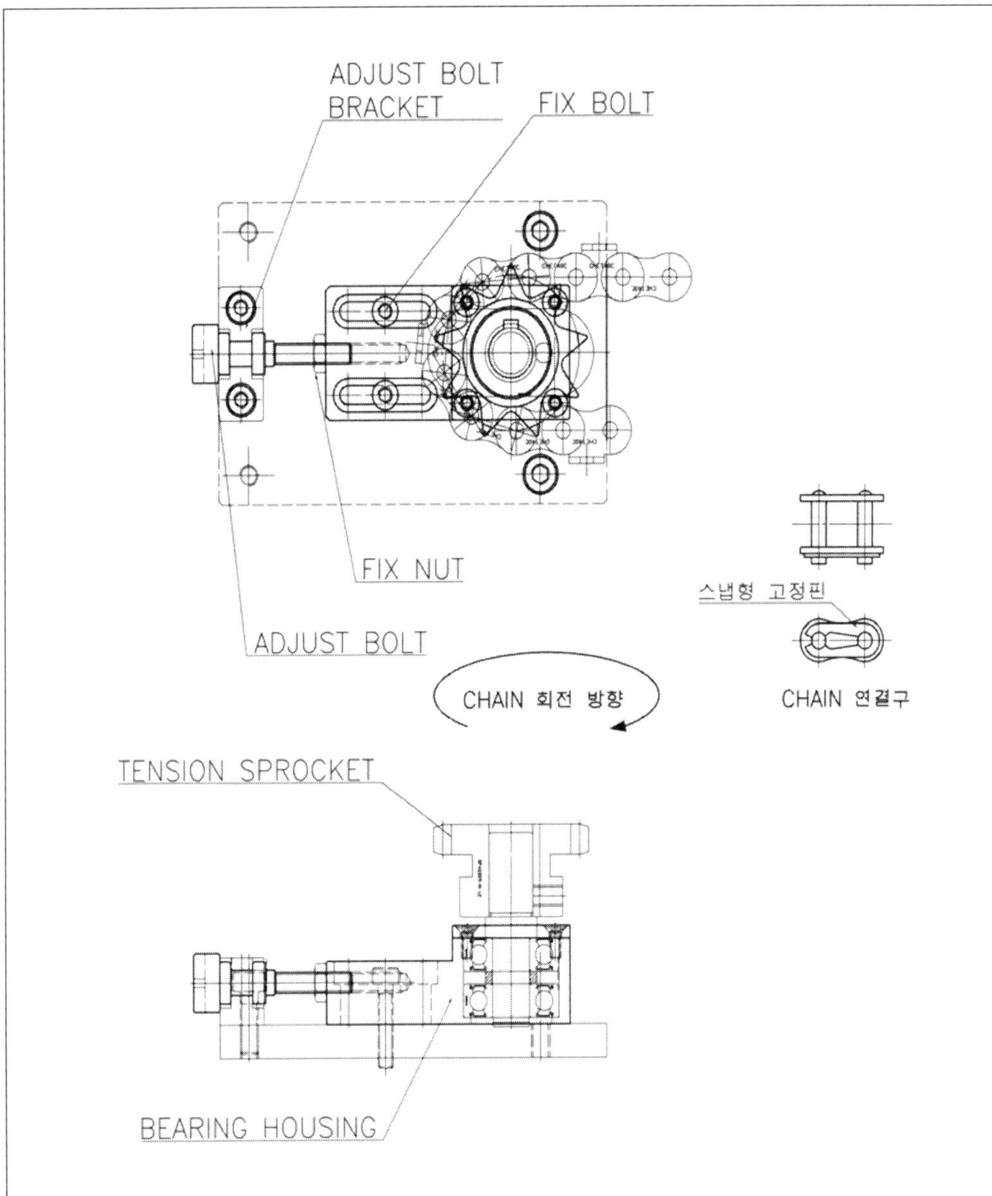

[그림 3-14] ATTACHMENT CHAIN TENSION 조정

3) PNEUMATIC CIRCUIT(공압회로)

◈ REF TO DRAWING

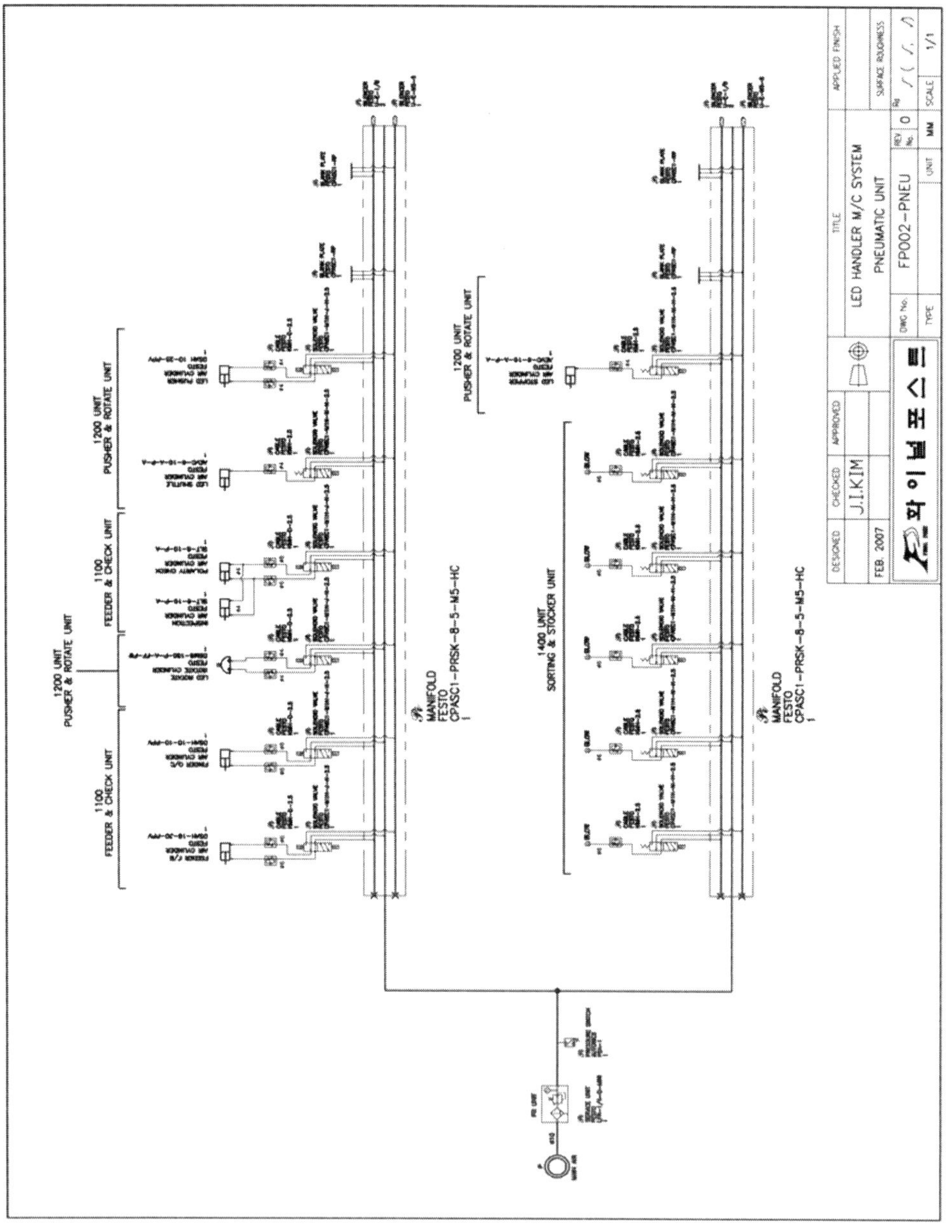

[그림 3-15] PNEUMATIC CIRCUIT

제2절 동 작

1. 자동운전 화면

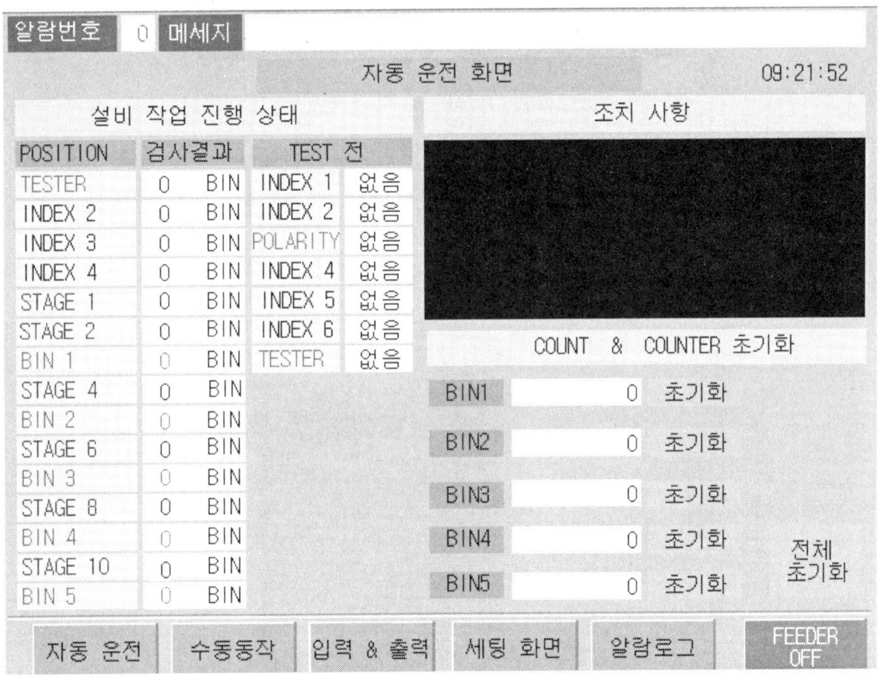

[그림 3-16] 자동운전 화면

(1) 알람번호, 메시지

[그림 3-17] 알람번호, 메시지

① 알람번호는 현재 알람번호를 알려주고, 메시지는 알람번호에 따라 기억되어 있는 알람이 무슨 알람인지 확인시켜 주는 화면이다.

(2) 조치 사항

현재 발생한 알람의 해체하는 방법을 설명해 주는 화면이다.

[그림 3-18] 조치 사항

(3) 진행 상태

현재 검사 중인 LED의 진행 상태를 보여주는 화면이다.

설비 작업 진행 상태

POSITION	검사결과		TEST 전	
TESTER	0	BIN	INDEX 1	없음
INDEX 2	0	BIN	INDEX 2	없음
INDEX 3	0	BIN	POLARITY	없음
INDEX 4	0	BIN	INDEX 4	없음
STAGE 1	0	BIN	INDEX 5	없음
STAGE 2	0	BIN	INDEX 6	없음
BIN 1	0	BIN	TESTER	없음
STAGE 4	0	BIN		
BIN 2	0	BIN		
STAGE 6	0	BIN		
BIN 3	0	BIN		
STAGE 8	0	BIN		
BIN 4	0	BIN		
STAGE 10	0	BIN		
BIN 5	0	BIN		

[그림 3-19] 진행 상태

① INSPECTION은 LED를 검사하는 포지션으로 1~5까지 검사결과를 알려준다.

② INDEX는 검사를 하고 STAGE로 이동하기 전 포지션이다. 총 3개의 포지션으로 구성되어 있다.

③ STAGE는 INDEX에서 검사가 완료된 LED를 분류하기 위해 이동하는 구간이다.

④ BIN은 1~5까지로 검사된 LED를 분류하는 장소를 표기한 것이다.

⑤ 검사결과의 숫자는 검사결과의 값으로 1~5까지의 숫자가 표기된다. 처음 검사를 했을 당시 INSPECTION에 값이 표시되고 INDEX 이동 시 값이 다음으로 이동된다. STAGE도 INDEX와 마찬가지로 이동된다.

⑥ 투입상태는 현재 LED 유/무를 표시해 준다.

(4) COUNT & COUNTER 초기화

현재 분류된 LED 개수를 카운터해 주는 화면이다.

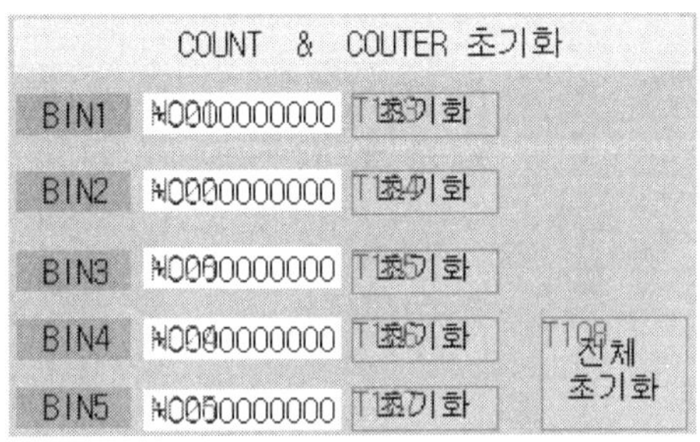

[그림 3-20] COUNT & COUNTER 초기화

각 BIN에 있는 초기화 버튼은 개별 초기화 버튼이고, 전체 초기화는 카운터 값을 전부 초기화하는 버튼이다.

(5) 하단 버튼

[그림 3-21] 하단 버튼

① 자동운전 : 장비가 자동운전을 하기 위한 화면으로 버튼 누름 시 화면이 이동된다.

② 수동조작 : 버튼 누름 시 수동으로 실린더와 스텝 모터를 동작시키기 위한 화면이다.

③ 입력 & 출력 : 버튼 누름 시 PLC와 입력접점, 출력접점을 확인할 수 있는 화면으로 이동된다.

④ 세팅 화면 : 버튼 누름 시 실린더 동작 시 시간을 설정하고 INSPECTION의 상태를 확인할 수 있는 화면으로 이동한다.

⑤ 알람로그 : 버튼 누름 시 현재까지 발생한 알람의 이름을 시간대별로 보여주는 화면으로 이동한다.

⑥ FEEDER OFF : 버튼 누름 시 FEEDER를 ON/OFF시킬 수 있다.

2. 수동운전 화면

[그림 3-22] 수동운전 화면

(1) 설비 유닛별 개별 동작

① 각 유닛별 'FWD', 'BWD' 버튼을 누르면 실린더를 전진, 후진할 수 있다(단, INTERLOCK이 걸려 있는 실린더는 움직이지 않는다. 개별 동작 시 주의 간섭을 확인 후 동작한다).

(2) 사이클 동작 및 초기화

① LED FEEDING MOTOR STEP은 STAGE가 한 구간씩 이동하라는 명령이다. 이동 중 '정지' 버튼을 누르면 이동 중 정지하게 된다.

② INDEX FEEDING 1 CYCLE은 INDEX 구간에서 LED를 한 구간 이동하는 명령이다.

③ INDEX FEEDING 1 STEP은 INEDX 1CYCLE을 실린더 전진, 후진을 각각 끊어서 동작하는 명령이다.

④ LED FEEDING MOTOR 초기화는 EMERGENCY나 LED FEEDING MOTOR STEP 시 정지로 인해 INDEX에서 STAGE로 LED를 이동할 수 없을 시 포지션을 잡아 주는 명령이다(초기화 완료 시 우측의 램프가 소등된다).

3. SETTING 화면

TIMER 설정과 INSPECTION의 상태를 보여주는 화면이다.

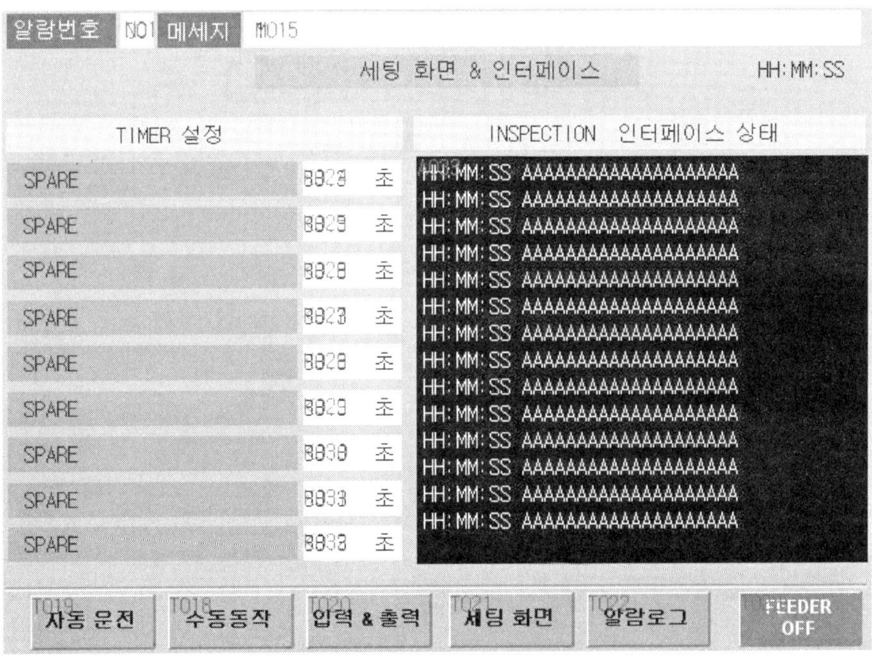

[그림 3-23] SETTING 화면

(1) TIMER 설정

① 각 실린더를 전진, 후진하는 동작을 TIMER를 사용하여 DELAY TIME을 설정할 수 있다.

② TIME을 설정하려면 바꾸길 원하는  초를 누르면 숫자를 입력할 수 있다. 원하는 숫자를 입력한 후 ENT 버튼을 누르면 원하는 시간이 입력창에 입력된다.

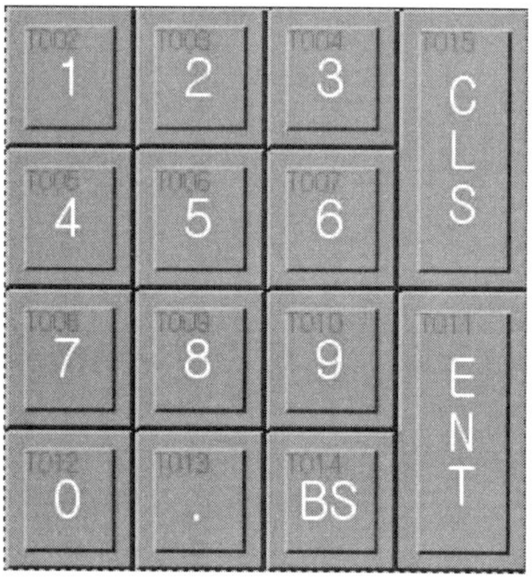

[그림 3-24] TIMER 설정

4. 입력 및 출력 화면

PLC와 입력접점, 출력접점을 확인할 수 있는 화면이다.

① 현재 입력, 출력이 ON되어 있는 상태를 확인할 수 있다.
② 다른 입력, 출력을 확인하려면 상단에 버튼을 누름 시에 원하는 입력, 출력의 번호를 바꿀 수 있다.

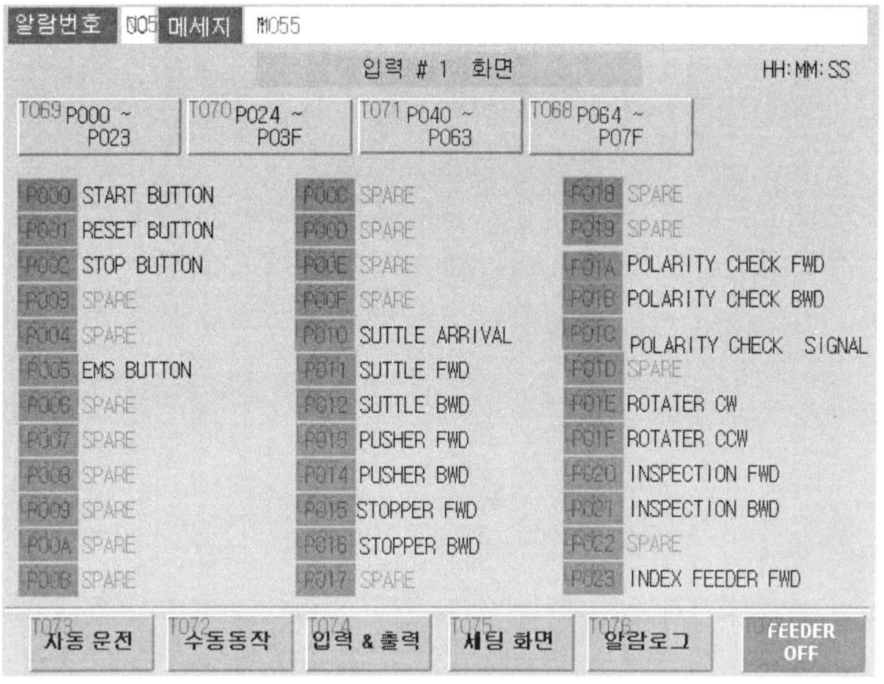

[그림 3-25] 입력 & 출력 화면

5. EMERGENCY 화면

비상정지(EMERGENCY) 스위치를 눌렀을 때의 화면이다. 해제하려면 비상정지 버튼을 우측으로 돌린다.

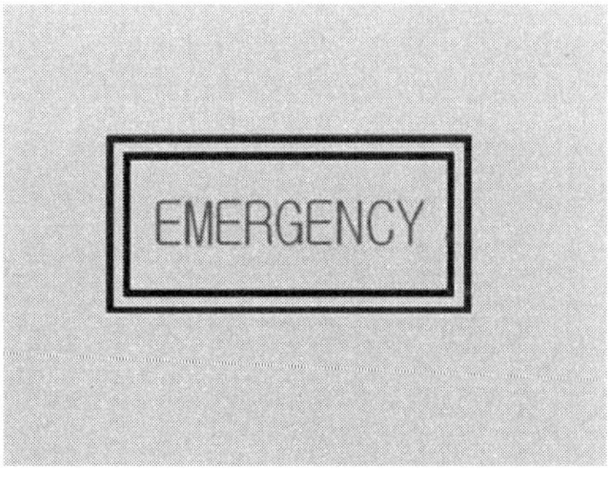

[그림 3-26] EMERGENCY 화면

4

LED TEST SYSTEM

제 1 절 시스템 사양

1. LED TEST SYSTEM 구성

Microsoft Windows 2000 OS를 탑재하고 DC/Wave Test System Module, Interface System Module, Spectrometer System Module을 장착한 LED 파장 테스트 시스템이다.

<표 4-1> LED TEST SYSTEM 구성

Module Name	기 능 설 명
Interface System	외부 HANDLER와의 원활한 동작을 위한 신호교환용 보드, LED 휘도 측정 보드
DC/Wave Test System	DC/Wave Test용 Forcing, Measure 보드
Spectrometer System	LED 분광 측정용 보드(2280Line, 14bit)

(1) ACCESSORIES

① FIBER 2.5M
② FIBER 고정용 어댑터
③ WINDOWS2000 CD 1부
④ STL2400 SETUP CD
⑤ MANUAL 1부
⑥ 모니터, KEYBOARD, MOUSE
⑦ INTERFACE CABLE 3M
⑧ UDT 10AP 센서
⑨ 센서 고정 어댑터
⑩ 센서 CABLE 3M
⑪ 6PIN 검사용 CABLE 3M
⑫ 확산 필터

2. 시스템 Spec

(1) Test Device

1Chip LED, 2Chip LED, 3Chip LED, UV, IR, VIS LED 측정

(2) Bias Spec

<표 4-2> Bias Spec

Bias Type	출력 가능 범위
Current(A)	100nA～999mA
Voltage(V)	0.000V～30.00V

인가전류 × 인가시간 = 0.03을 넘지 말아야 한다.

(3) Measure Spec

<표 4-3> Measure Spec

Bias Type	측정 가능 범위
Current(A)	0nA～999.9mA(IF, IR mode)
	0nA～999.9mA(Photo Diode Detect mode)
Voltage(V)	0mV～30.00V
Wavelength	300nm～1050nm

3. 측정 항목

(1) DC Test 항목

① KEL : Contact 전압 측정

② POL : 정전류 인가 후 VF 전압을 측정하여 방향 선별함.
③ DIR : 정전압 인가 후 IF 전류를 측정하여 방향 선별함.
④ CHK : 정전류 인가 후 휘도를 검출하여 방향 선별함.
⑤ VF : 순방향 전압 측정
⑥ △VF : 열 저항 측정
⑦ VR : 역방향 전압 측정
⑧ Slope : I-V Curve 특성 측정
⑨ R : 저항값 측정
⑩ SUB : 동일항목 간의 측정값 차이를 판정
⑪ IF : 순방향 전류 측정
⑫ IR : 역방향 전류 측정
⑬ Po : 전류 인가 광량 측정(Photo Diode Sensor)
⑭ V-Po : 전압 인가 광량 측정(Photo Diode Sensor)
⑮ THY : THYRISTOR 측정
⑯ Po_ADD : Chip 간 광량 합산 항목
⑰ SORT : Sort 기능

(2) Wave Test 항목

① KEL : Contact 전압 측정
② POL : 정전류 인가 후 VF 전압을 측정하여 방향 선별함.
③ DIR : 정전압 인가 후 IF 전류를 측정하여 방향 선별함.
④ CHK : 정전류 인가 후 Peak 파장으로 방향 선별함.
⑤ VF : 순방향 전압 측정
⑥ IF : 순방향 전류 측정
⑦ SUB : 동일항목 간의 측정값 차이를 판정
⑧ WL_Test : 정전류 인가 파장 측정계로 파장 분포도 측정
⑨ λD : 주 파장 영역 판정(383n ~ 693n)
⑩ λP : Peak 파장 판정
⑪ CCT : 색온도 판정
⑫ FWHM : 반치폭 판정

⑬ X-Y : CIE Curve 측정
⑭ X : X 좌표 측정
⑮ Y : Y 좌표 측정
⑯ CRI : 연색지수 측정
⑰ WL_ADD : Integration 항목 간 파장 분포도 합산 항목
⑱ Po : 광량 측정(파장 측정계) : LUMINOUS, RADIANT의(INTENSITY, FLUX) 측정
⑲ SAME : DC Zone과 Wave Zone의 지정한 측정 스텝값 비교
VF(DC)와 VF(WAVE), IF(DC)와 IF(WAVE), Po(DC)와 Po(WAVE)만 가능
⑳ SORT : Sort 기능
㉑ XY_SORT : 파장의 X, Y값 Sort 기능

4. 기타 사항

1) Operating System : Microsoft Windows 2000

2) Interface Bin 구현 방식

① 1 : 1 Out Type : 11Ch, F-good, R-good, Ready, End
② Hex Out Type : 127Ch, HEX 7ch, Parity(Even Parity), F-good, R-good, Ready, End

3) Power

AC220V 전용, 50/60Hz(Max 2A)

4) Test Zone

Wavelength + DC Test : 1 Zone 또는 (Cable 연결 : WCOM, W1, W2, W3)
Wavelength 1 Zone + DC Test 1 Zone

5) 측정범위 및 오차(온도 : 25~10°C, 습도 : 30~60%)

<표 4-4> 측정범위 및 오차

Test Item		Measurement Range	Forcing Range	Accuracy	Resolution
Reverse Current	IR	0nA～999.9uA	V : 0.000V～30.0V	0.5%+5mV 0.5%+3nA	1mV 1nA
Reverse Voltage	VR	0mv～33.00V	I : 1.000uA～999uA	0.5%+10nA 0.5%+5mV	1nA 1mV
Forward Voltage	VF	0mV～33.00V	I : 100nA～999mA	0.5%+10nA 0.5%+3mV	1nA 1mV
Forward Current	IF	0nA～999mA	V : 0.000V～30.0V	0.5%+5mV 0.5%+3nA	1mV 1nA
Thyristor	THY	0mV～9.999V	I : 각range별 4point 2, 4, 6, 8	0.5%+3nA 0.5%+3mV	1nA 1mV
열저항	△VF	0mV～9.999V	I1 : 10mA I2 : 90mA	0.5%+0.1mA 0.5%+1mV	고정 1mV
색좌표	C.I.E	0.0000～0.9999	I : 1.000mA～999mA	0.5%+3nA 0.005	1nA 0.001
Peak, Dominant		300nmI～1050nm	I : 1.000mA～999mA	0.5%+3nA 1.5nm	1nA 0.3nm

6) 시스템 에러 메시지

테스터 운영 중 전기적・기구적 불량에 인한 에러를 검출하여 3종류 에러 메시지를 출력한다.

① Source Board 이상 : Source Board의 유무를 판단한다.

[그림 4-1] Source Board 이상 에러 메시지

② Interface Board 이상 : Interface Board의 유무를 판단한다.

[그림 4-2] Interface Board 이상 에러 메시지

③ Spectrometer Board 이상 : Spectrometer Board의 유무를 판단한다.

[그림 4-3] Spectrometer Board 이상 에러 메시지

④ High Temperature : 내부 온도 팬 시스템의 이상으로 온도상승 시 출력(45℃ 이상 시) Auto 측정 중에 에러가 발생하면 메시지가 출력되고 모드는 Manual 변경된다.

[그림 4-4] High Temperature 경고 메시지

제 2 절 소프트웨어 운용(STL2400)

1. 소프트웨어 사용법

1) Tester Main

① MODE : 장비의 상태 표시 MANUAL/AUTO DISPLAY함.

② STATUS : READY/TEST/unexpected error 중 DISPLAY함.
READY : AUTO MODE 시 START 대기
TEST : TEST 중
Unexpected Error : 장비 시스템 이상 발생(내부 온도 상승/전원 이상)

③ Manual Mode/Auto Mode Button : Manual/Auto Mode 설정 기능
Manual에서 Auto로 설정 때 Dark 자동 실행함.

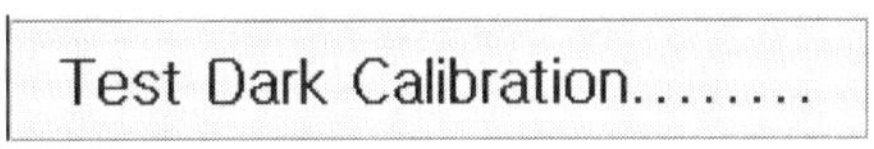

[그림 4-5] Manual에서 Auto로 설정 시 실행화면

④ Test Button : Manual Test 기능

⑤ EDIT Button : Edit 프로그램 전환

⑥ 측정시간/인덱스시간/시간당 생산량 표시창

⑦ 총수량/양품/불량/수율% 표시창

⑧ 빈 출력상태 표시창

⑨ 측정결과값 표시창

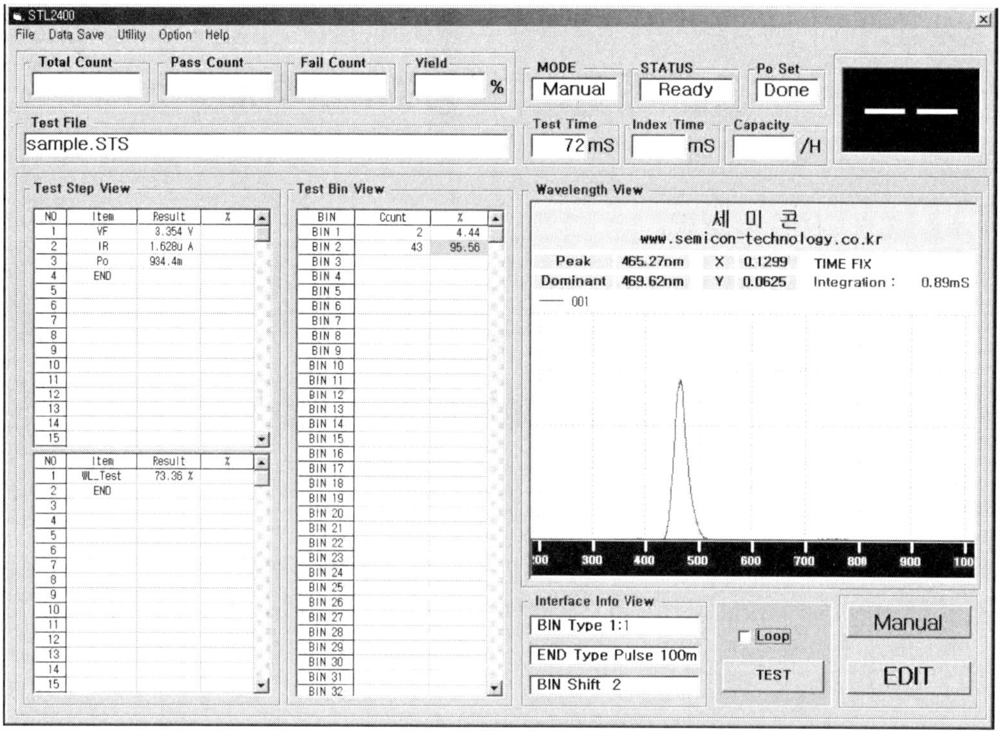

[그림 4-6] 측정결과값 표시창

2) Tester Edit

① New Button : 새로운 파일 작성

② Open Button : 파일 열기

③ Save Button : 파일 저장

④ Save As Button : 파일 다른 이름으로 저장

⑤ Setting Button : Po/V-Po 설정

⑥ Manual Mode/Auto Mode Button : Manual/Auto Mode 설정

⑦ Manual Test Button : Manual Test, LOOP 선택 시 연속 측정

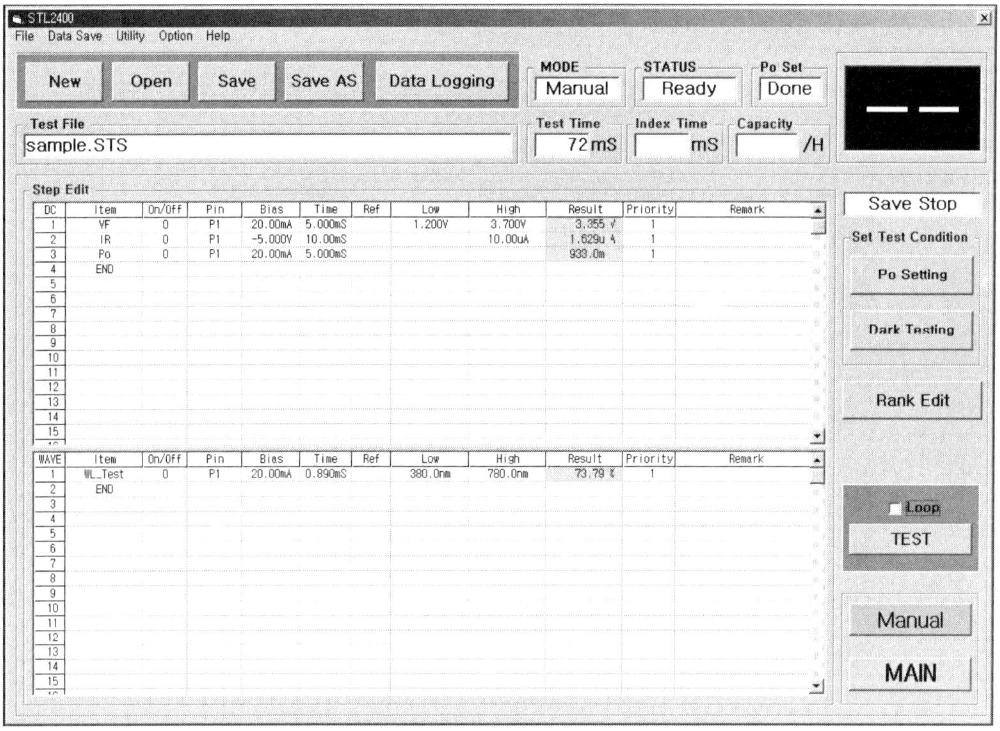

[그림 4-7] Tester Edit 창

⑧ DC Step Edit

⑨ Wave Step Edit

⑩ Rank Edit

⑪ Dark Calibration

⑫ 측정 빈 결과 표시창

⑬ Dark Calibration : Po, Wavelength 센서의 Dark를 검출하고 설정, Po는 옵션에 자동저장되고 Wavelength는 스텝 파일을 Open/Save 때에 자동으로 Dark값이 초기화되고 저장경고가 발생한다.

3) Option(Menu Option → Tester System Option)

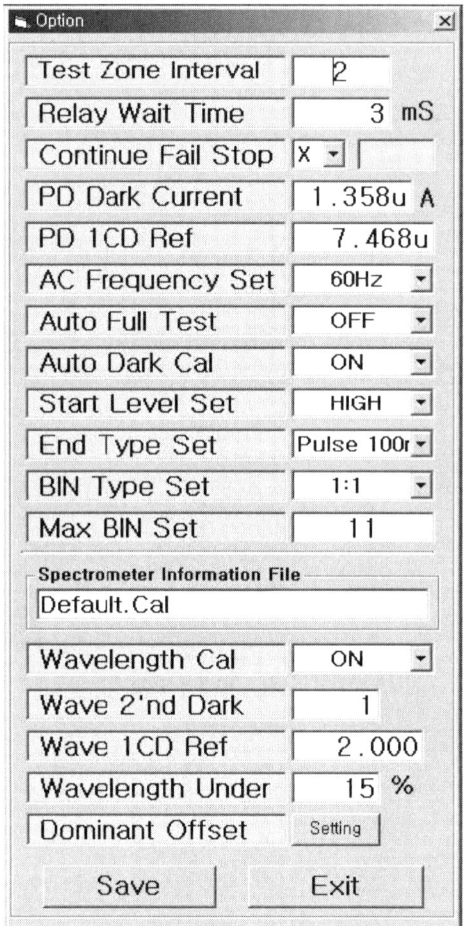

[그림 4-8] Option(Menu Option → Tester System Option)창

① Test zone Interval : DC Test Zone과 Wave Test Zone 사이의 개수 설정

※ DC, Wave Test Zone이 같을 경우 개수값은 0이고 DC/Wave Zone의 측정 및 출력은 Wave Zone CABLE(WCOM, W1, W2, W3)에서 한다.

② Relay Wait Time : 동작 릴레이 안정시간 설정으로(1~8m) 설정 가능함. 3mS

③ 연속 Fail Stop : Auto Mode 동작 중 연속 Fail 시 Manual Mode 전환 개수(1~999 지정 가능) 지정

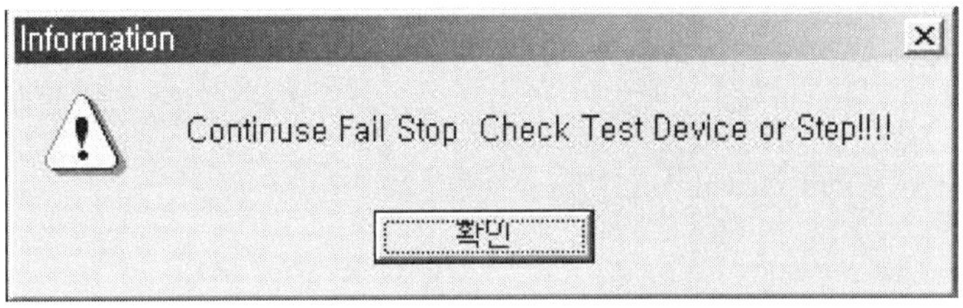

[그림 4-9] 연속 Fail Stop으로 Auto → Manual 동작 시 Message Box

④ Wave 2nd Dark : 2차 파장의 Dark값 설정(0~50). 기본값 : 10
⇒ 1차로 Edit 화면에서 Dark Calibration 버튼으로 설정 후의 미세오차 설정

⑤ PD Dark Current : PD Sensor의 기본 Dark값 설정.
SELF TEST 항목의 PD-5uA 항목값에 해당된다.

⑥ Wavelength Under : Wavelength 파장의 최소검출기준을 설정(10~99%).
Wavelength Dark 적용의 Pass, Fail의 기준값으로도 적용된다.

⑦ Wavelength Cal : Wavelength Cal 적용 여부 설정

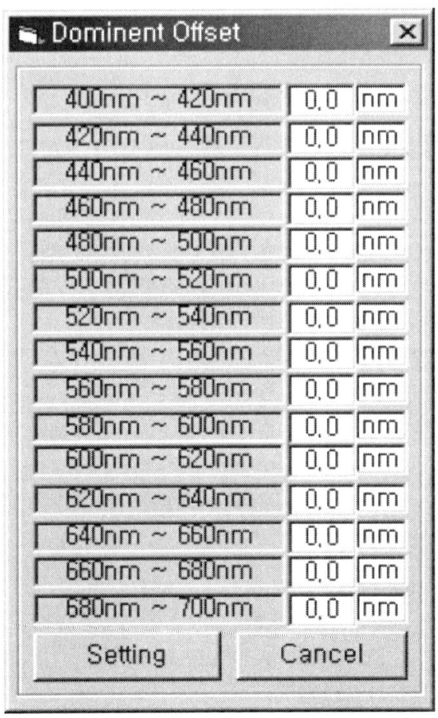

[그림 4-10] Dominent Offset 창

⑧ Dominant Offset : 파장대별 Offset 조정(Setting 버튼 클릭 시 설정 메뉴가 나옴. 제품출고 시 기본설정됨)

⑨ AC Frequency Set : 사용전압의 주파수 설정

⑩ End Latch Mode/End Pulse Mode : End 신호 출력모드 설정

⑪ Hex Bin Mode/1 : 1 Mode : 출력 Bin 모드 설정

⑫ Full Test : 모든 스텝을 측정(체크가 되어 있지 않은 경우 측정 중 불량 발생 시 테스트 중단함)

⑬ save : 설정된 데이터 저장(PASSWORD : Semicon) ← 대문자 S 시작

⑭ Max Bin : 사용할 최대 Bin 설정(사용되는 Handler의 최대 BIN 개수)

⑮ Start Level : Test Start 측정 시점(Active Low/Active High)을 설정

4) Self Test(Menu Utility → Self Test)

정밀진단을 위해서는 외부에 정밀저항을 설치하고 VF/IF 모드로 측정해야 한다. PD-5uA부는 SYSTEM의 PD Dark Current 값에 해당되므로 중요하다.

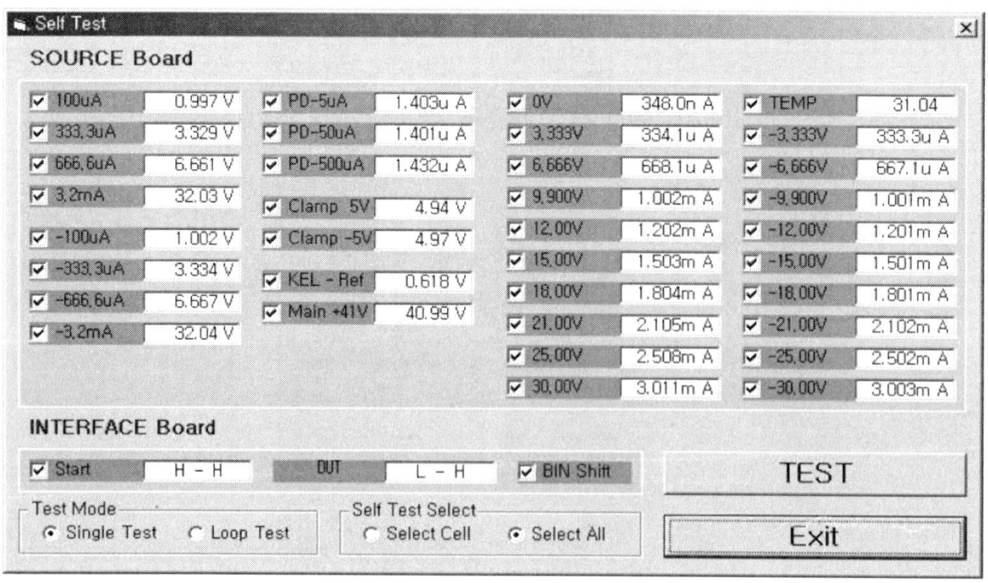

[그림 4-11] Self Test 창

5) C.I.E XY Color View(Menu Option → View [CIE Color Map])

C.I.E 1931 규격 Color 정보 및 X, Y 좌표를 표시한다.

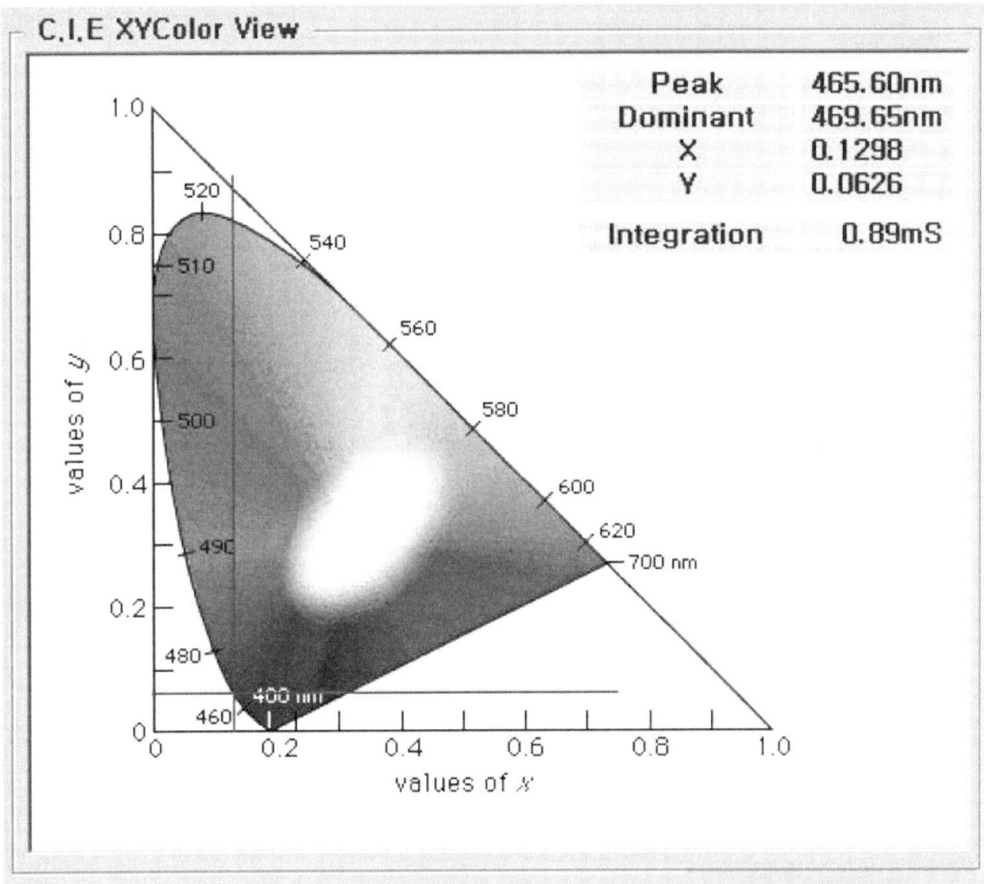

[그림 4-12] C.I.E XY Color 창

6) Data Save(Menu Data_Save → Test Data Save)

주기 : Exponent Format은 Excel에서 분포도를 볼 수 있도록 지수함수 방식으로 저장한다.

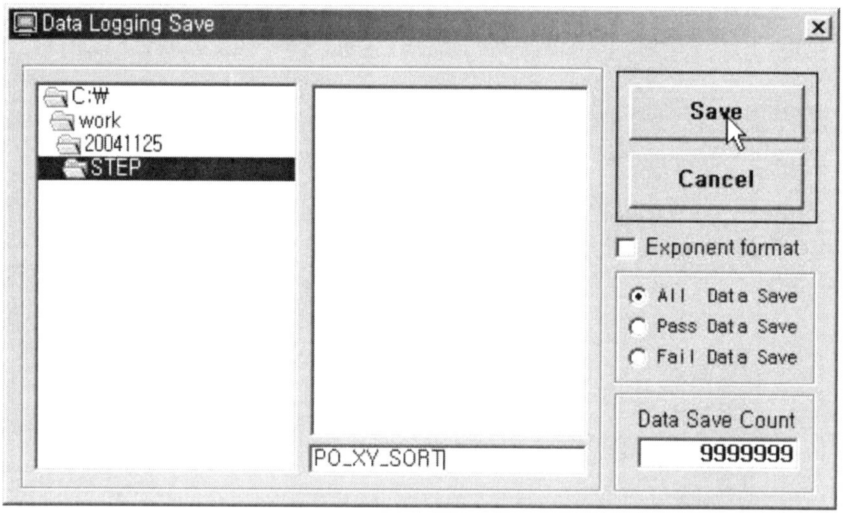

[그림 4-13] Data Save 창

7) Test Report(Menu Utility → Test Report)

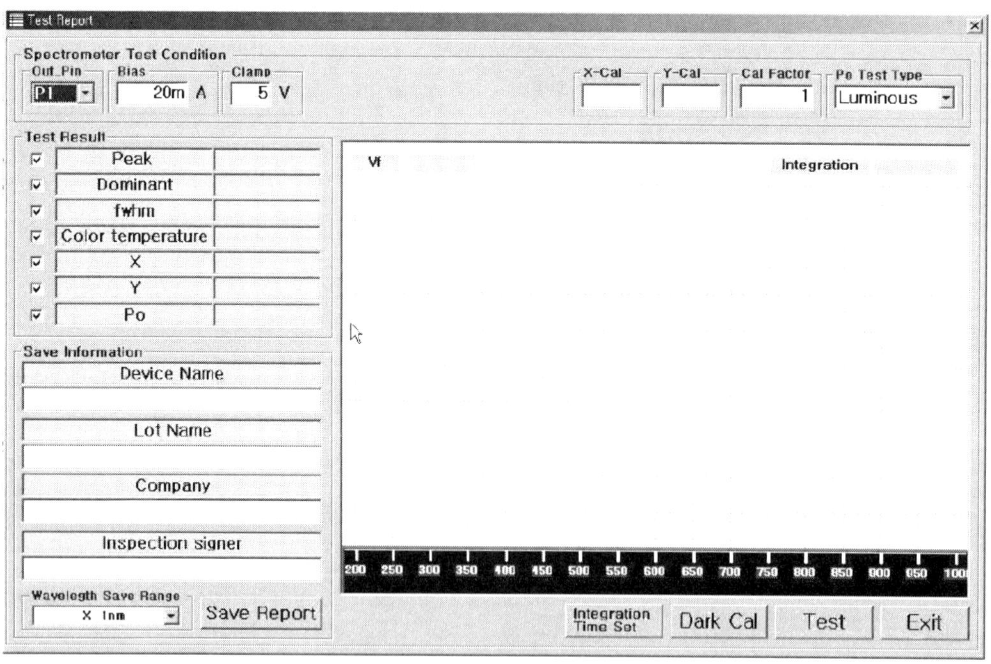

[그림 4-14] Test Report 창

8) Po Calibration(Menu Utility → Po Calibration)

DC부의 PHOTO_DIODE부에서 측정할 때 사용할 수 있고 WAVE 구간의 FIBER에서 측정하는 것이 아니다. 위 항목은 AUTO MODE에서만 측정 가능하므로 핸들러에서 자동으로 Start를 주어야 한다.

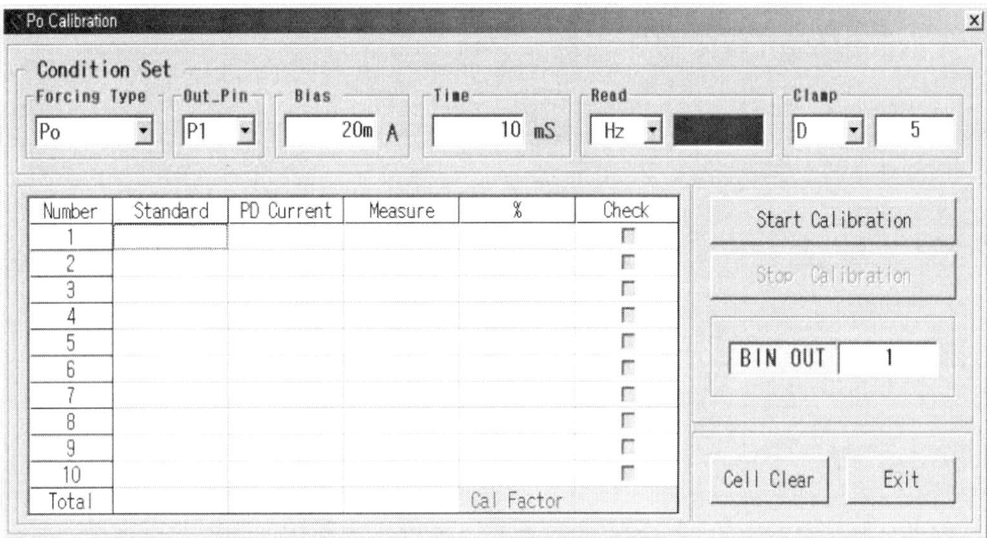

[그림 4-15] Po Calibration 창

제3절 TEST 스텝 작성법

1. Editer 창 정보

1) Item 설정창 : 측정 항목 설정

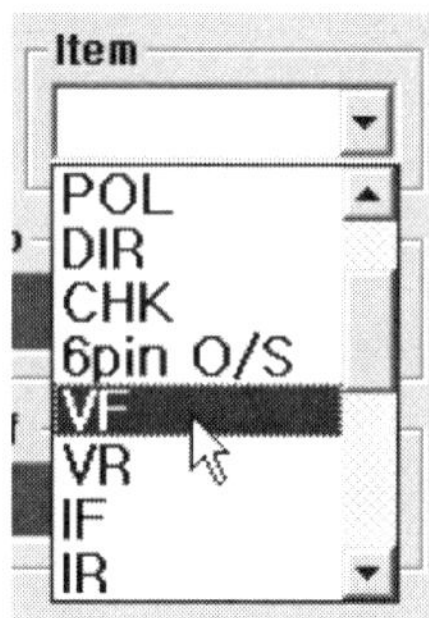

[그림 4-16] Item 설정창

2) Pin 설정창 : 출력 전압/전류 설정

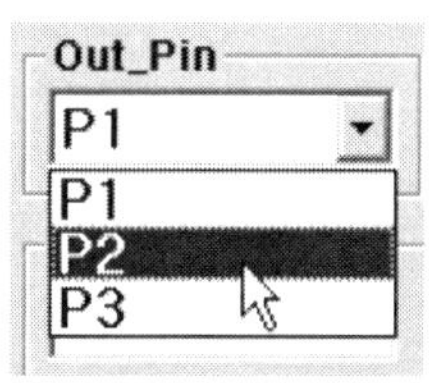

[그림 4-17] Pin 설정창

3) 출력 전압/전류 값 설정창

[그림 4-18] 출력 전압/전류 값 설정창

4) 전압/전류 출력시간 설정창

VF, VR, POL, D_VF, THY, R, THY Slope, Po, V-Po	1~6000 설정 가능
WL_Test	0.01mS~999mS 설정 가능

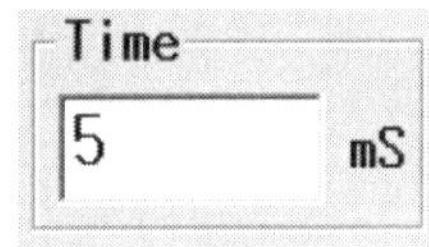

[그림 4-19] 전압/전류 출력시간 설정창

5) Standard 입력창

적용 아이템	적용 방법
SORT	비교할 데이터의 스텝 번호 지정
Po, V-Po	기준 휘도 지정(예제 1400m)

[그림 4-20] Standard 입력창

6) Cal 설정창 : Po, V-Po 편차 보정값 설정

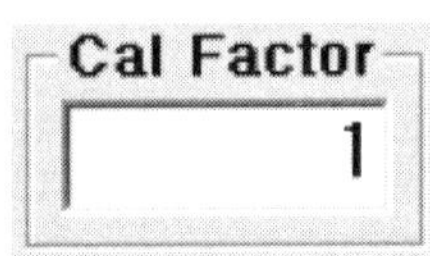

[그림 4-21] Cal 설정창

7) X,Y Cal 설정창 : 파장 측정 시 X, Y의 편차 보정값 설정

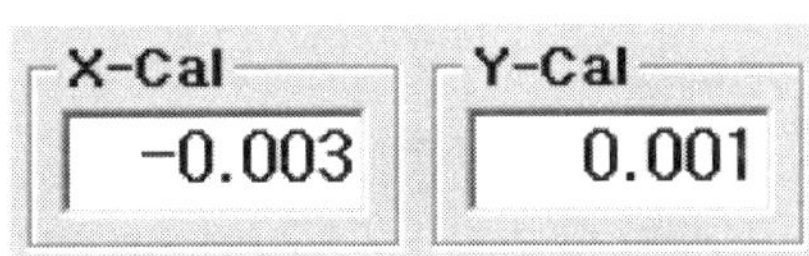

[그림 4-22] X, Y Cal 설정창

8) 최소/최대 설정창

[그림 4-23] 최소/최대 설정창

9) Clamp 설정창

가. Clamp 모드 종류

D	기본설정 모드
M	사용자 지정 모드
X	Clamp 사용 안함

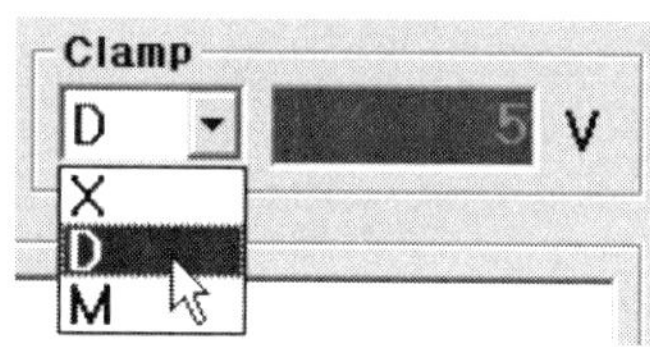

[그림 4-24] Clamp 설정창

나. 아이템별 Clamp D 설정값

<표 4-5> 아이템별 Clamp D 설정값

아이템	설정값	아이템	설정값
VF	5V	WL_Test	5V
VR	10V	R	없음
D_VF	5V	DIR	40mA
Slope	5V	IF	40mA
POL	5V	IR	90μA
CHK	5V	V-Po	40mA
Po	5V		

다. M설정 최소/최대 값

<표 4-6> M설정 최소/최대 값

아이템	최소/최대 값	아이템	최소/최대 값
VF	3~32V	Po	3~32V
VR	3~32V	CHK	3~32V
D_VF	3~32V	WL_Test	3~32V
Slope	3~32V	IF	20uA~999mA
Pol	3~32V	IR	20uA~999mA
R	3~32V	V-Po	10~100mA

아래 사항이 STL2400에서 다음과 같이 변경되었다.

- IR, IF에서 Clamp X 시 내부적으로 Clamp 값이 999mA로 설정된다.

10) ADC 설정창 : 측정값을 읽는 형식 지정

1	1번 읽음
Hz	옵션에 설정된 주파수 시간 동안 읽음
No	지정된 수만큼 읽음

- Hz : 16.6mSEC 측정(60Hz 시, 한국)
- Hz : 20.0mSEC 측정(50Hz 시, 일본, 중국)

[그림 4-25] ADC 설정창

11) On/Off 설정창

O	Step 동작
X	Step 동작 안함
Revers	POL 불량 시 설정대비 역바이어스 인가
Rotate	POL 시 Matrix Rotate함

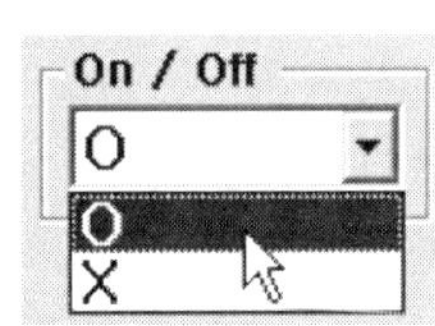

[그림 4-26] On/Off 설정창

12) Bias 2 설정창 : Slope에서 사용

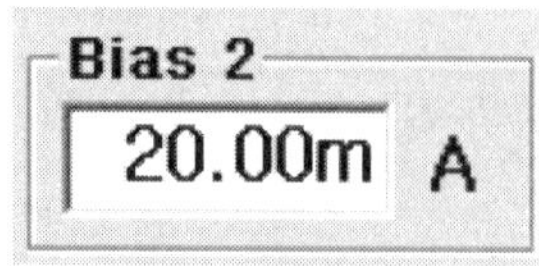

[그림 4-27] Bias 2 설정창

13) Add 설정창 : Po_ADD, WL_ADD에서 사용

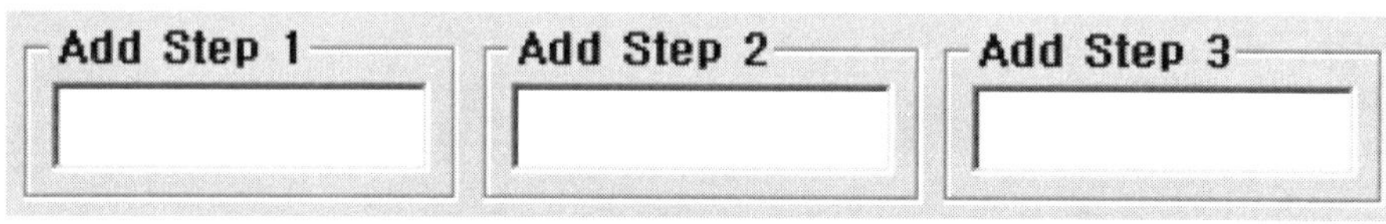

[그림 4-28] Add 설정창

14) XY_Sort, X-Y 설정창 : X-Y, XY_Sort에서 사용

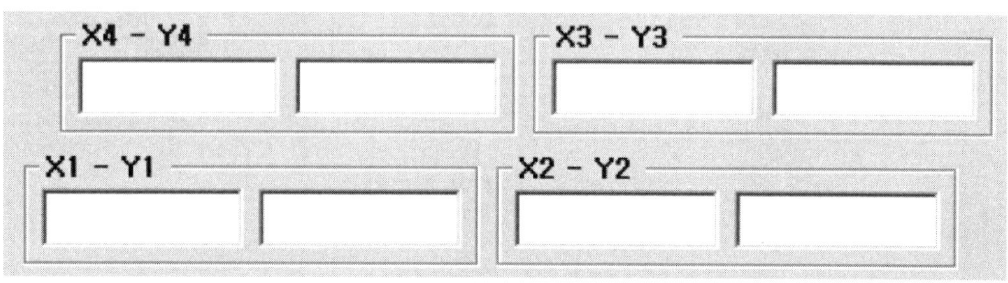

[그림 4-29] XY__Sort, X-Y 설정창

15) Priority

랭크(Rank)를 설정하기 위해서 우선순위를 설정하며 1~10까지 설정이 가능하다. 최우선 순위는 1이다.

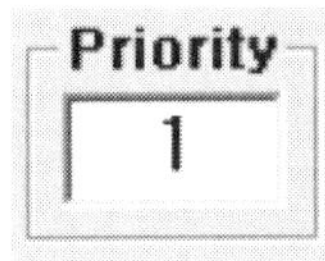

[그림 4-30] Priority

16) Po Test Type

Wave Zone에서 분광기로 측정한 Po의 측정 방식을 설정하는 메뉴이다.

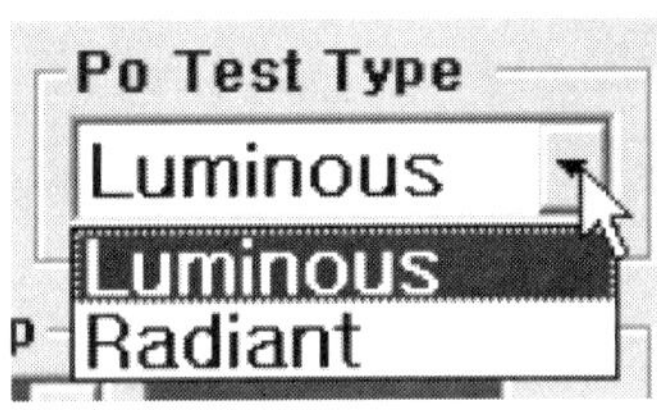

[그림 4-31] Po Test Type

17) Prev Step Button

현 스텝 적용 후 이전 스텝으로 이동한다.

18) Next Step Button

현 스텝 적용 후 다음 스텝으로 이동한다.

19) Exit Button

스텝 에디터를 종료한다.

[그림 4-32] Exit Button

2. DC TEST Item 항목

1) DELAY

① 용도 : 단순 지연시킴. 외부 HANDLER 장비와 동기를 맞출 때 사용한다.

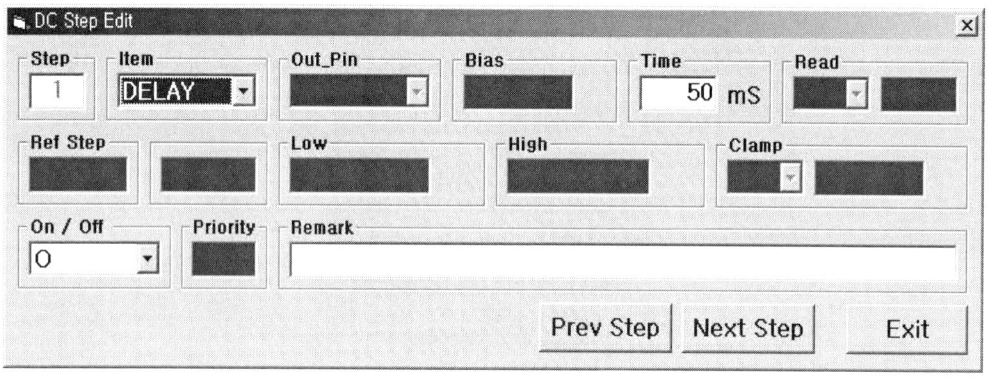

[그림 4-33] DELAY

2) KEL

① 용도 : 핸들러(Handler) 측정단자의 접촉(Contact) 전압 측정을 위해 사용한다(50mA 이상 인가 측정 시 4단자 측정방식에서 정밀한 측정을 검증하기 위하여 사용함).

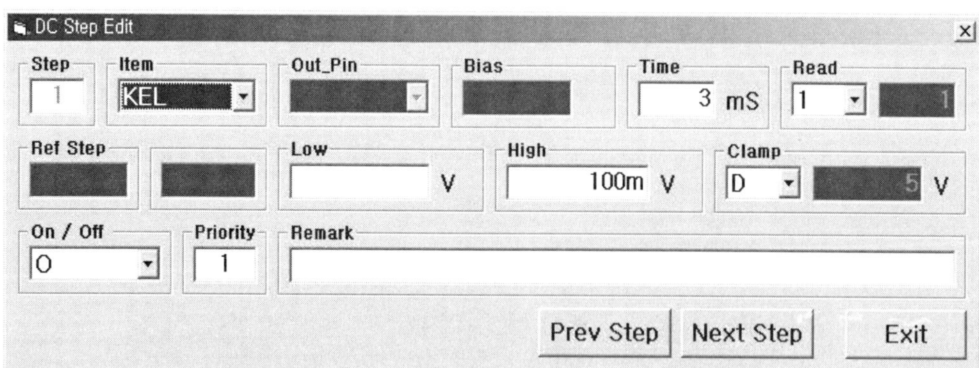

[그림 4-34] KEL

3) POL : 6 Pin T 추가됨(불량 180˚ 회전)

① 용도 : 극성 판정용

② 인가방식 : 정전류 인가 VF 전압 측정

③ On/Off

- REVERS : 1Chip LED가 역방향으로 들어왔을 때 측정값에서 Fail이 되면 다음 Step 모두 설정 바이어스의 역방향으로 인가한다.
- ROTATE : 3Chip LED가 180 회전해서 들어왔을 때 측정값에서 Fail이 되면 다음 Step 모두 Matrix에서 재정렬하여 측정한다.
- X : 현재의 측정 Step을 무시한다.

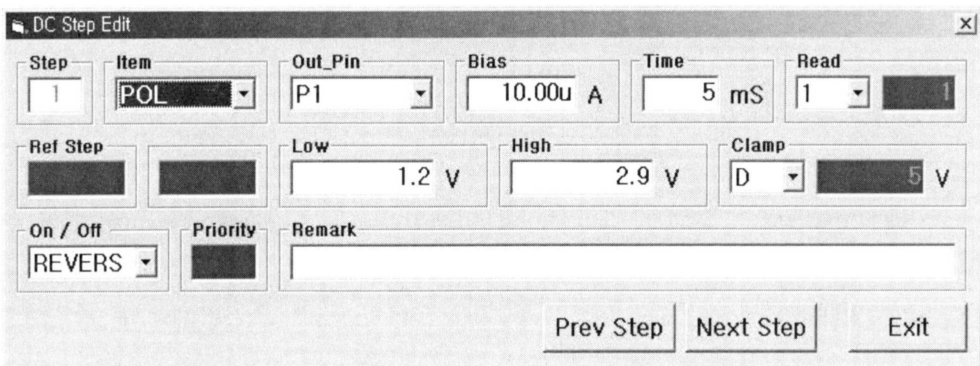

[그림 4-35] POL

4) DIR : 6 Pin T 추가됨

① 용도 : 극성 판정용

② 인가방식 : 정전압 인가 IF 전류 측정

③ On/Off

- REVERS : 1Chip LED가 역방향으로 들어왔을 때 측정값에서 Fail이 되면 다음 Step 모두 설정 바이어스의 역방향으로 인가한다.
- ROTATE : 3Chip LED가 180˚ 틀어져서 들어왔을 때 측정값에서 Fail이 되면 다음 Step 모두 Matrix에서 재정렬하여 측정한다.
- X : 현재의 측정 Step을 무시한다.

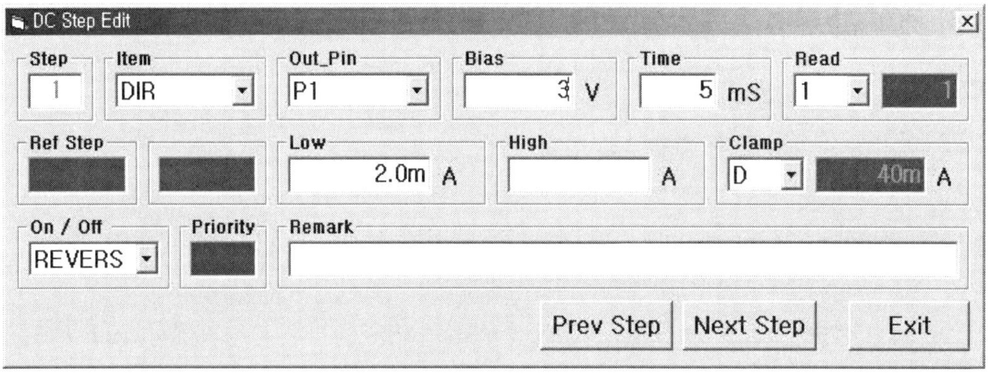

[그림 4-36] DIR

5) CHK : 6 Pin T 추가됨

① 용도 : 극성 판정용(휘도 측정 방식)

② 인가방식 : 정전류 인가 발광휘도 측정

③ On/Off

- REVERS : 1Chip LED가 역방향으로 들어왔을 때 측정값에서 Fail이 되면 다음 Step 모두 설정 바이어스의 역방향으로 인가한다.
- ROTATE : 3Chip LED가 180° 틀어져서 들어왔을 때 측정값에서 Fail이 되면 다음 Step 모두 Matrix에서 재정렬하여 측정한다.
- X : 현재의 측정 Step을 무시한다.

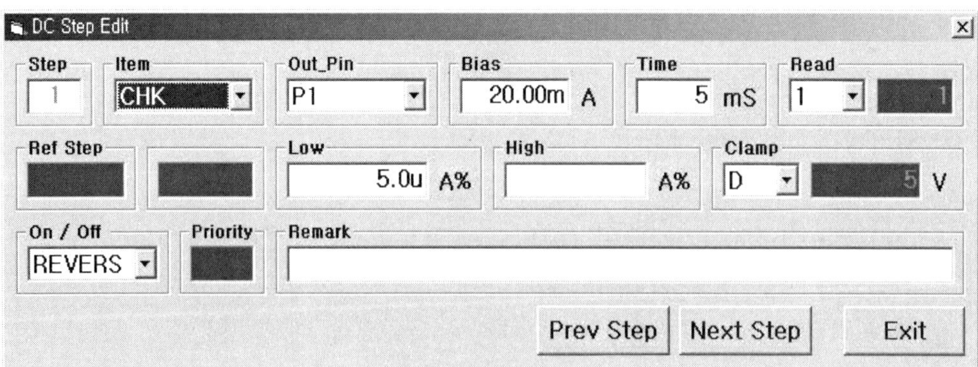

[그림 4-37] CHK

6) VF

① 용도 : 정방향 전류 인가 순방향 전압 측정

② 인가방식 : 정전류 인가

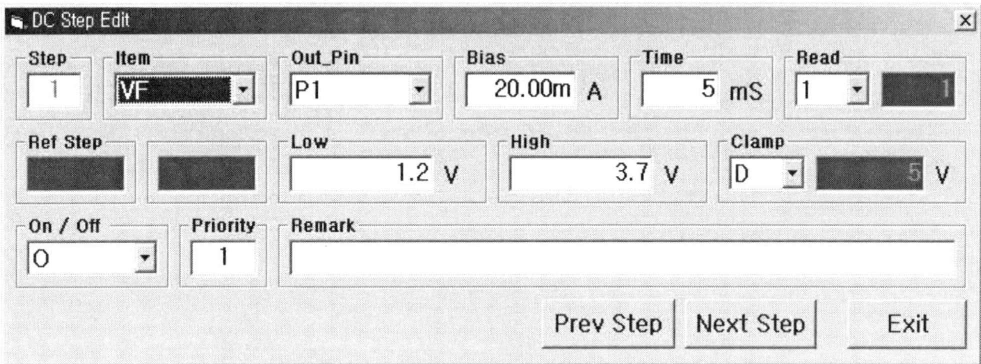

[그림 4-38] VF

7) VR

① 용도 : 역방향 내전압 측정

② 인가방식 : 역방향 전류 인가

③ BIAS범위 : 1.000uA～999uA

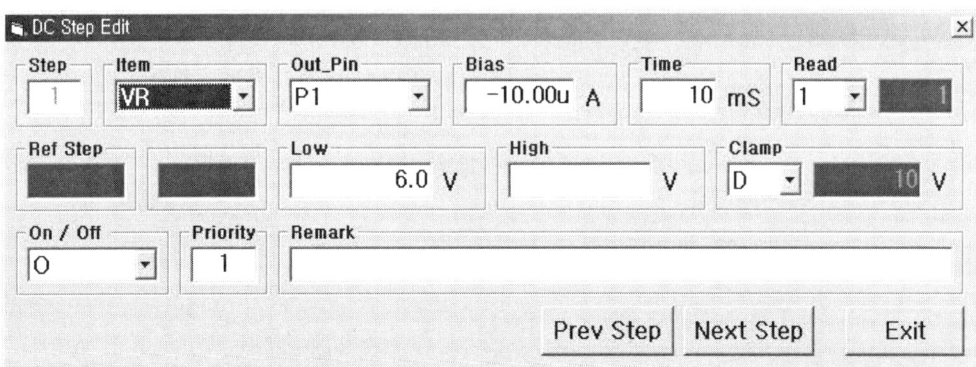

[그림 4-39] VR

8) IF

① 용도 : 정방향 전류 측정
② 인가방식 : 정방향 전압 인가

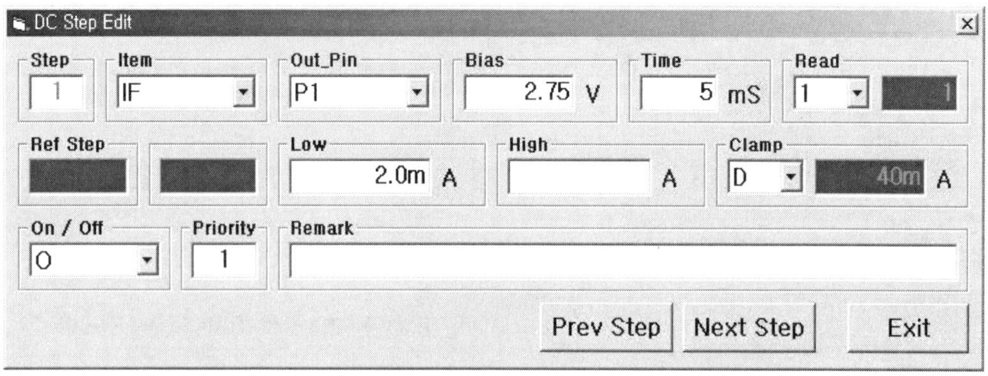

[그림 4-40] IF

9) IR

① 용도 : 역방향 전류 측정
② 인가방식 : 역방향 전압 인가
③ 측정범위 : 1nA～999.9uA

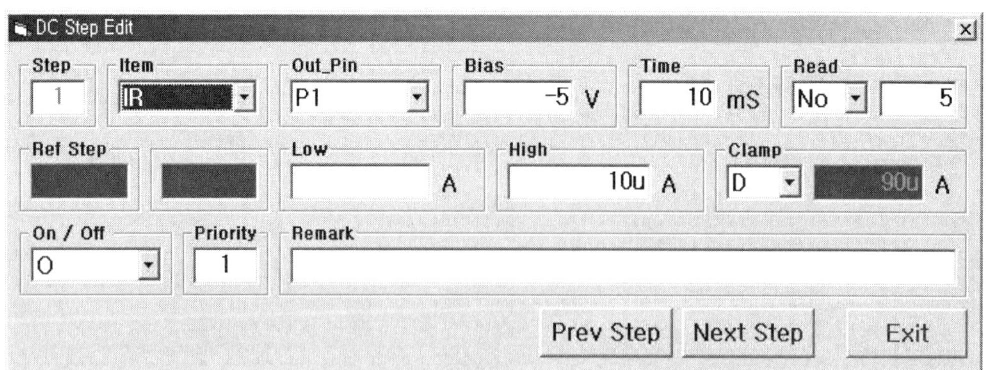

[그림 4-41] IR

10) Po

① 용도 : LED 휘도 측정
② 인가방식 : 정방향 전류 인가

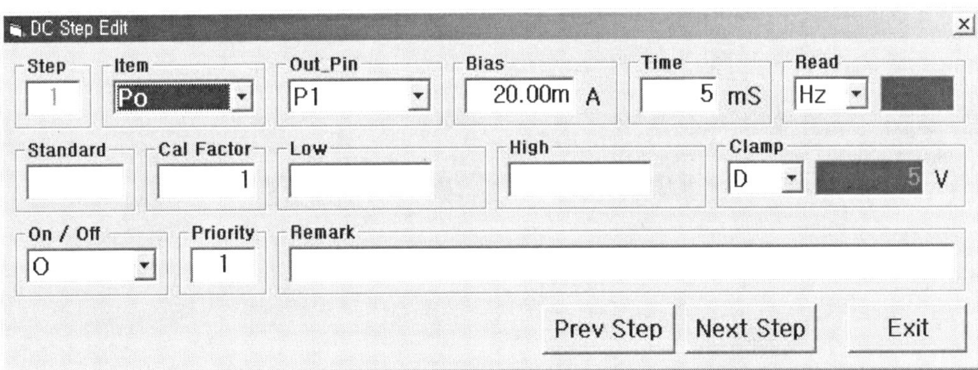

[그림 4-42] Po

11) V-Po

① 용도 : LED 휘도 측정
② 인가방식 : 정방향 전압 인가

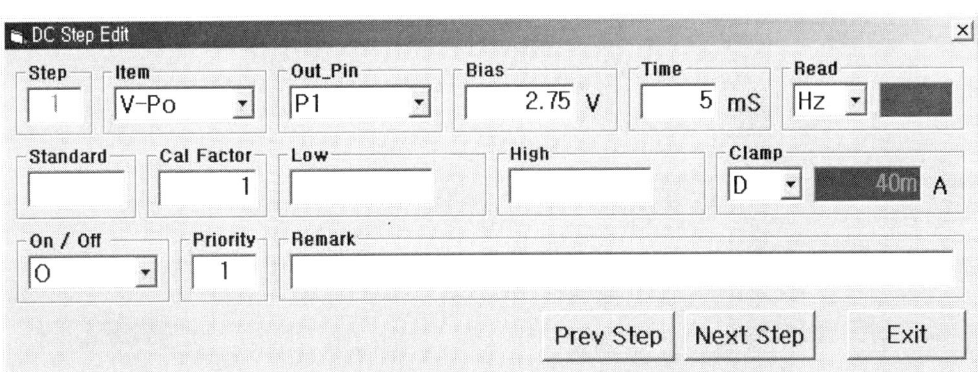

[그림 4-43] V-Po

12) Po_ADD

① 용도 : 2Chip 이상 측정하고 각각의 휘도를 합산하는 명령어이다.

② 주기

- Add Step1, Add Step2, Add Step3 최대 3개를 합산함.
- Po_ADD는 Po/Po, Po/V-Po, V-Po/V-Po만 합산 가능하다.
- 단순 데이터 합산 명령어임 → Low, High 판단 안 됨.

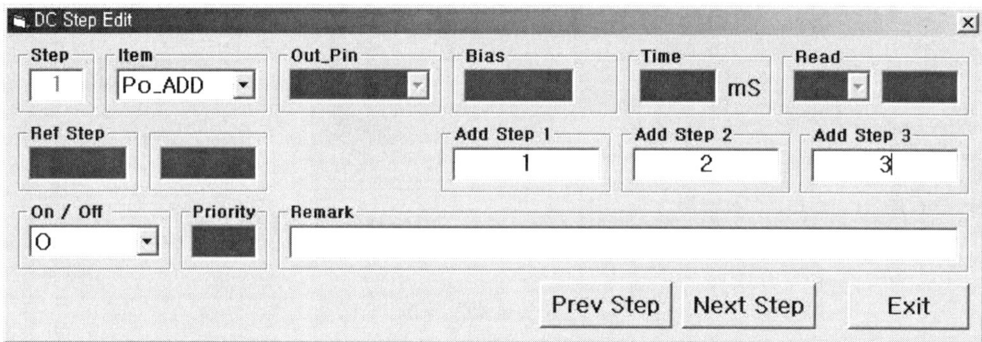

[그림 4-44] Po_ADD

13) THY

① 용도 : THYRITOR 측정(2, 4, 6, 8 측정)

- 정전류에 대한 각각의 Range에서 4Point 측정

② Low : 0mV~999mV (두 번째 측정한 것에서 첫 번째 측정한 값을 뺀다)

③ 정상값 : 항시 0mV 이상이어야 함.

④ 주기 : Low 항목만 존재함.

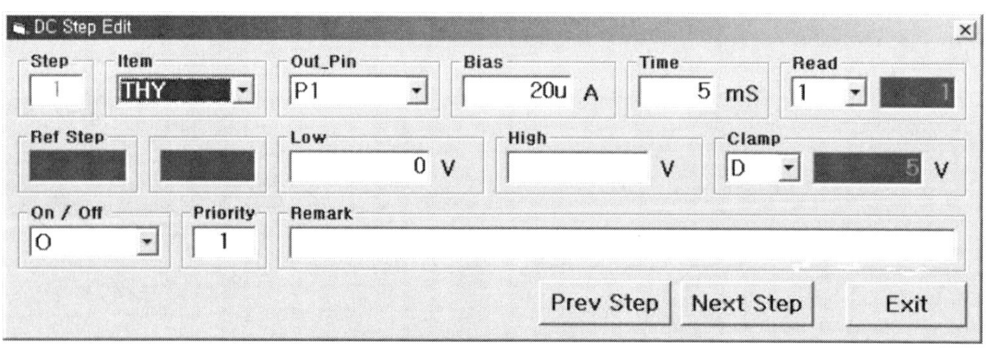

[그림 4-45] THY

14) Slope

① 용도 : 반도체 I-V Curve 측정

- 1차 전류 인가 후 1차 측정, 2차 전류 인가 후 2차 측정(2차 측정값/1차 측정값)을 디스플레이한다.

② 정상값 : 예를 들어 1차 전류 10mA, 2차 전류 20mA이면 대략 1.010~1.100 사이에 있다.

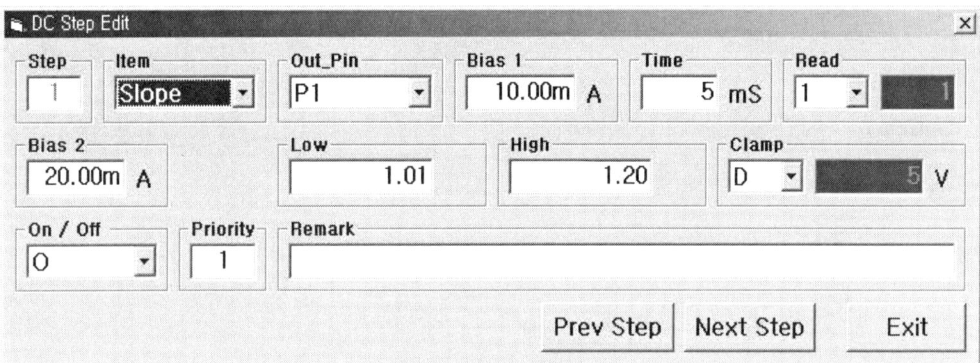

[그림 4-46] Slope

15) R

① 용도 : 인가 전류에 대한 내부저항 값으로 환산하여 측정

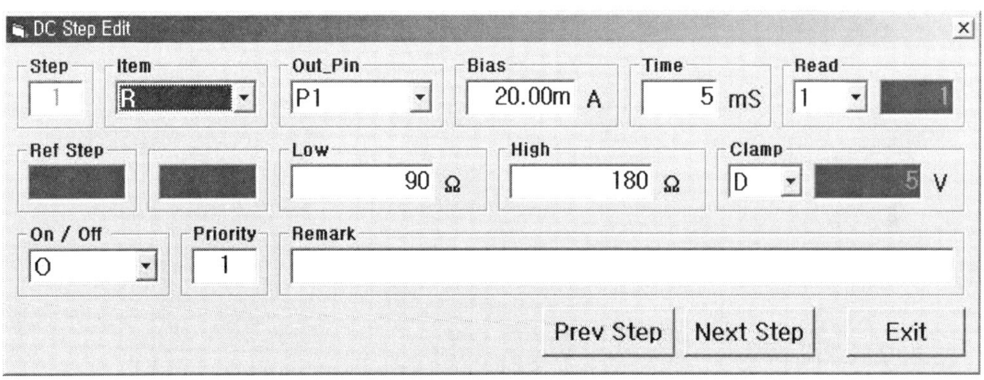

[그림 4-47] R

16) △VF

① 용도 : 전류 10mA 인가 후 1차 측정, 90mA를 Time 동안 인가 후 90mA Off 후 2차 측정(1차 측정값－2차 측정값)을 디스플레이한다.

② 측정범위 : 10V RANGE 고정 방식

③ 정상값 : 반도체 특성에 의하여 2차 전압값이 작아야 한다.

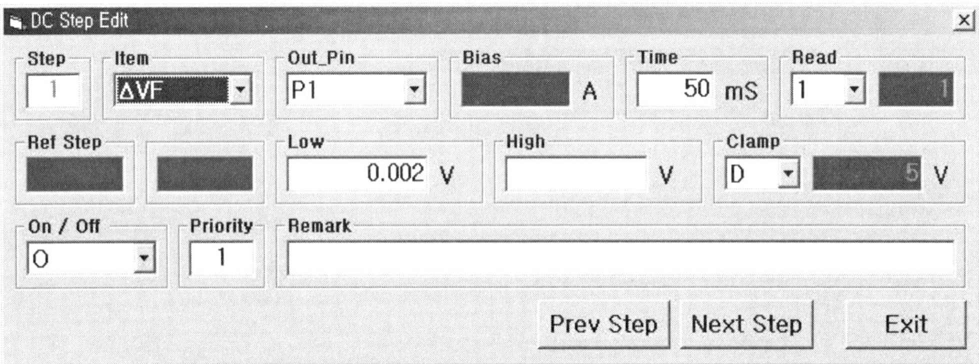

[그림 4-48] △VF

17) 6Pin O/S

① 용도 : 6Pin Type LED의 핀 간 Short를 측정

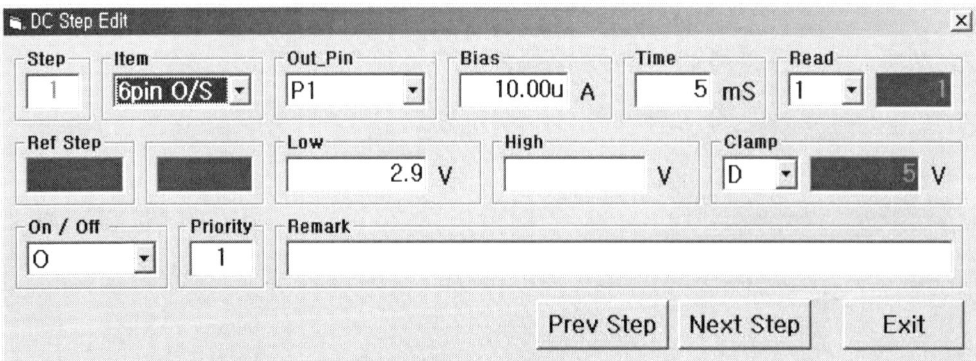

[그림 4-49] 6Pin O/S

18) SUB

① 용도 : 지정한 측정 스텝값 비교 명령어임.

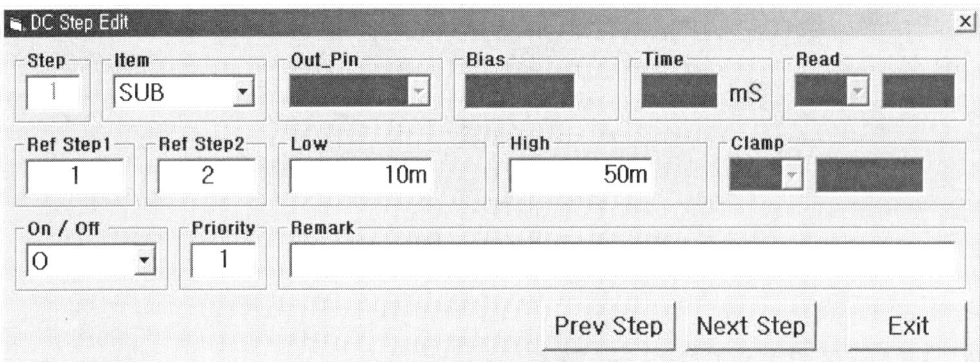

[그림 4-50] SUB

19) SORT

① 용도 : 양품 분류에 사용한다.

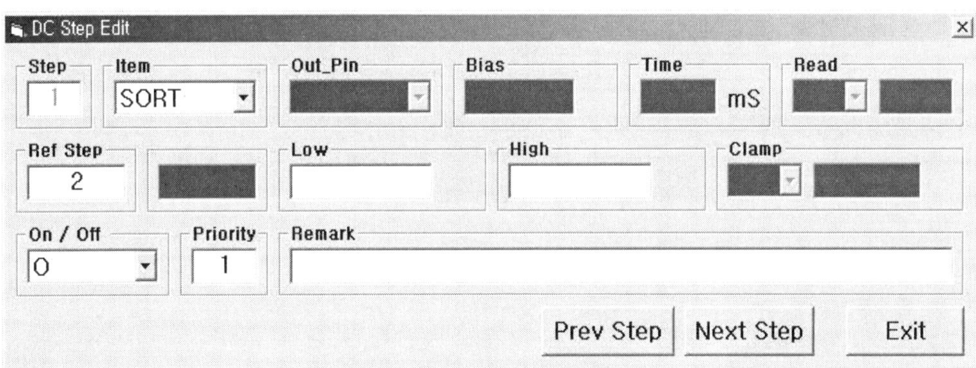

[그림 4-51] SORT

20) END

① 용도 : 테스트 프로그램의 끝을 나타낸다.

② 주기 : 반드시 마지막에 존재해야 하며 END 다음에 존재하는 Step은 저장 시 삭제된다.

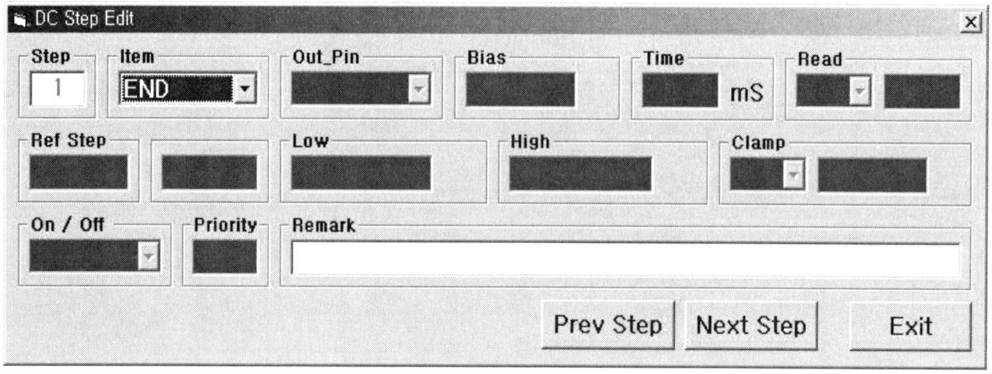

[그림 4-52] END

3. WAVE TEST Item 항목

[주의사항] AUTO시 POL, DIR, CHK가 DC TEST 구간에 선언되어 있으면 WAVE TEST에서는 이 부분을 선언하지 않아도 DC TEST 구간에 선언된 결과를 가지고 측정한다.

1) DELAY

① 용도 : 단순 지연시킴. 외부 HANDLER 장비와 동기를 맞출 때 사용함.

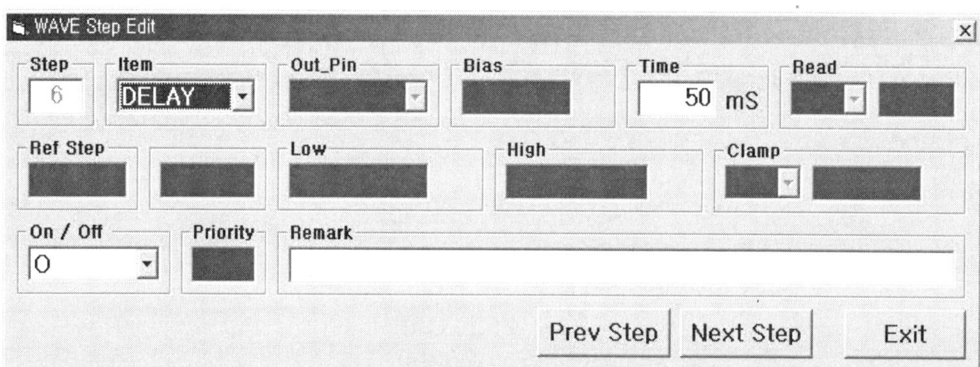

[그림 4-53] DELAY

2) KEL

① 용도 : 핸들러(Handler) 측정단자의 접촉(Contact) 전압 측정을 위해 사용한다.

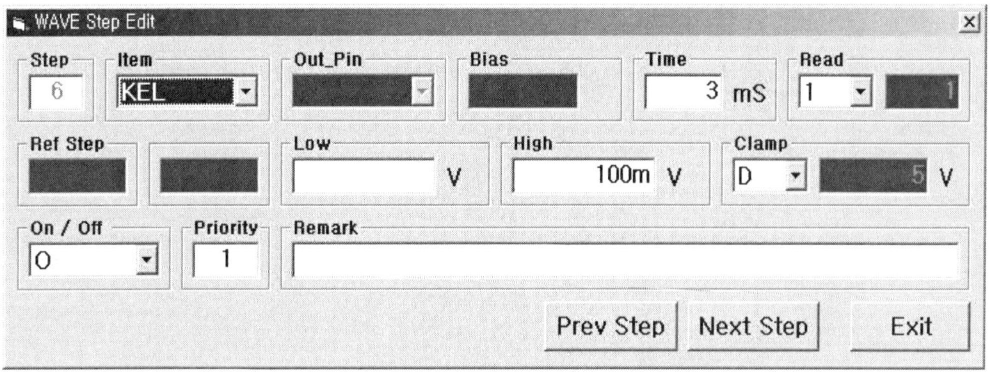

[그림 4-54] KEL

3) POL : 6 Pin T 추가됨

① 용도 : 극성 판정용

② 인가방식 : 정전류 인가 VF 전압 측정

③ On/Off

- REVERS : 1Chip LED가 역방향으로 들어왔을 때 측정값에서 Fail이 되면 다음 Step 모두 설정 바이어스의 역방향으로 인가한다.
- ROTATE : 3Chip LED가 180° 틀어져서 들어왔을 때 측정값에서 Fail이 되면 다음 Step 모두 Matrix에서 재정렬하여 측정한다.
- X : 현재의 측정 Step을 무시한다.

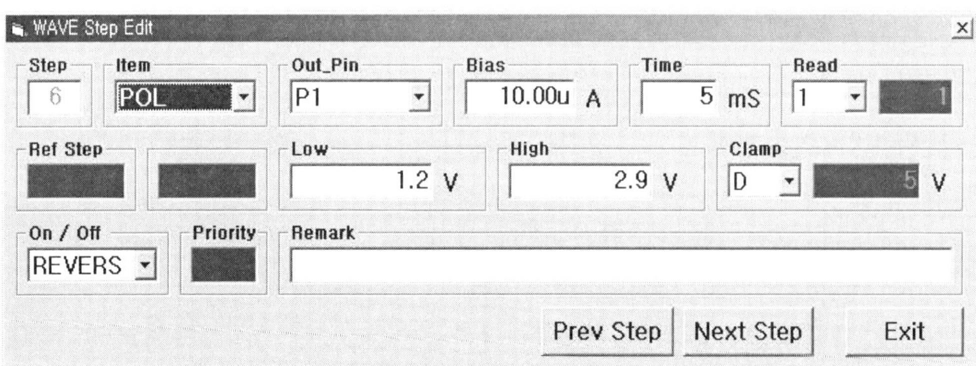

[그림 4-55] POL

4) DIR : 6 Pin T 추가됨

① 용도 : 극성 판정용

② 인가방식 : 정전압 인가 IF 전류 측정

③ On/Off

- REVERS : 1Chip LED가 역방향으로 들어왔을 때 측정값에서 Fail이 되면 다음 Step 모두 설정 바이어스의 역방향으로 인가한다.
- ROTATE : 3Chip LED가 180° 틀어져서 들어왔을 때 측정값에서 Fail이 되면 다음 Step 모두 Matrix에서 재정렬하여 측정한다.
- X : 현재의 측정 Step을 무시한다.

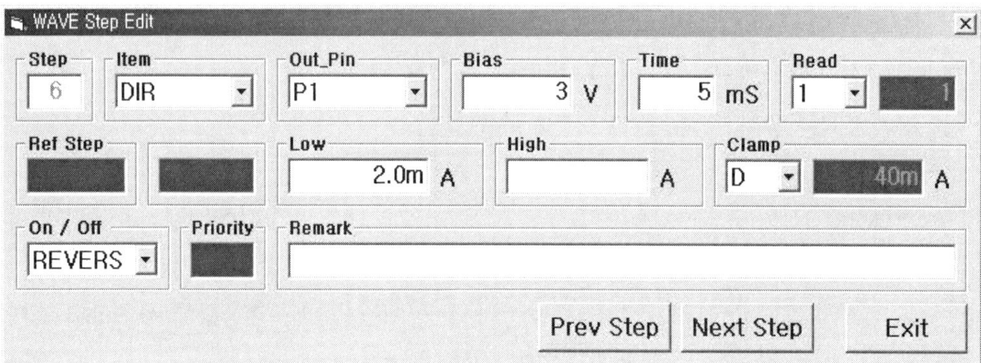

[그림 4-56] DIR

5) CHK : 6 Pin T 추가됨

① 용도 : 극성 판정용(Fiber에서 Peak 파장으로 측정하는 방식)

② 인가방식 : 정전류 인가 발광휘도 측정

③ On/Off

- REVERS : 1Chip LED가 역방향으로 들어왔을 때 측정값에서 Fail이 되면 다음 Step 모두 설정 바이어스의 역방향으로 인가한다.
- ROTATE : 3Chip LED가 180° 틀어져서 들어왔을 때 측정값에서 Fail이 되면 다음 Step 모두 Matrix에서 재정렬하여 측정한다.
- X : 현재의 측정 Step을 무시한다.

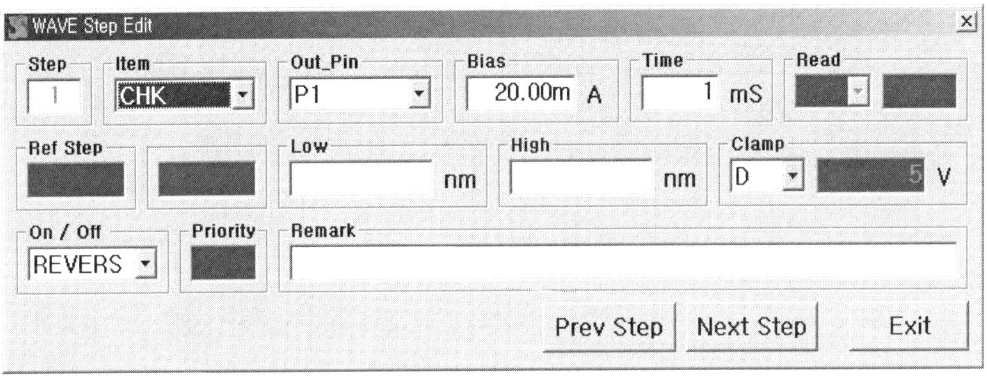

[그림 4-57] CHK

6) VF

① 용도 : 정방향 전류 인가 순방향 전압 측정

② 인가방식 : 정전류 인가

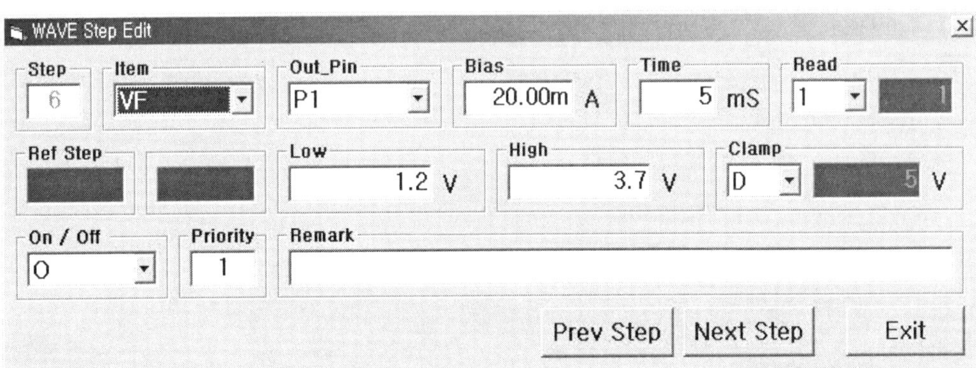

[그림 4-58] VF

7) IF

① 용도 : 정방향 전류 측정

② 인가방식 : 정방향 전압인가

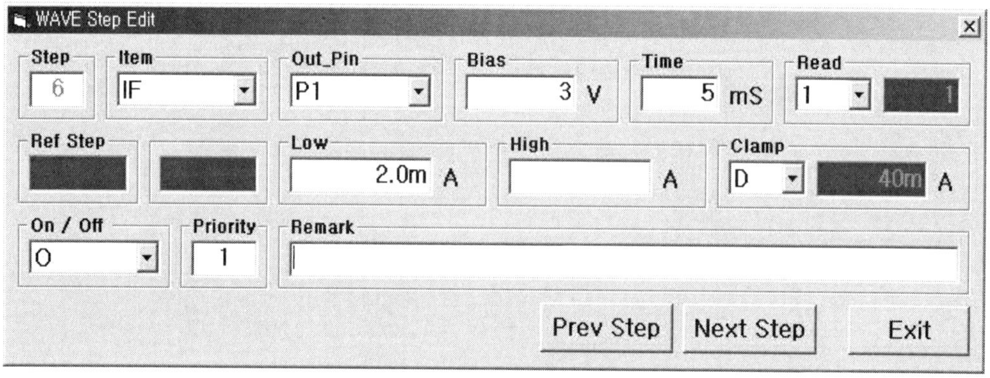

[그림 4-59] IF

8) WL_Test

① 용도 : 파장 측정

② 인가방식 : 정방향 전류 인가

③ TIME : 0.01~999mSEC

④ X-CAL : X-좌표 보정값

⑤ Y-CAL : Y-좌표 보정값

⑥ 주기 : λP, λD, FWHM, CCT, X, Y, X-Y, Po, WL_ADD의 항목을 적용하기 위해서 먼저 이 항목을 실행해야 함.

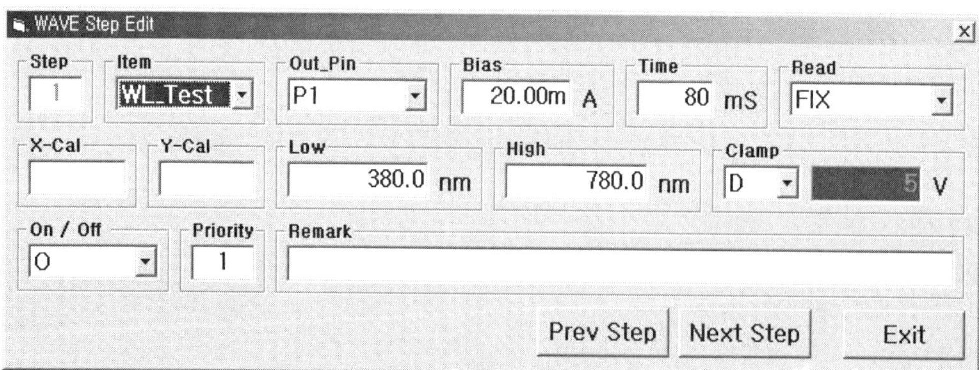

[그림 4-60] WL__Test

9) λP

① 용도 : LED Peak 파장 측정

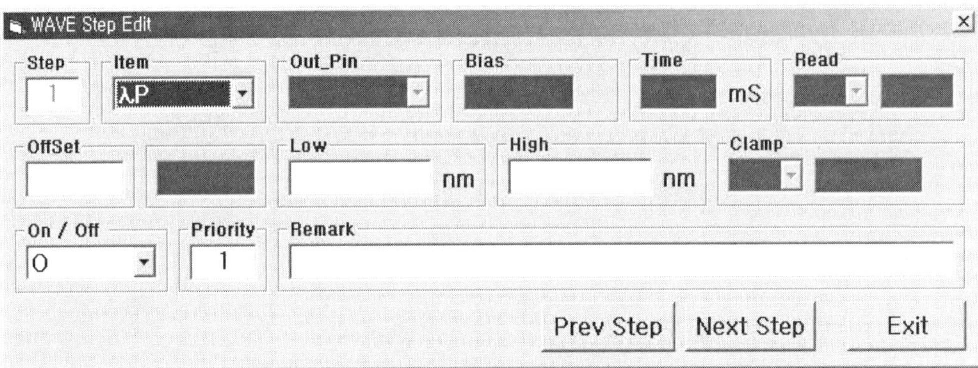

[그림 4-61] λP

10) λD

① 용도 : LED DOM 파장 측정(CIE Curve 내에 존재하는 것만 측정할 수 있음. 383~693n). IR LED는 판단할 수 없으므로 Peak로 분류해야 한다.

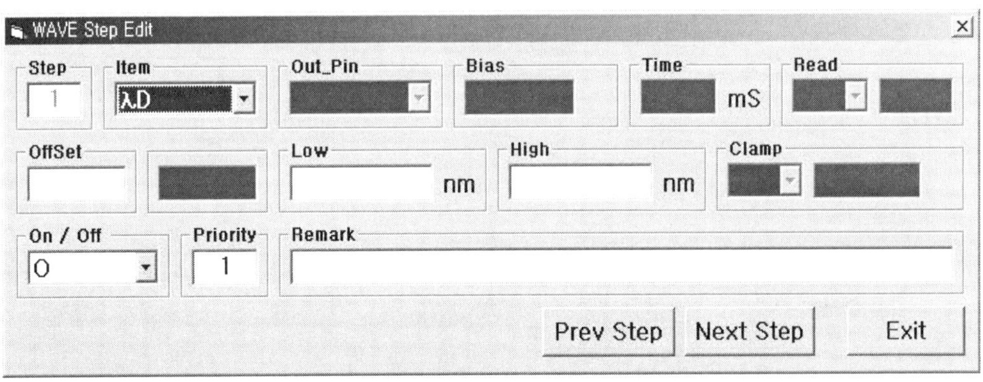

[그림 4-62] λD

11) FWHM

① 용도 : LED 반치폭 측정

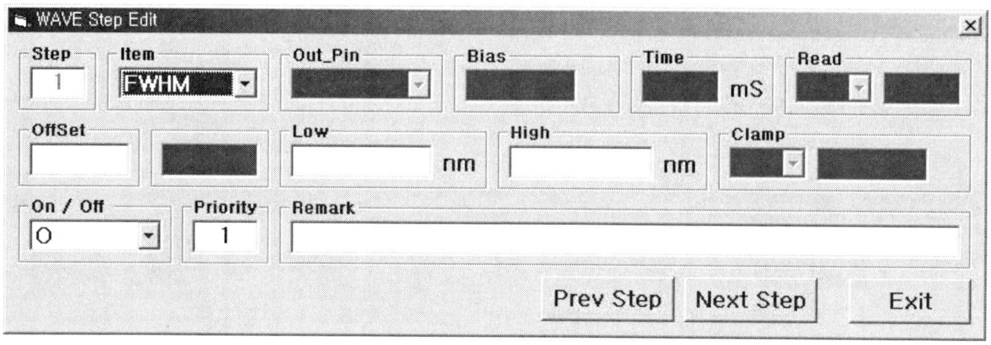

[그림 4-63] FWHM

12) X

① 용도 : LED X Curve 측정

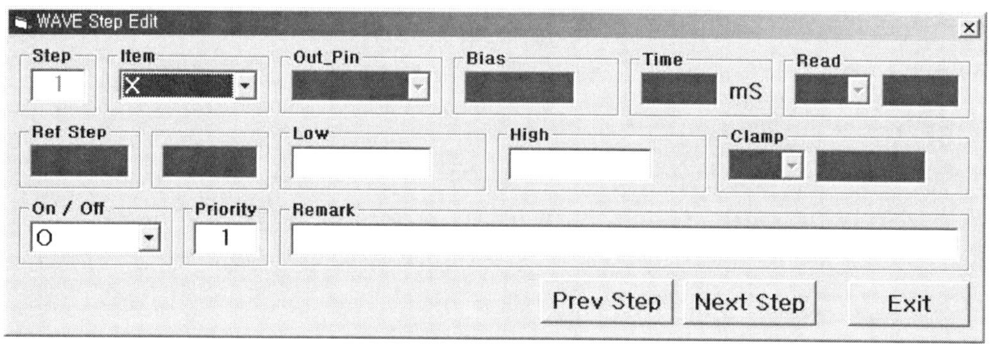

[그림 4-64] X

13) Y

① 용도 : LED Y Curve 측정

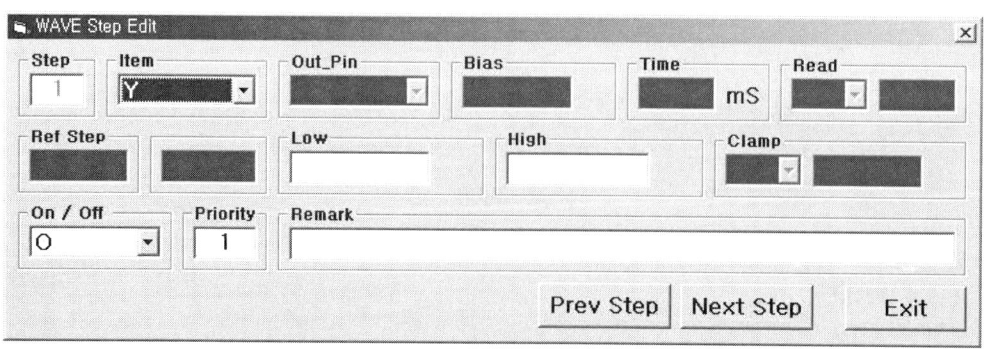

[그림 4-65] Y

14) X-Y

① 용도 : LED X-Y Curve 측정

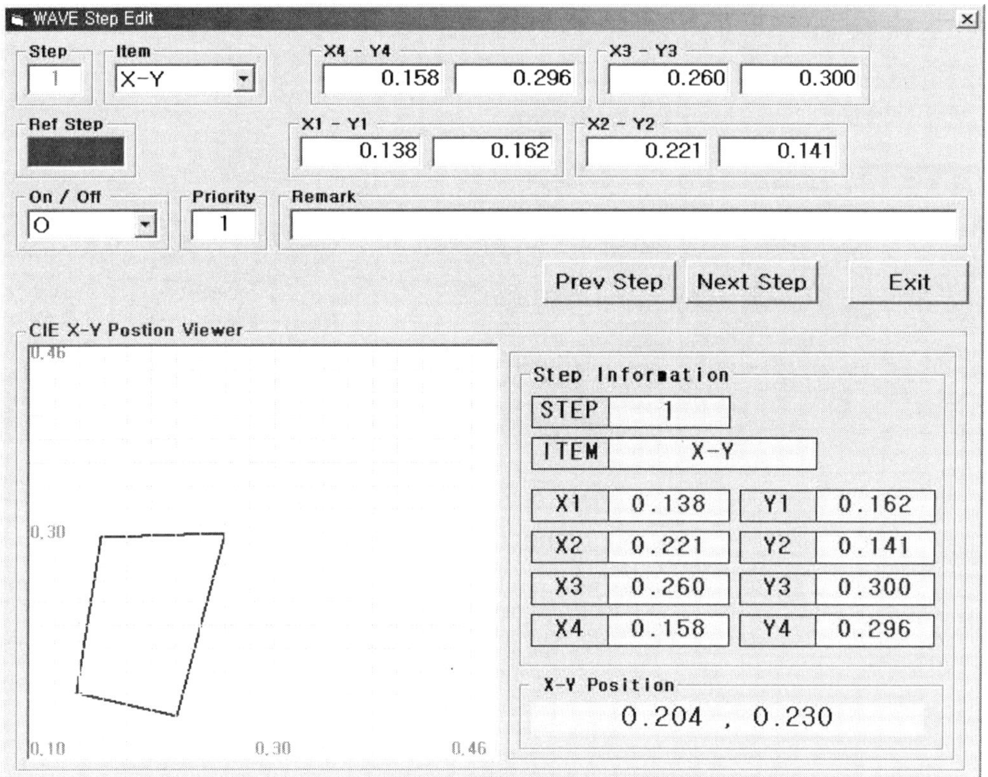

[그림 4-66] X-Y

15) CCT

① 용도 : LED 색온도 측정

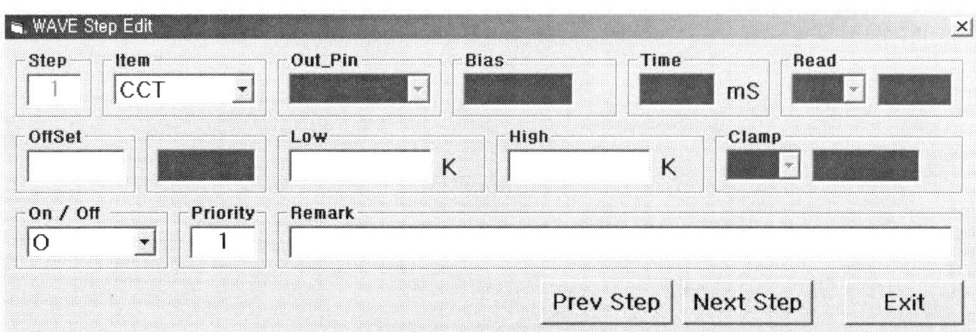

[그림 4-67] CCT

16) Po

① 용도 : LED 휘도 측정

- Liminous : Human Eye 시감도 측정
- Radiant : Watt 측정

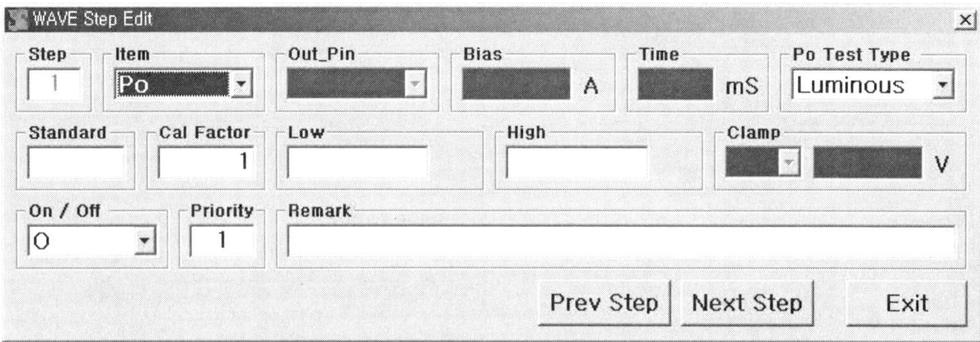

[그림 4-68] Po

17) CRI

① 용도 : 연색지수 측정(0-100)

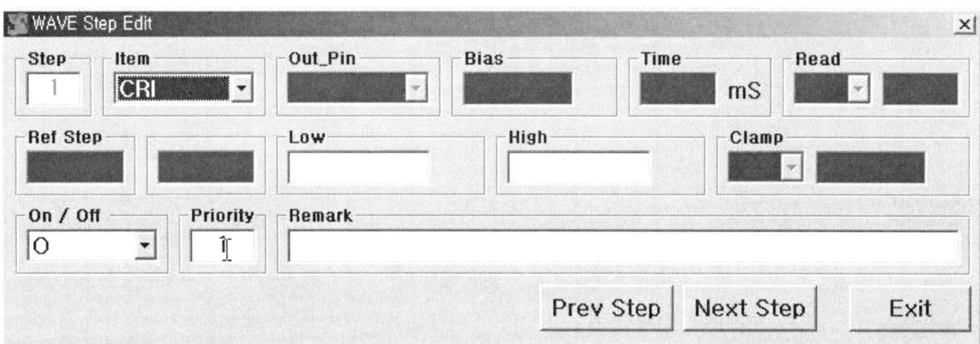

[그림 4-69] CRL

18) WL_ADD

① 용도 : 2Chip 이상 측정하고 각각의 파형을 합산하는 명령어 임.

② 주기 : Add Step1, Add Step2, Add Step3 최대 3개를 합산함.

- WL_ADD는 WL_Test Step만 가능함.
- 단순 데이터 합산 명령어임. → Low, High 판단 안 됨.

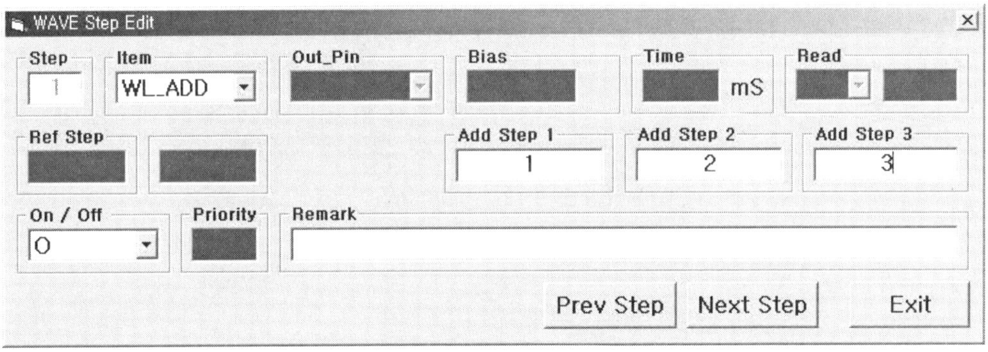

[그림 4-70] WL__ADD

19) SAME

① 용도 : DC Zone과 Wave Zone의 지정한 측정 스텝값 비교 명령어임.

② 주기 : 1. 각 Zone의 가능 스텝 항목은 (VF, IF, Po)임.

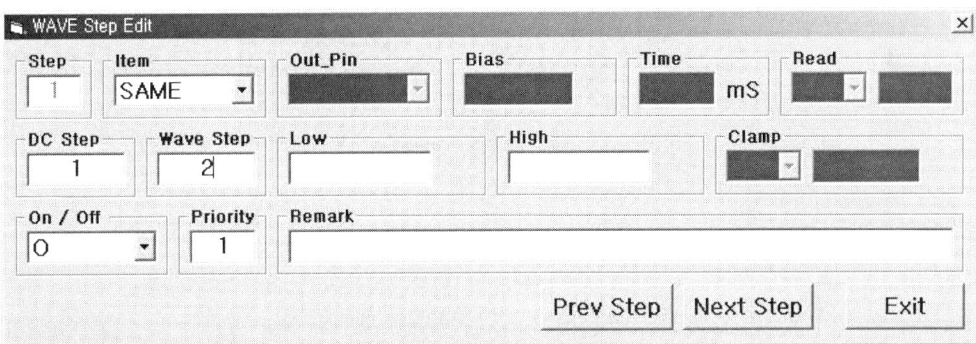

[그림 4-71] SAME

20) 6Pin O/S

① 용도 : 6Pin Type LED의 핀 간 Short를 측정

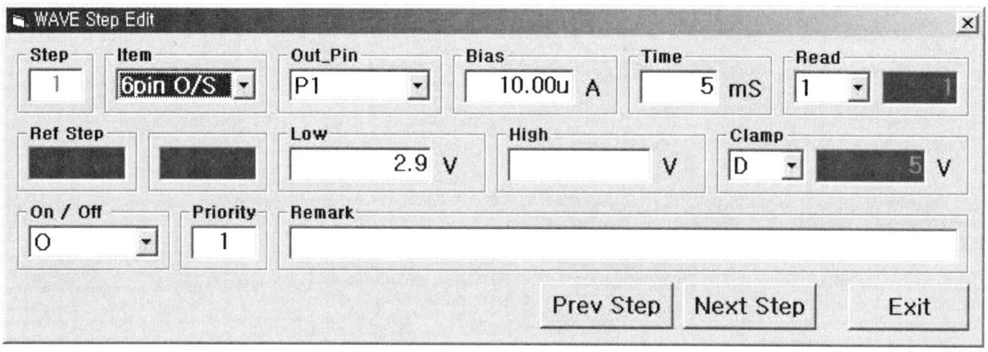

[그림 4-72] 6Pin O/S

21) SUB

① 용도 : 지정한 측정 스텝값 비교 명령어임.

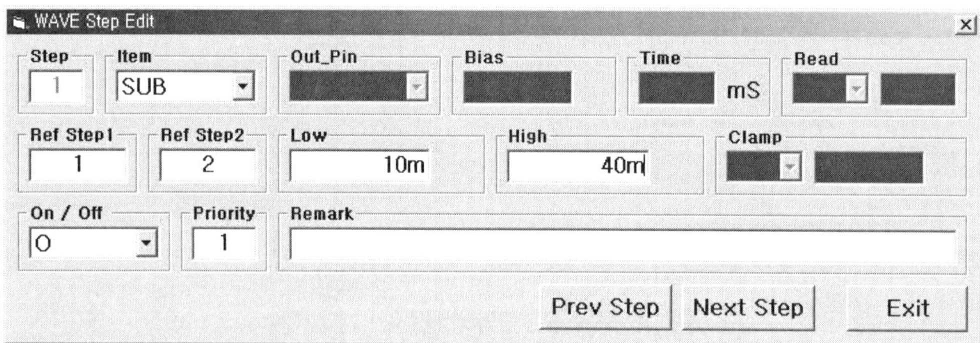

[그림 4-73] SUB

22) XY_SORT

① 용도 : 두 X, Y Curve를 이용한 양품 분류에 사용한다.

② 주기 : Ref Step에 WL_Test, WL_ADD 스텝만 지정 가능함.

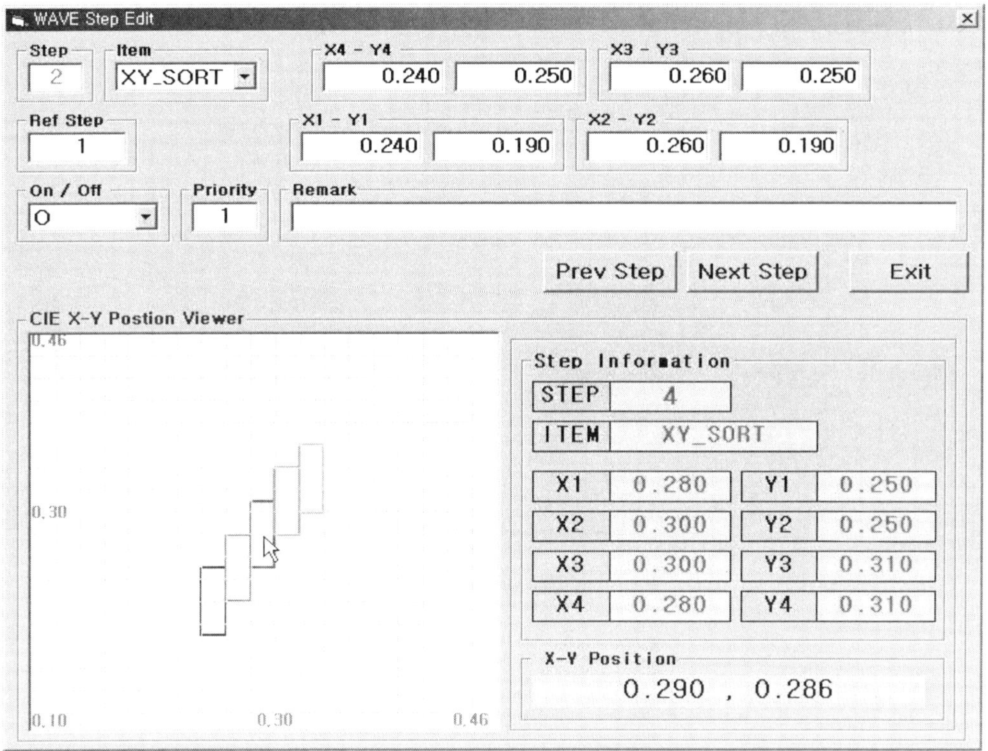

[그림 4-74] XY__SORT

23) SORT

① 용도 : 양품 분류에 사용한다.

② 주기 : WL_TEST, WL_ADD, Delay, POL,DIR, CHK는 Ref Step에서 참조될 수 없음.

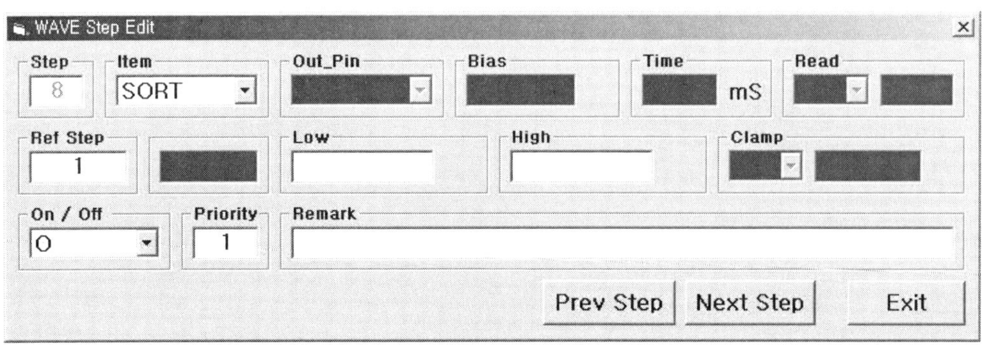

[그림 4-75] SORT

24) END

① 용도 : 테스트 프로그램의 끝을 나타낸다.

② 주기 : 반드시 마지막에 존재해야 하며 END 다음에 존재하는 Step은 저장 시 삭제된다.

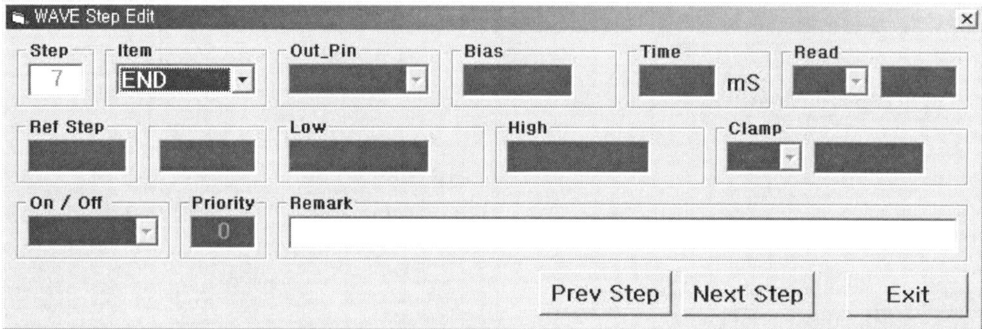

[그림 4-76] END

4. Rank Edit 사용법

Rank Edit는 DC/WAVE Edit의 Priority 설정을 참조하여 Rank를 자동으로 조합하고 빈(Bin)은 불량 빈부터 양품 빈으로 순차적으로 할당되며 사용자는 할당된 빈만 수정할 수 있다.

주기 : Priority : 출력 빈을 설정할 때 사용하며 각각의 Step에서 같은 순위를 가지면 같은 출력 빈을 가진다. 또한 Step과 Sort는 순위가 같더라도 다르게 분리한다.

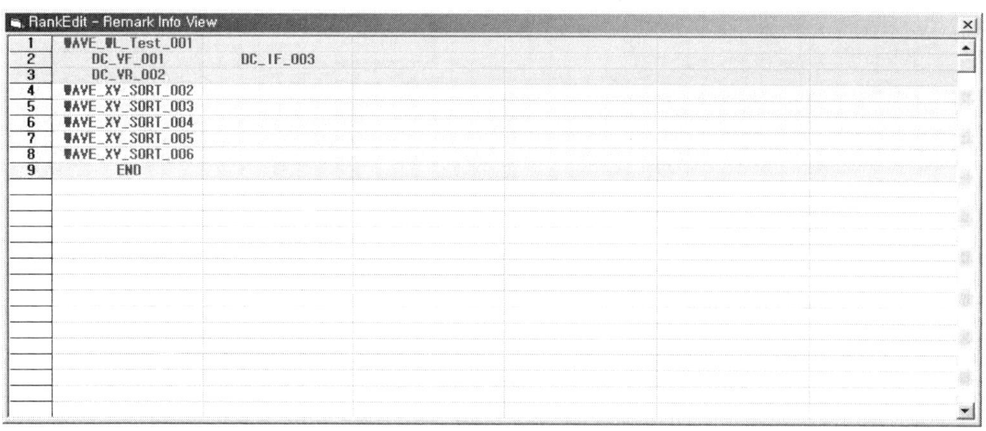

[그림 4-77] Rank Edit 창

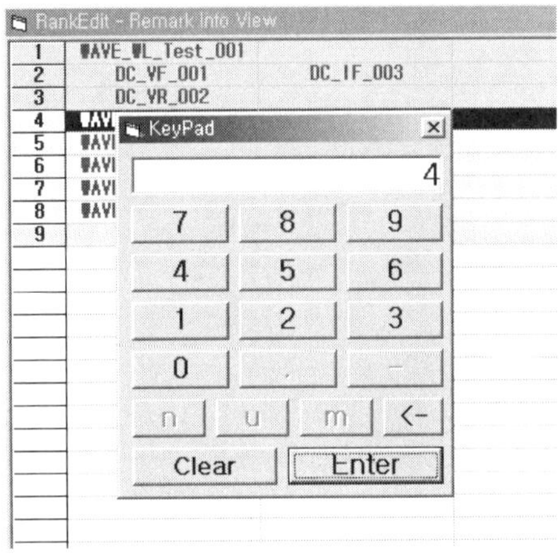

[그림 4-78] Rank Edit Bin 수정

5. Interface 설정방법

(1) Input 설정

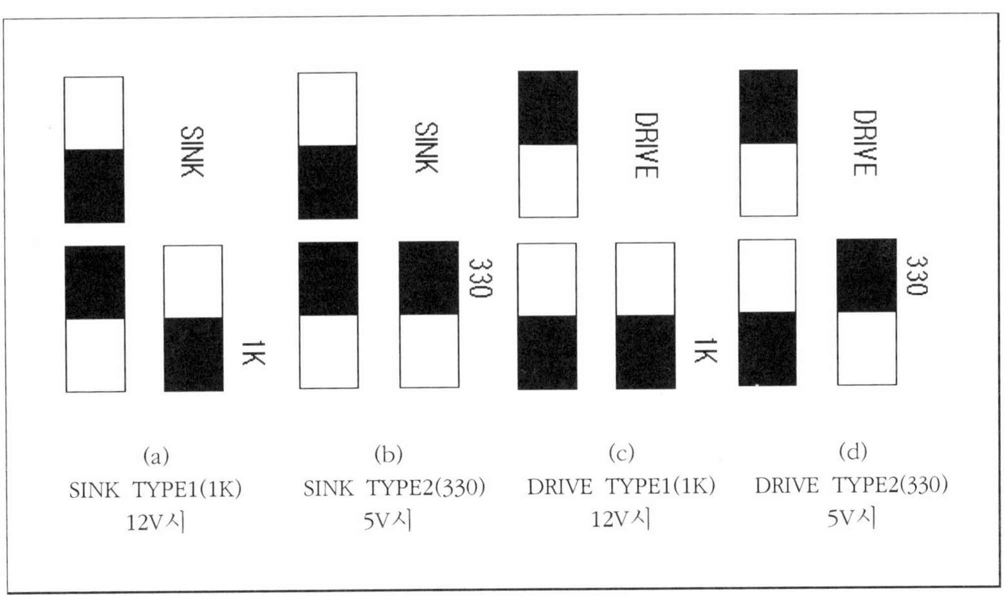

[그림 4-79] Input 설정

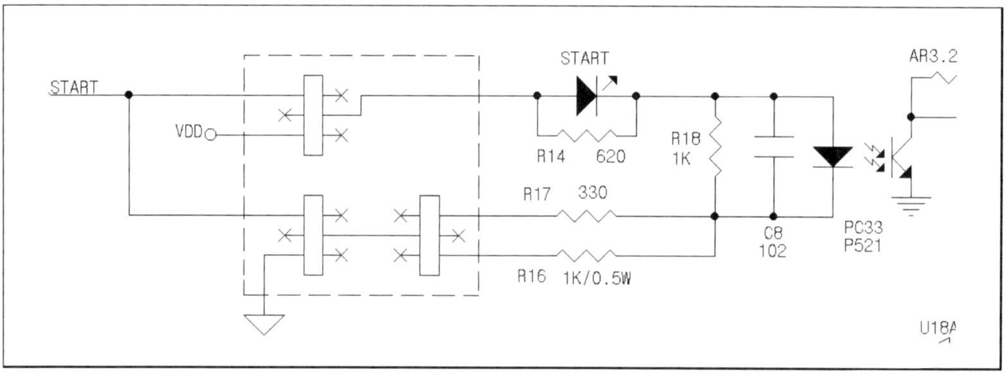

[그림 4-80] Input 회로도

(2) Output 설정

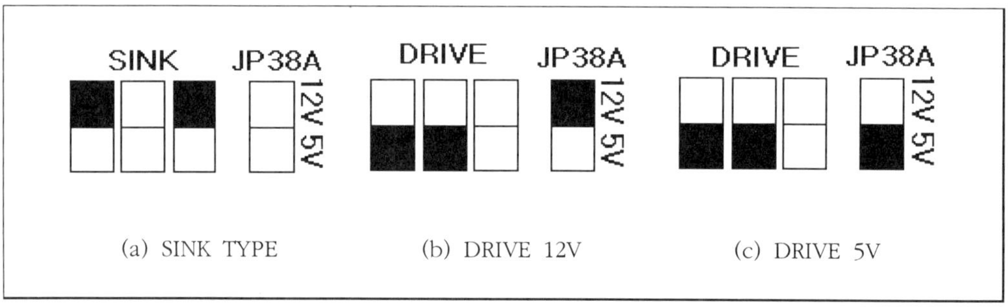

[그림 4-81] Output 설정

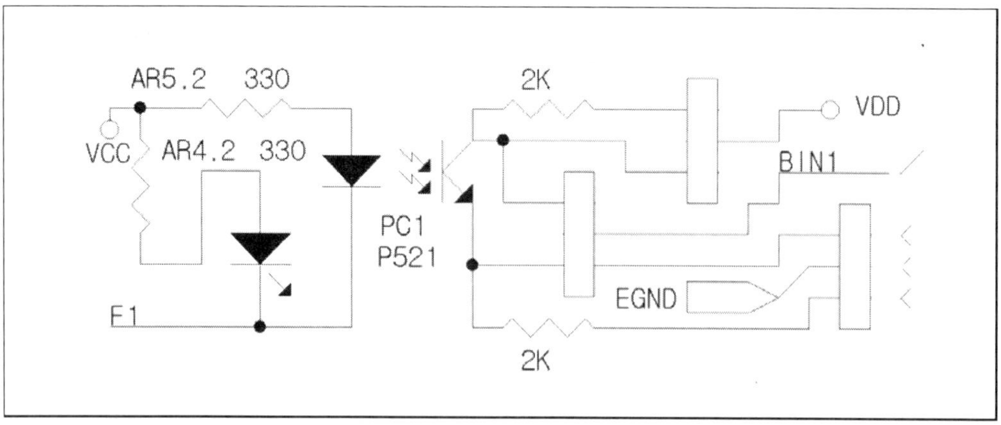

[그림 4-82] Output 회로도

APPENDIX

부 록

1. LED HANDLER Electrical Part
2. LED 몰드 공정 실습장비의 배선도, I/O 할당표 및 LD 프로그램

1. LED HANDLER Electrical Part

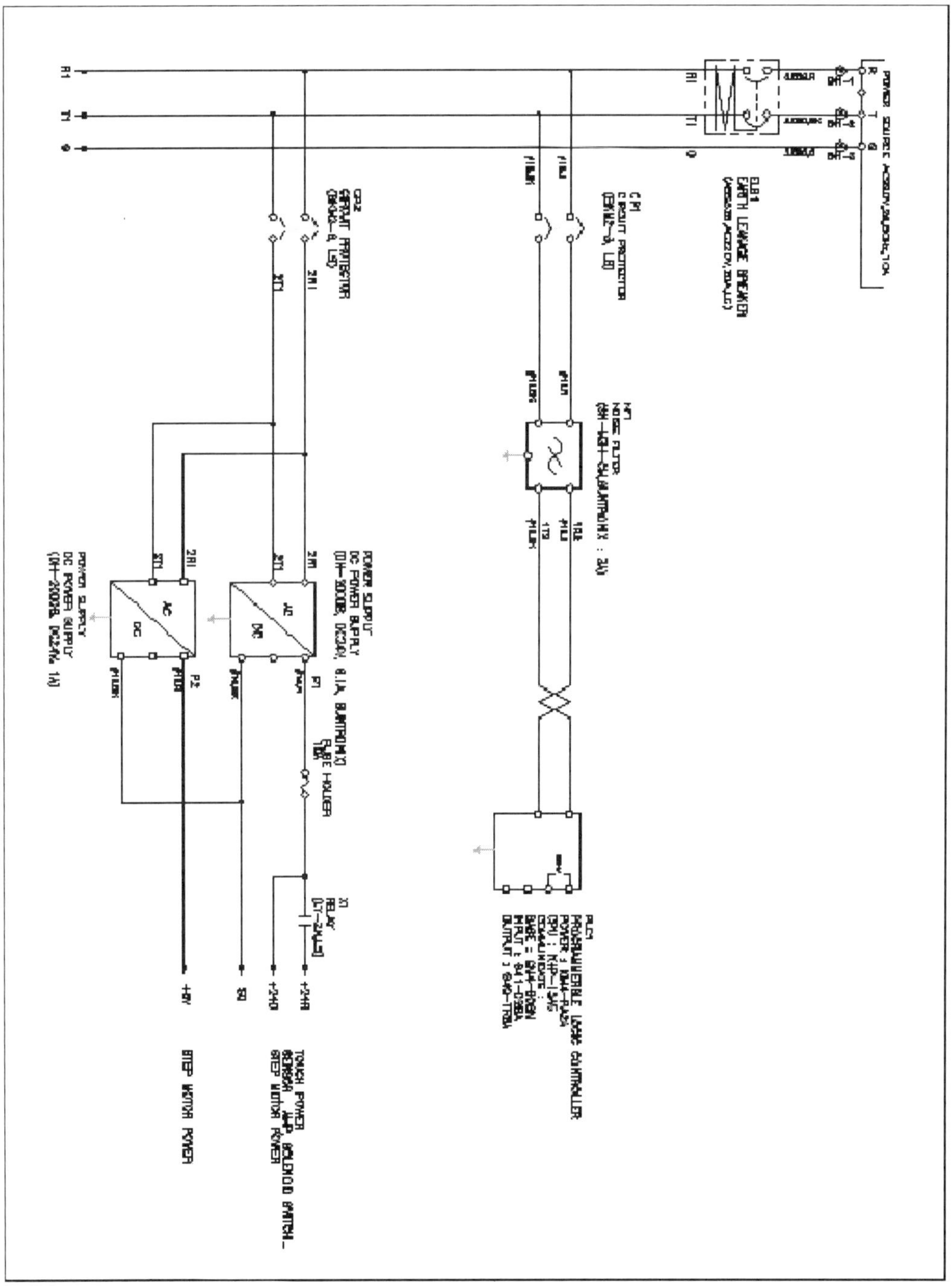

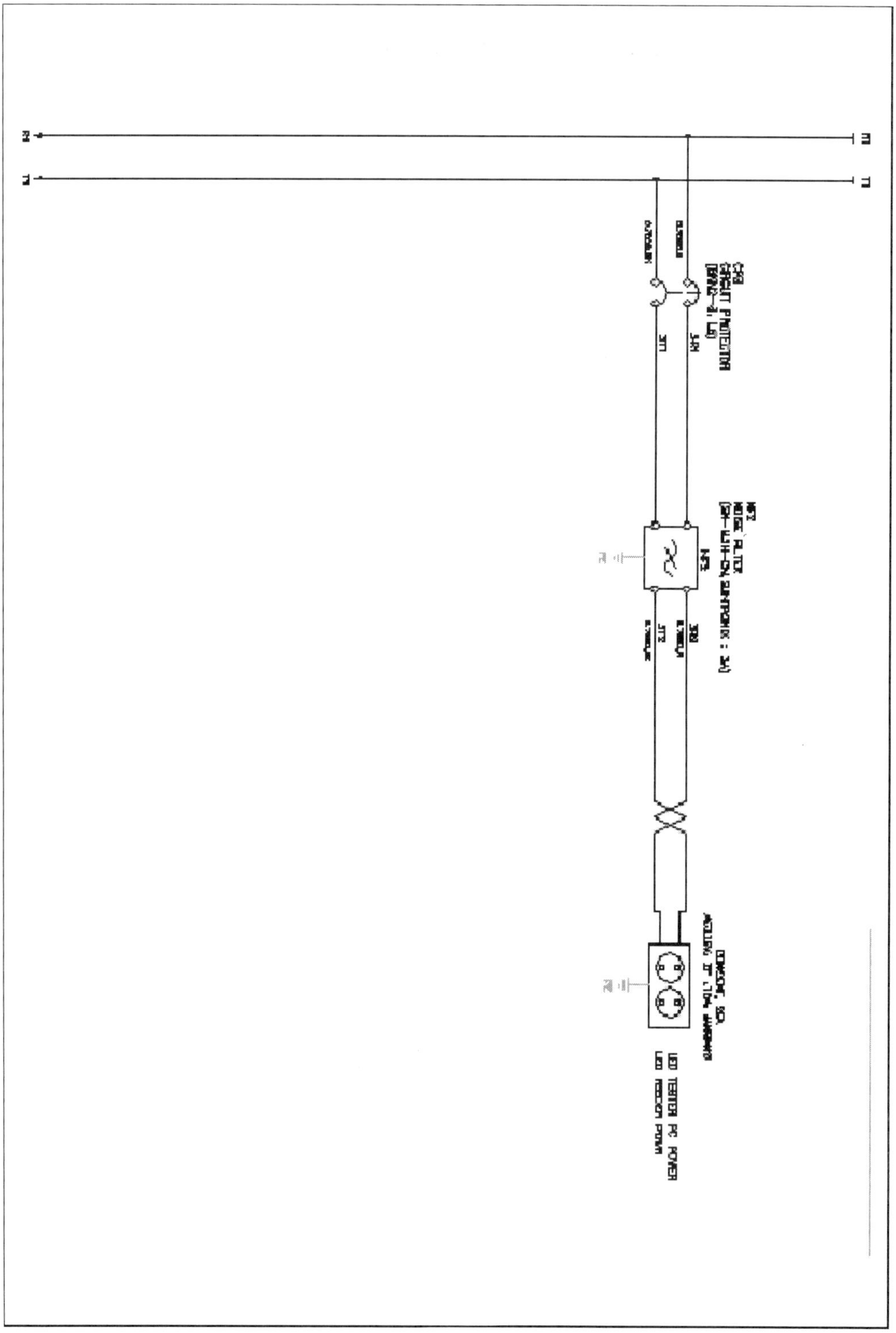

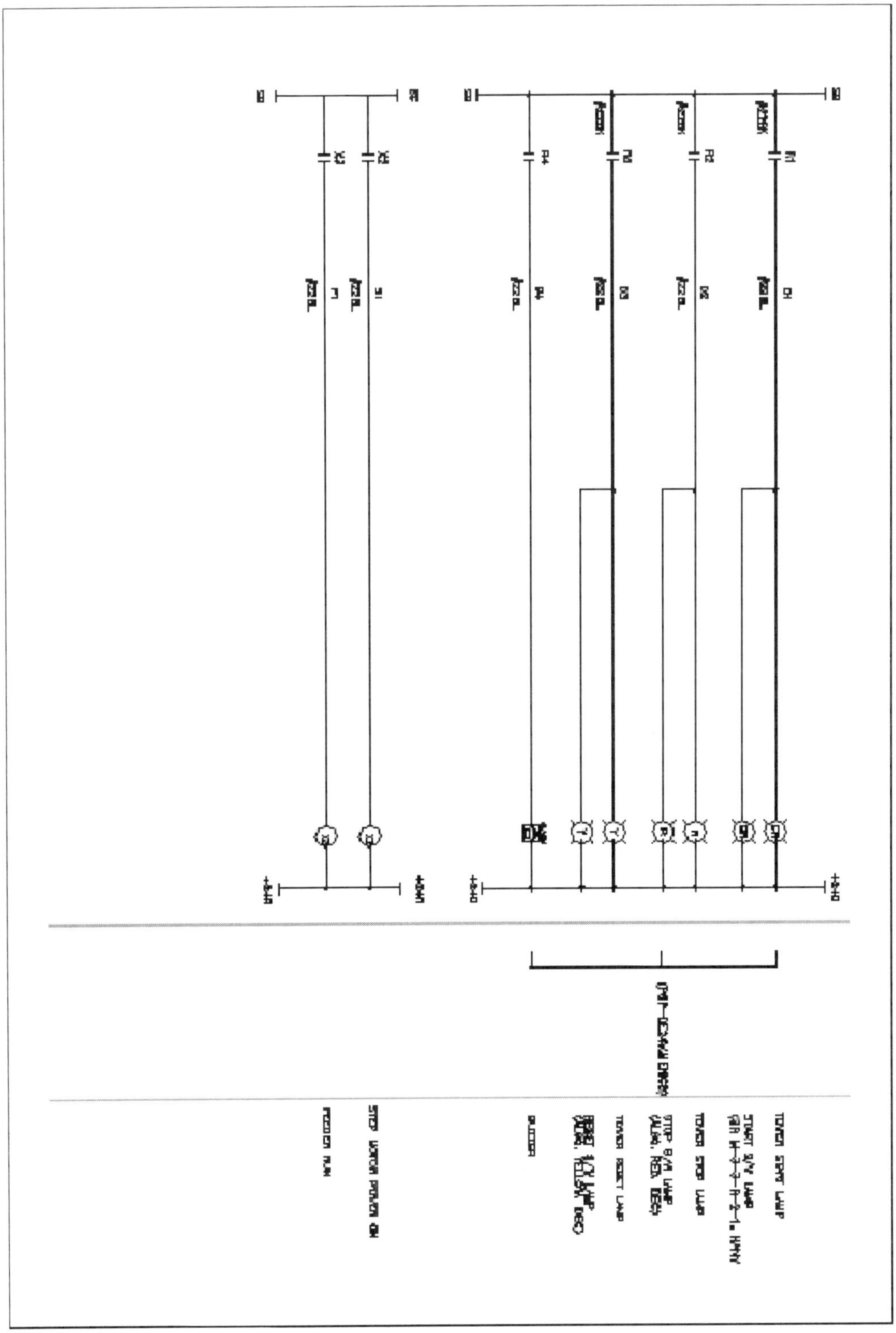

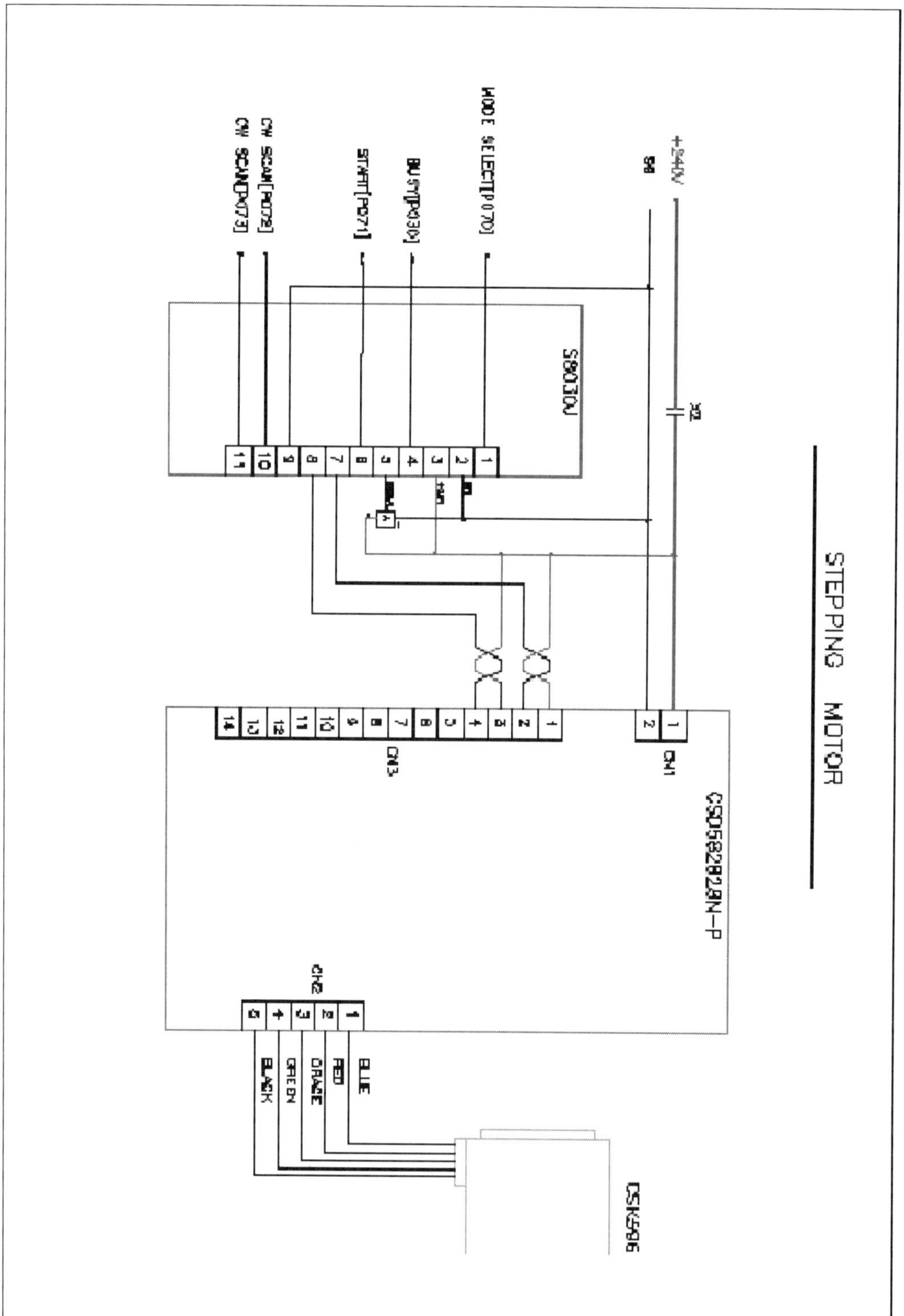
STEPPING MOTOR
CN1
CN2
CN3
BLUE
RED
GREEN
BLACK
+24V

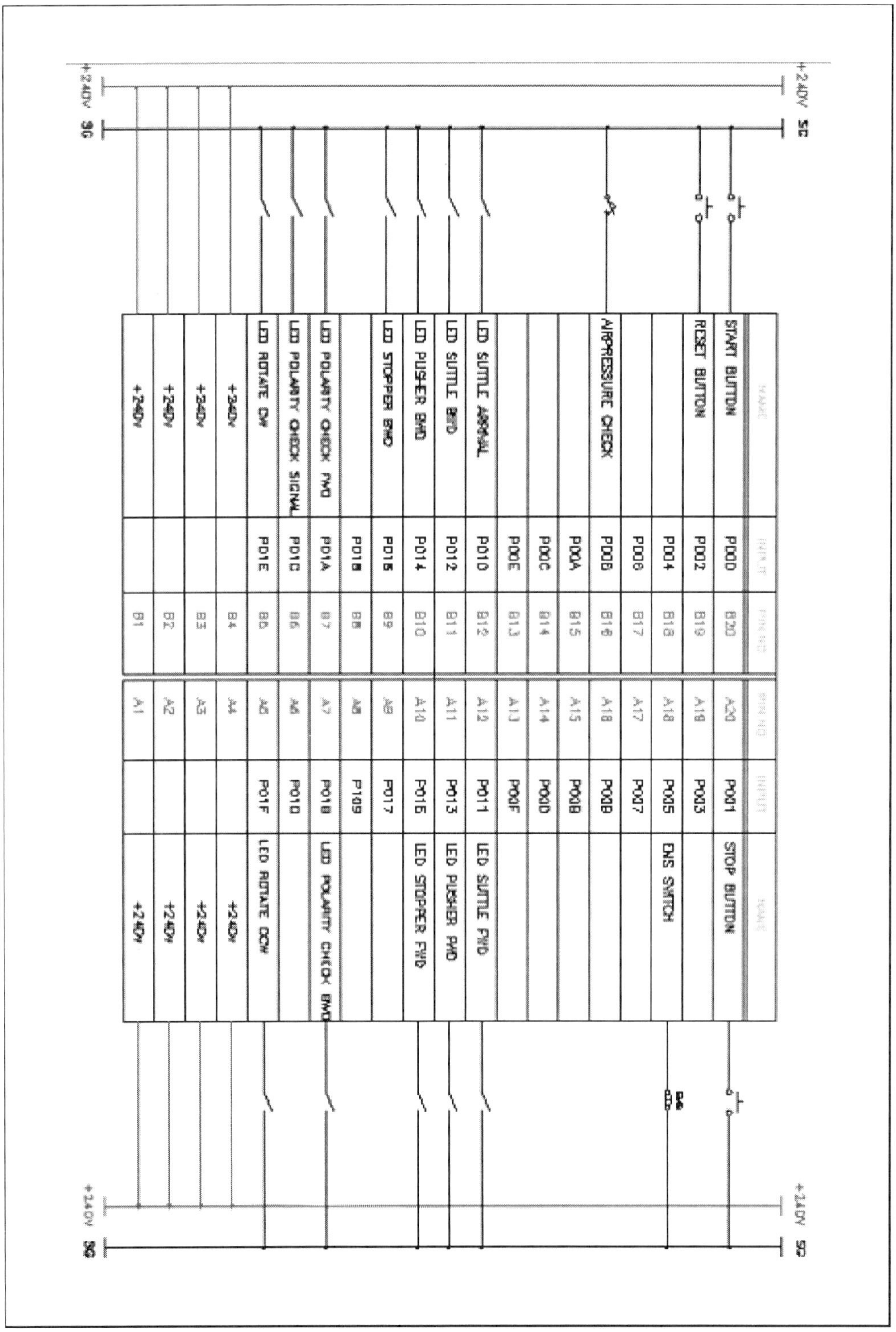
+24DV
SG
NAME | INPUT | PIN NO | PIN NO | INPUT | NAME
START BUTTON | P000 | B20 | A20 | P001 | STOP BUTTON
RESET BUTTON | P002 | B19 | A19 | P003
P004 | B18 | A18 | P005 | EMS SWITCH
P006 | B17 | A17 | P007
AIRPRESSURE CHECK | P008 | B16 | A16 | P009
P00A | B15 | A15 | P00B
P00C | B14 | A14 | P00D
P00E | B13 | A13 | P00F
LED SUTTLE ARRIVAL | P010 | B12 | A12 | P011 | LED SUTTLE FWD
LED SUTTLE BWD | P012 | B11 | A11 | P013 | LED PUSHER FWD
LED PUSHER BWD | P014 | B10 | A10 | P015 | LED STOPPER FWD
LED STOPPER BWD | P016 | B9 | A9 | P017
P018 | B8 | A8 | P109
LED POLARITY CHECK FWD | P01A | B7 | A7 | P01B | LED POLARITY CHECK BWD
LED POLARITY CHECK SIGNAL | P01C | B6 | A6 | P01D
LED ROTATE CW | P01E | B5 | A5 | P01F | LED ROTATE CCW
+24DV | B4 | A4 | +24DV
+24DV | B3 | A3 | +24DV
+24DV | B2 | A2 | +24DV
+24DV | B1 | A1 | +24DV
+24DV
SG

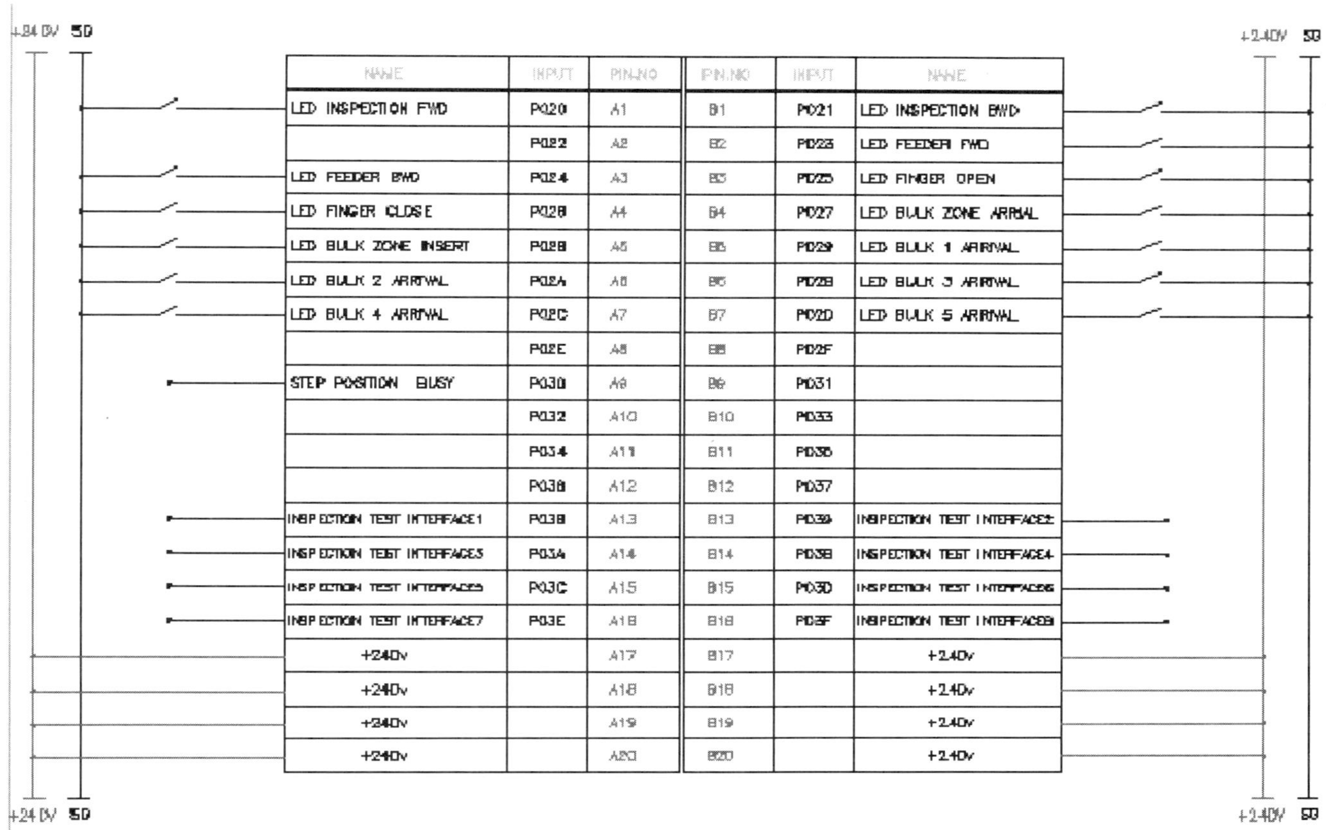

NAME	INPUT	PIN.NO	PIN.NO	INPUT	NAME
LED INSPECTION FWD	PIO20	A1	B1	PIO21	LED INSPECTION BWD
	PIO22	A2	B2	PIO23	LED FEEDER FWD
LED FEEDER BWD	PIO24	A3	B3	PIO25	LED FINGER OPEN
LED FINGER CLOSE	PIO26	A4	B4	PIO27	LED BULK ZONE ARRIVAL
LED BULK ZONE INSERT	PIO28	A5	B5	PIO29	LED BULK 1 ARRIVAL
LED BULK 2 ARRIVAL	PIO2A	A6	B6	PIO2B	LED BULK 3 ARRIVAL
LED BULK 4 ARRIVAL	PIO2C	A7	B7	PIO2D	LED BULK 5 ARRIVAL
	PIO2E	A8	B8	PIO2F	
STEP POSITION BUSY	PIO30	A9	B9	PIO31	
	PIO32	A10	B10	PIO33	
	PIO34	A11	B11	PIO35	
	PIO36	A12	B12	PIO37	
INSPECTION TEST INTERFACE1	PIO38	A13	B13	PIO39	INSPECTION TEST INTERFACE2
INSPECTION TEST INTERFACE3	PIO3A	A14	B14	PIO3B	INSPECTION TEST INTERFACE4
INSPECTION TEST INTERFACE5	PIO3C	A15	B15	PIO3D	INSPECTION TEST INTERFACE6
INSPECTION TEST INTERFACE7	PIO3E	A16	B16	PIO3F	INSPECTION TEST INTERFACE8
+24DV		A17	B17		+24DV
+24DV		A18	B18		+24DV
+24DV		A19	B19		+24DV
+24DV		A20	B20		+24DV

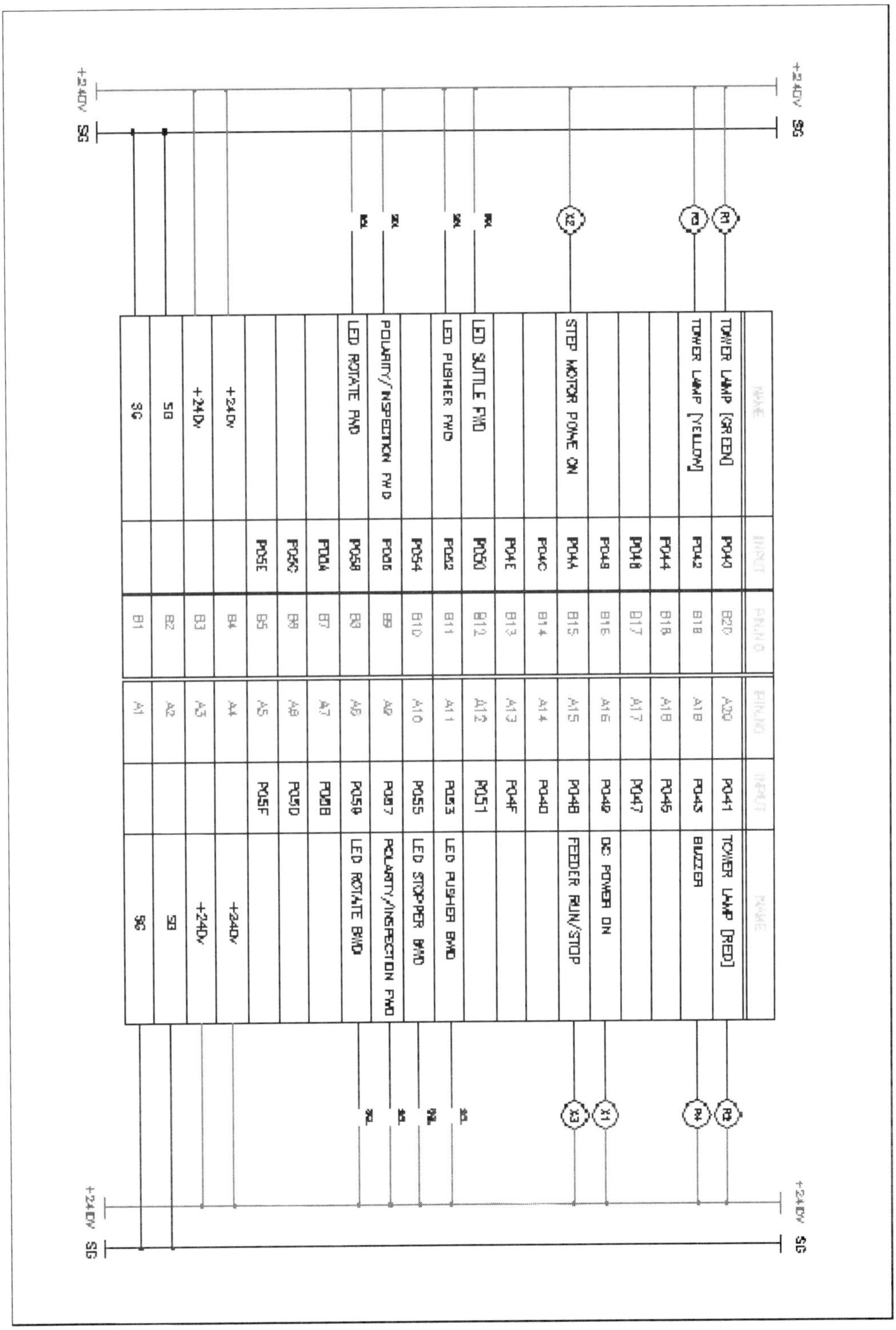
+24DV
SG
NAME
INPUT
PIN NO
TOWER LAMP [GREEN] PO40 B20
TOWER LAMP [YELLOW] PO42 B19
PO44 B18
PO46 B17
PO48 B16
STEP MOTOR POWE ON PO4A B15
PO4C B14
PO4E B13
LED SUTTLE FWD PO50 B12
LED PUSHER FWD PO52 B11
PO54 B10
POLARITY/INSPECTION FWD PO56 B9
LED ROTATE FWD PO58 B8
PO5A B7
PO5C B6
PO5E B5
+24Dv B4
+24Dv B3
SG B2
SG B1
A20 PO41 TOWER LAMP [RED]
A19 PO43 BUZZER
A18 PO45
A17 PO47
A16 PO49 DC POWER ON
A15 PO4B FEEDER RUN/STOP
A14 PO4D
A13 PO4F
A12 PO51
A11 PO53 LED PUSHER BWD
A10 PO55 LED STOPPER BWD
A9 PO57 POLARITY/INSPECTION FWD
A8 PO59 LED ROTATE BWD
A7 PO5B
A6 PO5D
A5 PO5F
A4 +24Dv
A3 +24Dv
A2 SG
A1 SG
+24DV
SG

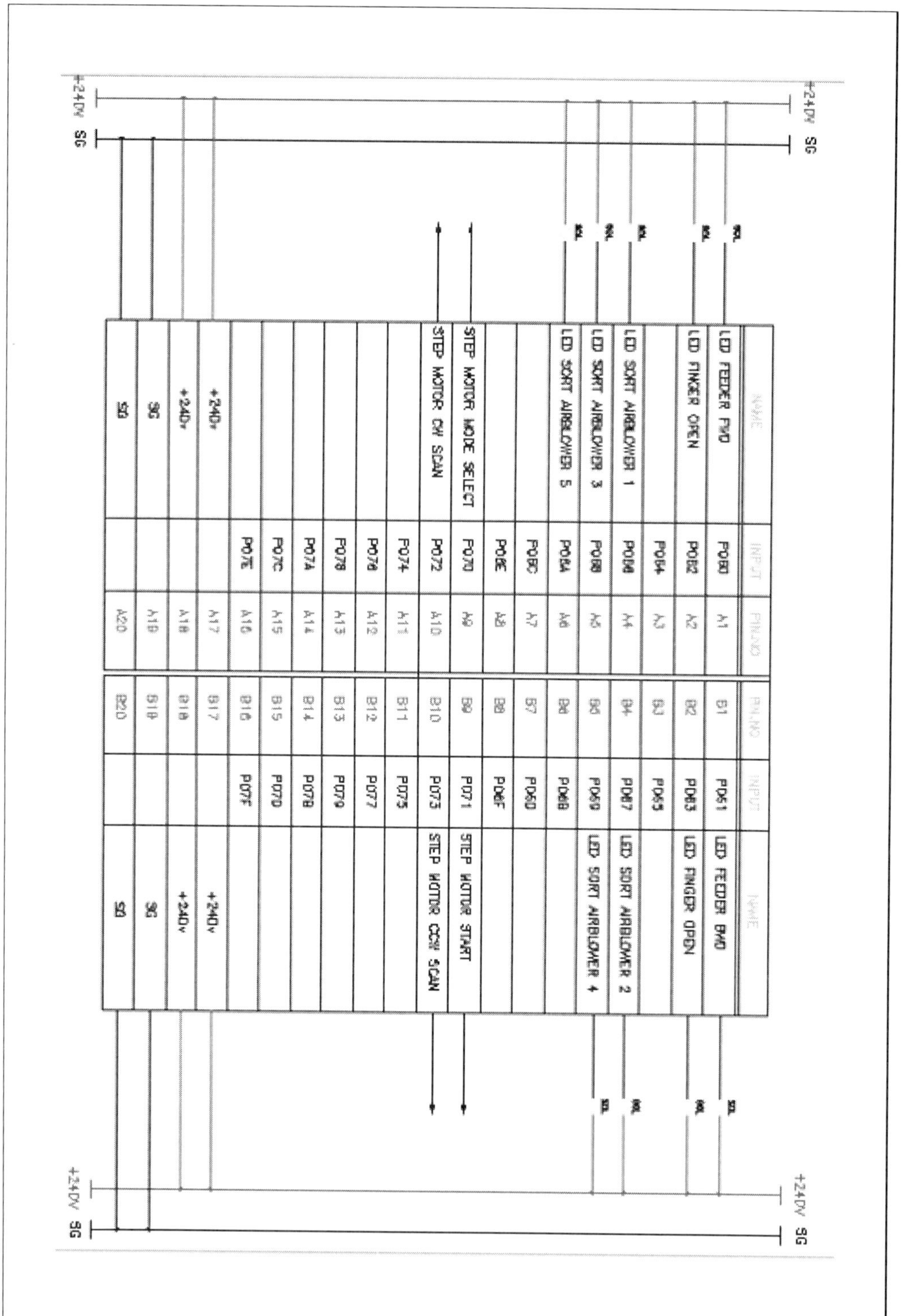
+24DV SG
SOL
NAME | INPUT | PIN.NO | PIN.NO | INPUT | NAME
LED FEEDER FWD | P060 | A1 | B1 | P061 | LED FEEDER BWD
LED FINGER OPEN | P062 | A2 | B2 | P063 | LED FINGER OPEN
P064 | A3 | B3 | P065
LED SORT AIRBLOWER 1 | P066 | A4 | B4 | P067 | LED SORT AIRBLOWER 2
LED SORT AIRBLOWER 3 | P068 | A5 | B5 | P069 | LED SORT AIRBLOWER 4
LED SORT AIRBLOWER 5 | P06A | A6 | B6 | P06B
P06C | A7 | B7 | P06D
P06E | A8 | B8 | P06F
STEP MOTOR MODE SELECT | P070 | A9 | B9 | P071 | STEP MOTOR START
STEP MOTOR CW SCAN | P072 | A10 | B10 | P073 | STEP MOTOR CCW SCAN
P074 | A11 | B11 | P075
P076 | A12 | B12 | P077
P078 | A13 | B13 | P079
P07A | A14 | B14 | P07B
P07C | A15 | B15 | P07D
P07E | A16 | B16 | P07F
+24Dv | A17 | B17 | +24Dv
+24Dv | A18 | B18 | +24Dv
SG | A19 | B19 | SG
SG | A20 | B20 | SG

2. LED 몰드 공정 실습장비의 배선도, I/O 할당표 및 LD 프로그램

(1) Master 배선도

1) 단상 배선도

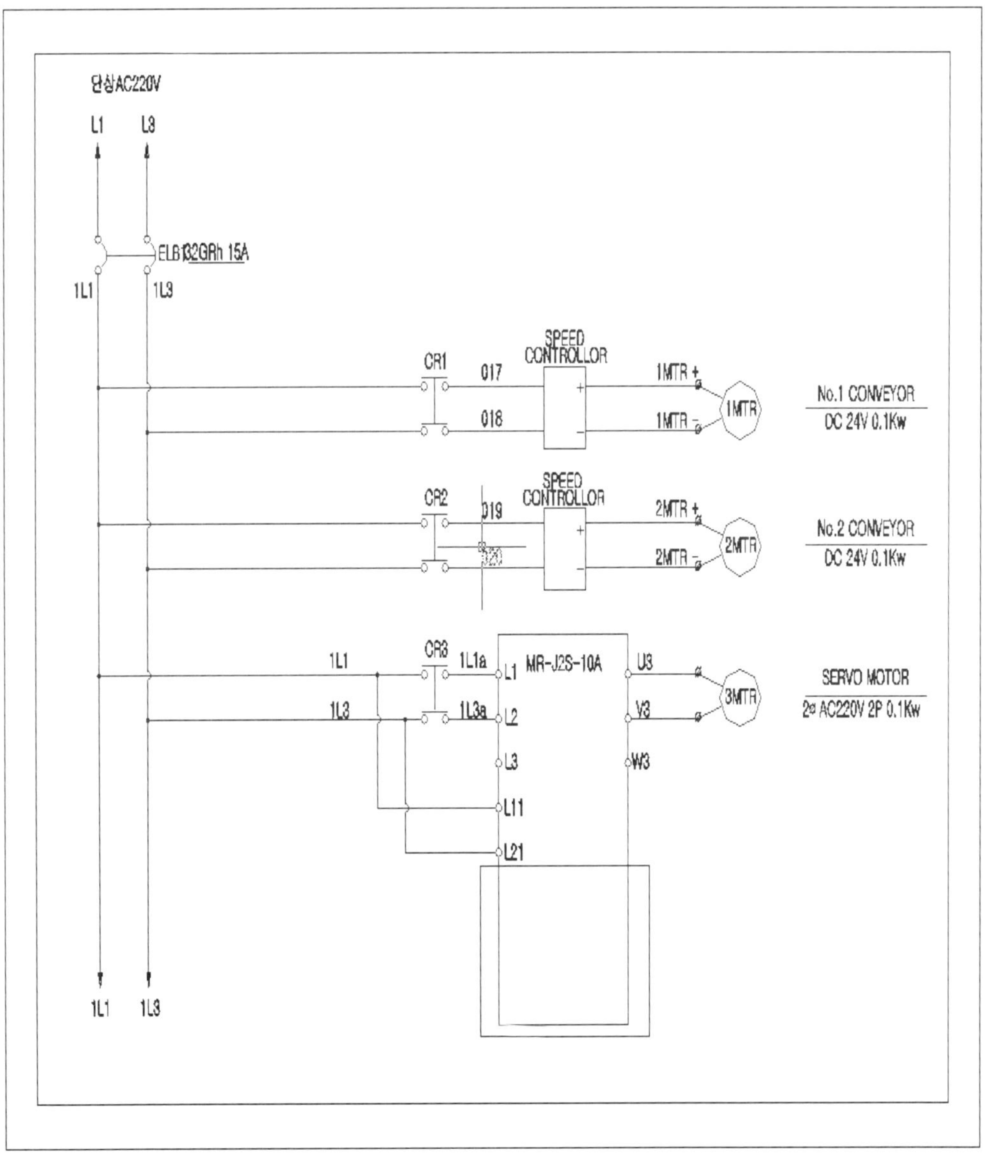

2) 파워 서플라이

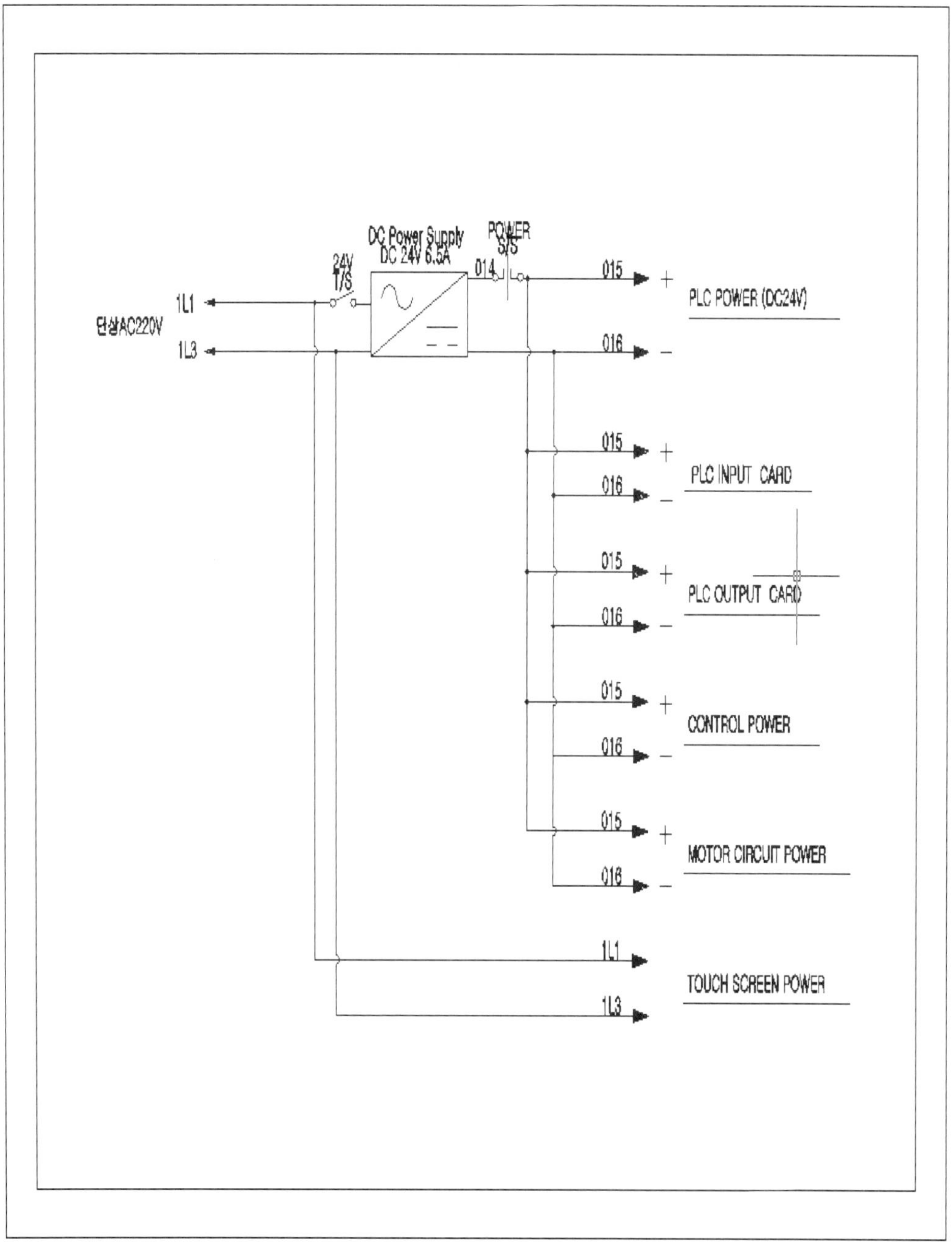
DC Power Supply
DC 24V 6.5A
POWER
S/S
24V
T/S
1L1
단상AC220V
1L3
014
015
016
PLC POWER (DC24V)
PLC INPUT CARD
PLC OUTPUT CARD
CONTROL POWER
MOTOR CIRCUIT POWER
TOUCH SCREEN POWER

3) 서 보

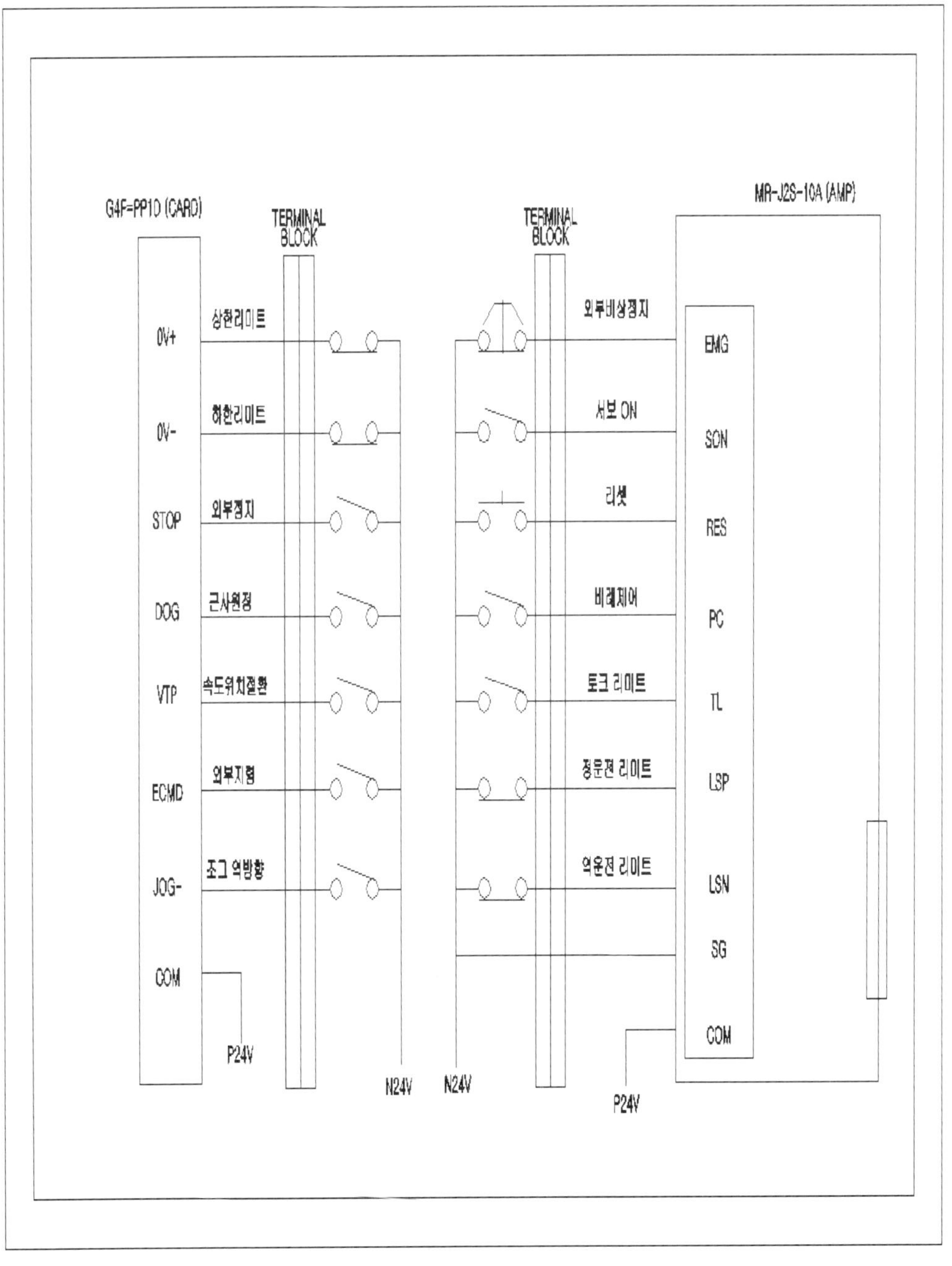

G4F=PP1D (CARD)
TERMINAL BLOCK
TERMINAL BLOCK
MR-J2S-10A (AMP)
0V+
0V-
STOP
DOG
VTP
ECMD
JOG-
COM
상한리미트
하한리미트
외부정지
근사원점
속도위치절환
외부지령
조그 역방향
P24V
N24V
N24V
외부비상정지
서보 ON
리셋
비례제어
토크 리미트
정운전 리미트
역운전 리미트
EMG
SON
RES
PC
TL
LSP
LSN
SG
COM
P24V

4) INPUT 슬롯0

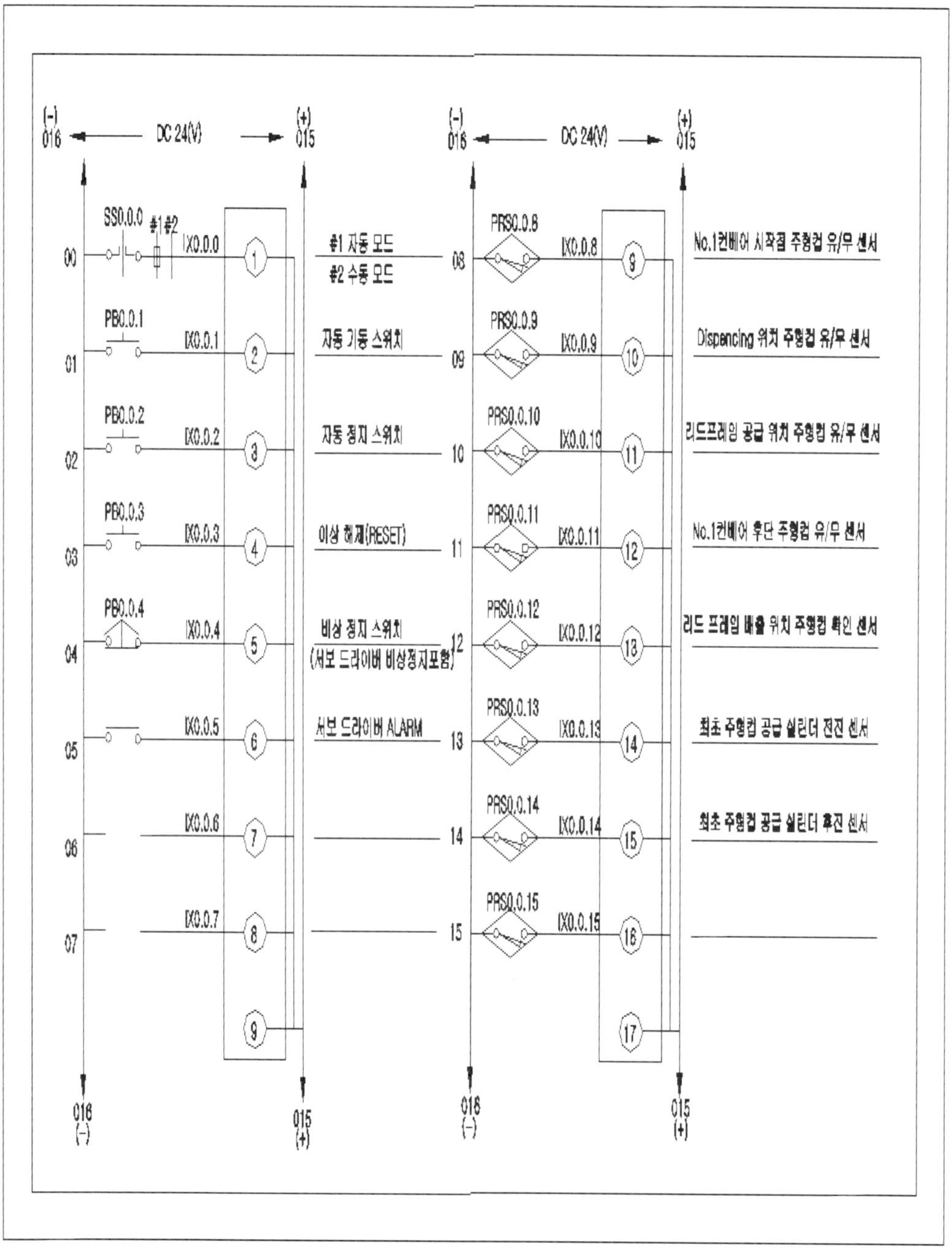

(-) 016
DC 24(V)
(+) 015
SS0.0.0
#1 #2
IX0.0.0
#1 자동 모드
#2 수동 모드
PB0.0.1
IX0.0.1
자동 기동 스위치
PB0.0.2
IX0.0.2
자동 정지 스위치
PB0.0.3
IX0.0.3
이상 해제(RESET)
PB0.0.4
IX0.0.4
비상 정지 스위치
(서보 드라이버 비상정지포함)
IX0.0.5
서보 드라이버 ALARM
IX0.0.6
IX0.0.7
PRS0.0.8
IX0.0.8
No.1컨베어 시작점 주형컵 유/무 센서
PRS0.0.9
IX0.0.9
Dispencing 위치 주형컵 유/무 센서
PRS0.0.10
IX0.0.10
리드프레임 공급 위치 주형컵 유/무 센서
PRS0.0.11
IX0.0.11
No.1컨베어 후단 주형컵 유/무 센서
PRS0.0.12
IX0.0.12
리드 프레임 배출 위치 주형컵 확인 센서
PRS0.0.13
IX0.0.13
최초 주형컵 공급 실린더 전진 센서
PRS0.0.14
IX0.0.14
최초 주형컵 공급 실린더 후진 센서
PRS0.0.15
IX0.0.15

5) INPUT 슬롯1

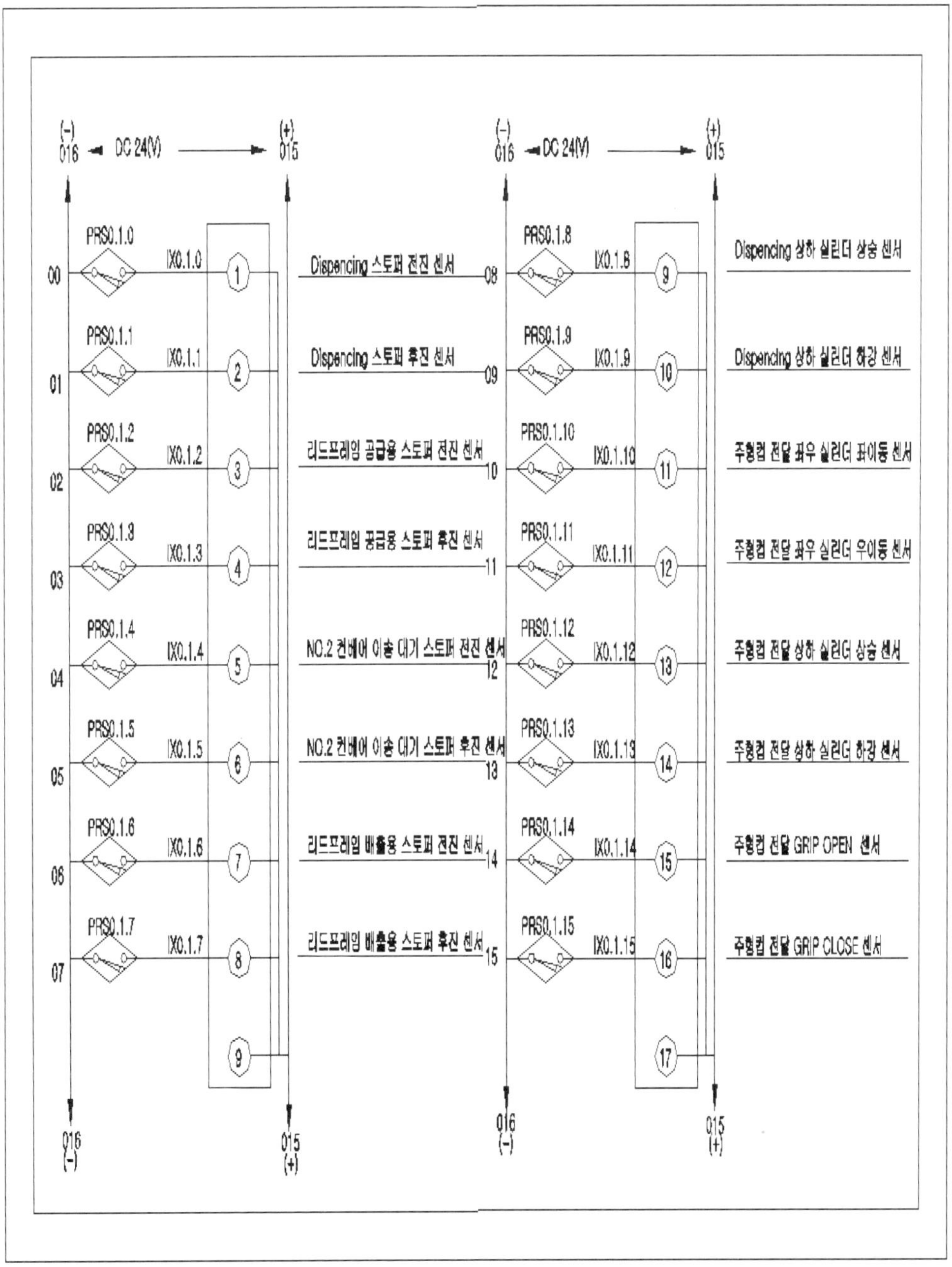

(-) 016 DC 24(V) (+) 015
Dispencing 스토퍼 전진 센서
Dispencing 스토퍼 후진 센서
리드프레임 공급용 스토퍼 전진 센서
리드프레임 공급용 스토퍼 후진 센서
NO.2 컨베어 이송 대기 스토퍼 전진 센서
NO.2 컨베어 이송 대기 스토퍼 후진 센서
리드프레임 배출용 스토퍼 전진 센서
리드프레임 배출용 스토퍼 후진 센서
Dispencing 상하 실린더 상승 센서
Dispencing 상하 실린더 하강 센서
주형컵 전달 좌우 실린더 좌이동 센서
주형컵 전달 좌우 실린더 우이동 센서
주형컵 전달 상하 실린더 상승 센서
주형컵 전달 상하 실린더 하강 센서
주형컵 전달 GRIP OPEN 센서
주형컵 전달 GRIP CLOSE 센서

6) OUTPUT 슬롯2

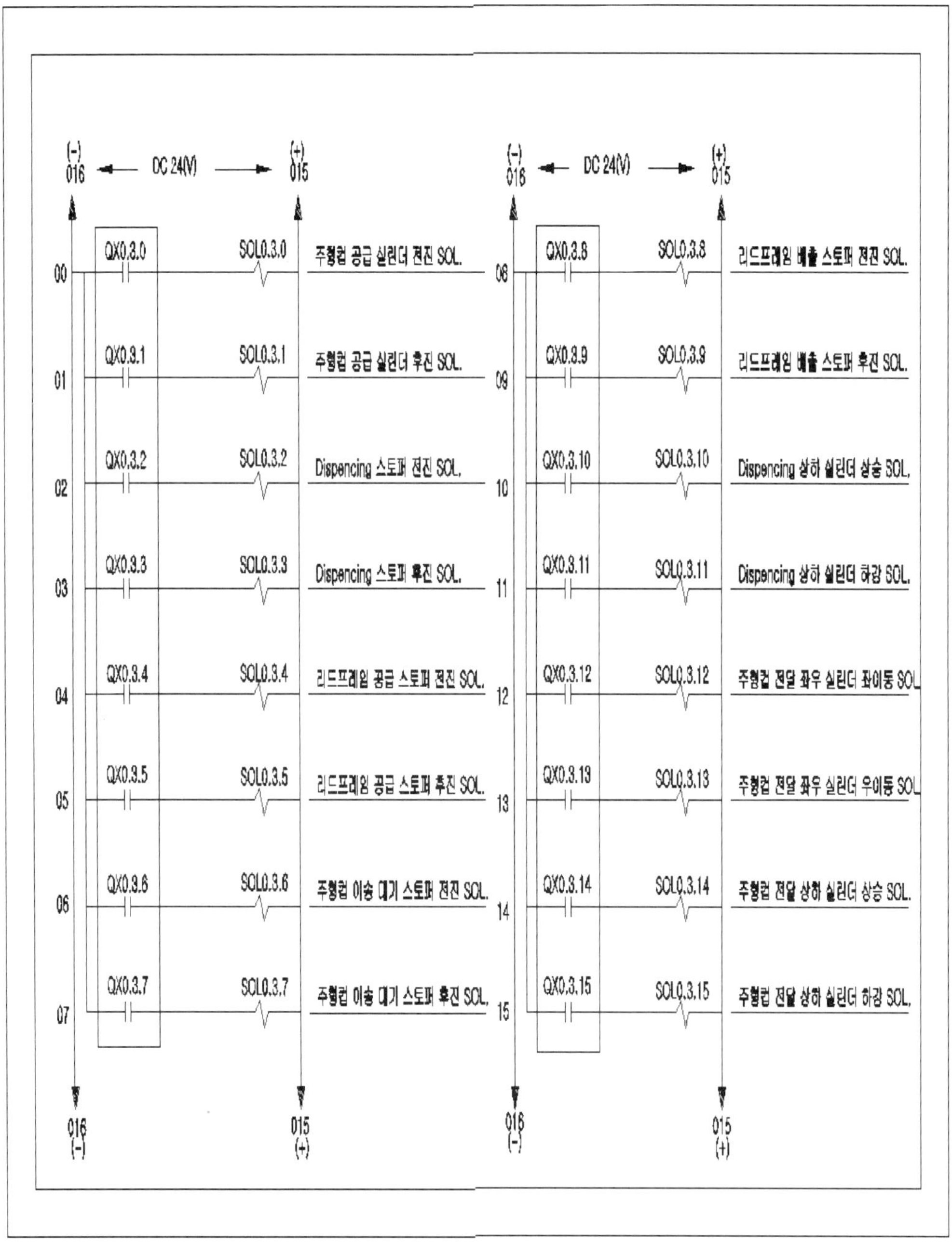

(-) 016
DC 24(V)
(+) 015
00 QX0.3.0 SOL0.3.0 주형컵 공급 실린더 전진 SOL.
01 QX0.3.1 SOL0.3.1 주형컵 공급 실린더 후진 SOL.
02 QX0.3.2 SOL0.3.2 Dispencing 스토퍼 전진 SOL.
03 QX0.3.3 SOL0.3.3 Dispencing 스토퍼 후진 SOL.
04 QX0.3.4 SOL0.3.4 리드프레임 공급 스토퍼 전진 SOL.
05 QX0.3.5 SOL0.3.5 리드프레임 공급 스토퍼 후진 SOL.
06 QX0.3.6 SOL0.3.6 주형컵 이송 대기 스토퍼 전진 SOL.
07 QX0.3.7 SOL0.3.7 주형컵 이송 대기 스토퍼 후진 SOL.
08 QX0.3.8 SOL0.3.8 리드프레임 배출 스토퍼 전진 SOL.
09 QX0.3.9 SOL0.3.9 리드프레임 배출 스토퍼 후진 SOL.
10 QX0.3.10 SOL0.3.10 Dispencing 상하 실린더 상승 SOL.
11 QX0.3.11 SOL0.3.11 Dispencing 상하 실린더 하강 SOL.
12 QX0.3.12 SOL0.3.12 주형컵 전달 좌우 실린더 좌이동 SOL
13 QX0.3.13 SOL0.3.13 주형컵 전달 좌우 실린더 우이동 SOL
14 QX0.3.14 SOL0.3.14 주형컵 전달 상하 실린더 상승 SOL.
15 QX0.3.15 SOL0.3.15 주형컵 전달 상하 실린더 하강 SOL.

7) OUTPUT 슬롯3

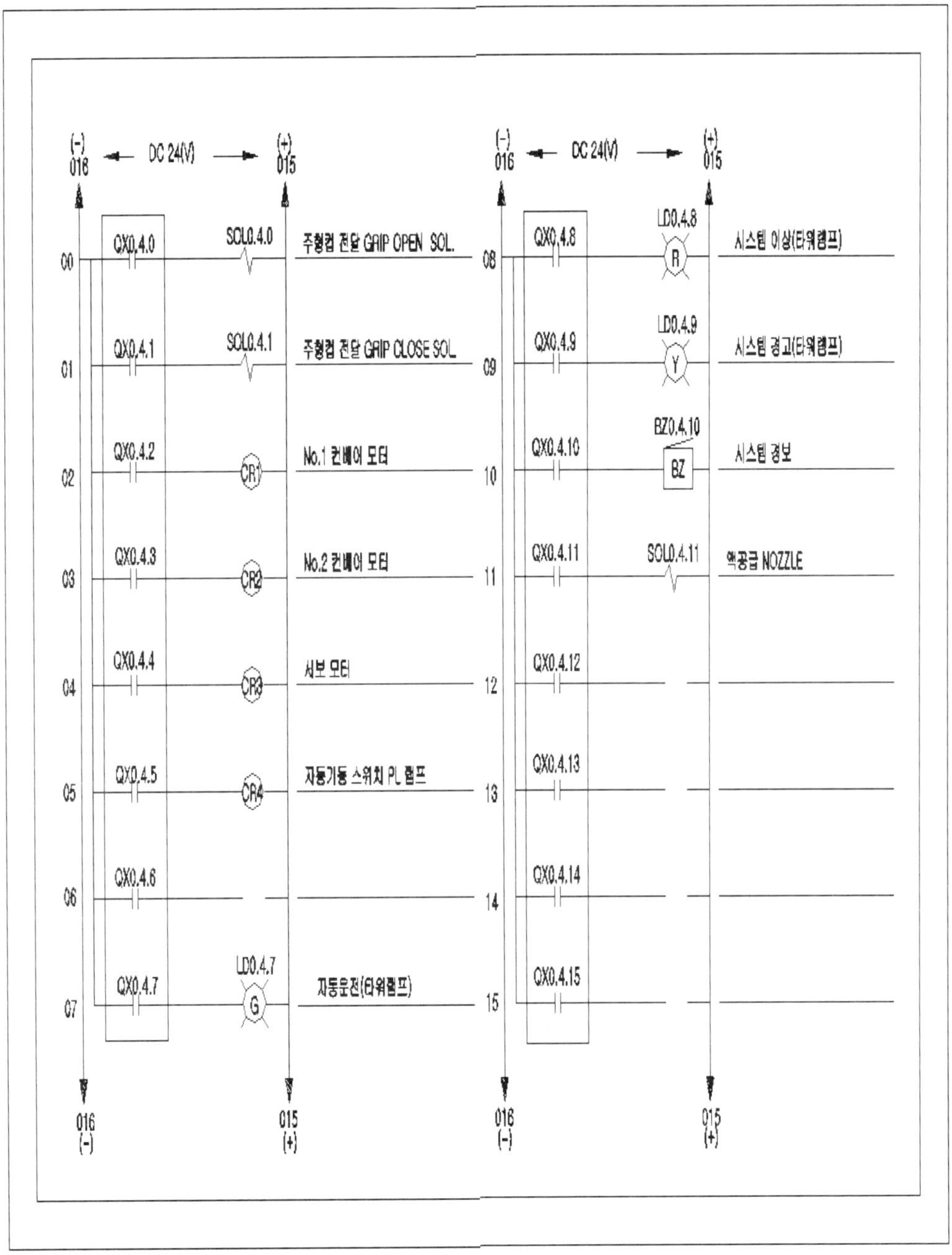
(-) 016 ← DC 24(V) → (+) 015
QX0.4.0 SOL0.4.0 주형컵 전달 GRIP OPEN SOL.
QX0.4.1 SOL0.4.1 주형컵 전달 GRIP CLOSE SOL.
QX0.4.2 CR1 No.1 컨베이어 모터
QX0.4.3 CR2 No.2 컨베이어 모터
QX0.4.4 CR3 서보 모터
QX0.4.5 CR4 자동기동 스위치 PL 램프
QX0.4.6
QX0.4.7 LD0.4.7 G 자동운전(타워램프)
QX0.4.8 LD0.4.8 R 시스템 이상(타워램프)
QX0.4.9 LD0.4.9 Y 시스템 경고(타워램프)
QX0.4.10 BZ0.4.10 BZ 시스템 경보
QX0.4.11 SOL0.4.11 액공급 NOZZLE
QX0.4.12
QX0.4.13
QX0.4.14
QX0.4.15

(2) SUB-1

1) 전원공급

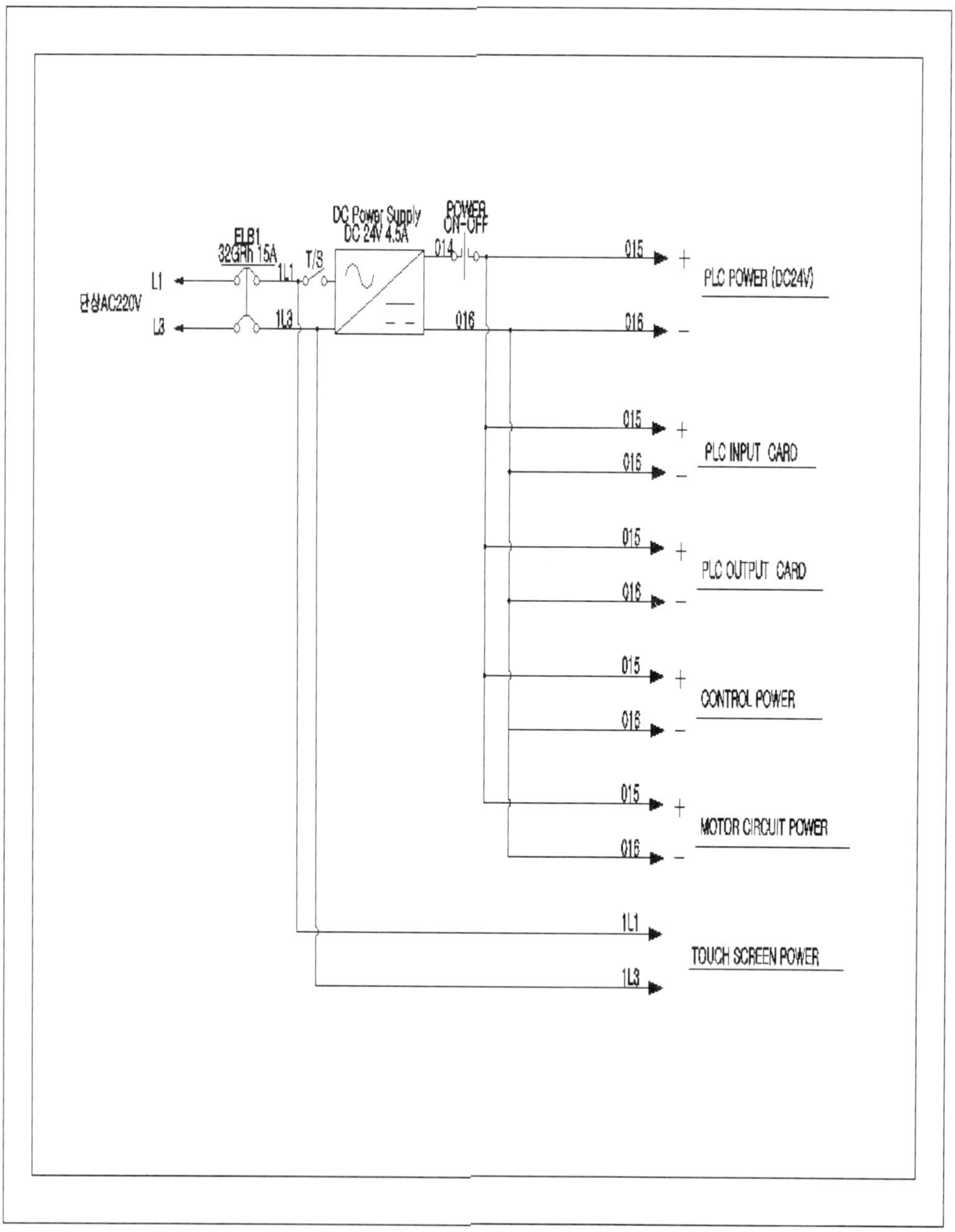

ELB1
32GRh 15A
T/S
DC Power Supply
DC 24V 4.5A
POWER
ON-OFF
단상AC220V
L1
L3
1L1
1L3
014
016
015
PLC POWER (DC24V)
PLC INPUT CARD
PLC OUTPUT CARD
CONTROL POWER
MOTOR CIRCUIT POWER
TOUCH SCREEN POWER

2) INPUT 슬롯0

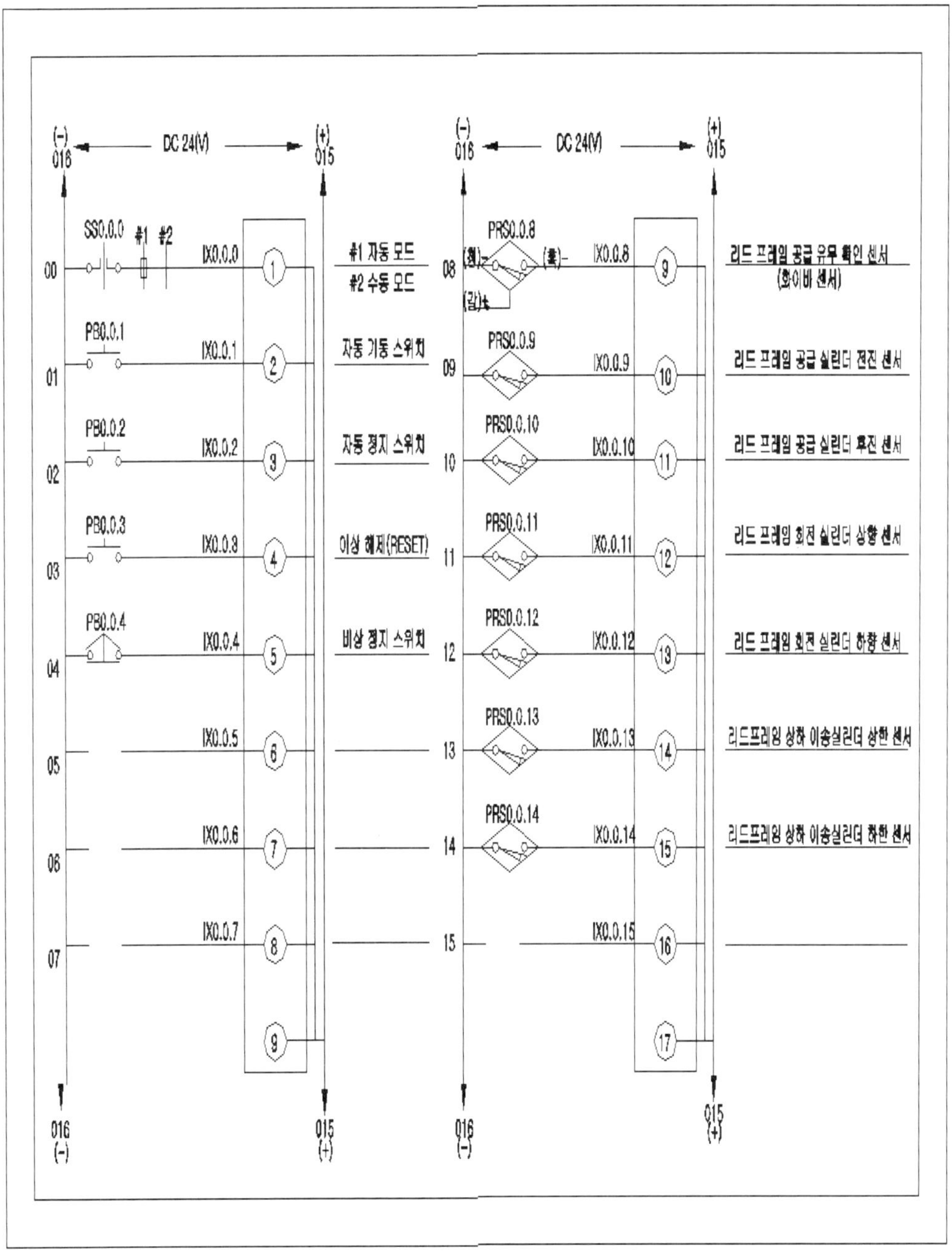
(-) 016
DC 24(V)
(+) 015
SS0.0.0 #1 #2
IX0.0.0
#1 자동 모드
#2 수동 모드
PB0.0.1
IX0.0.1
자동 기동 스위치
PB0.0.2
IX0.0.2
자동 정지 스위치
PB0.0.3
IX0.0.3
이상 해제(RESET)
PB0.0.4
IX0.0.4
비상 정지 스위치
IX0.0.5
IX0.0.6
IX0.0.7
PRS0.0.8
IX0.0.8
리드 프레임 공급 유무 확인 센서
(화이바 센서)
PRS0.0.9
IX0.0.9
리드 프레임 공급 실린더 전진 센서
PRS0.0.10
IX0.0.10
리드 프레임 공급 실린더 후진 센서
PRS0.0.11
IX0.0.11
리드 프레임 회전 실린더 상향 센서
PRS0.0.12
IX0.0.12
리드 프레임 회전 실린더 하향 센서
PRS0.0.13
IX0.0.13
리드프레임 상하 이송실린더 상한 센서
PRS0.0.14
IX0.0.14
리드프레임 상하 이송실린더 하한 센서
IX0.0.15
016 (-)
015 (+)

3) INPUT 슬롯1

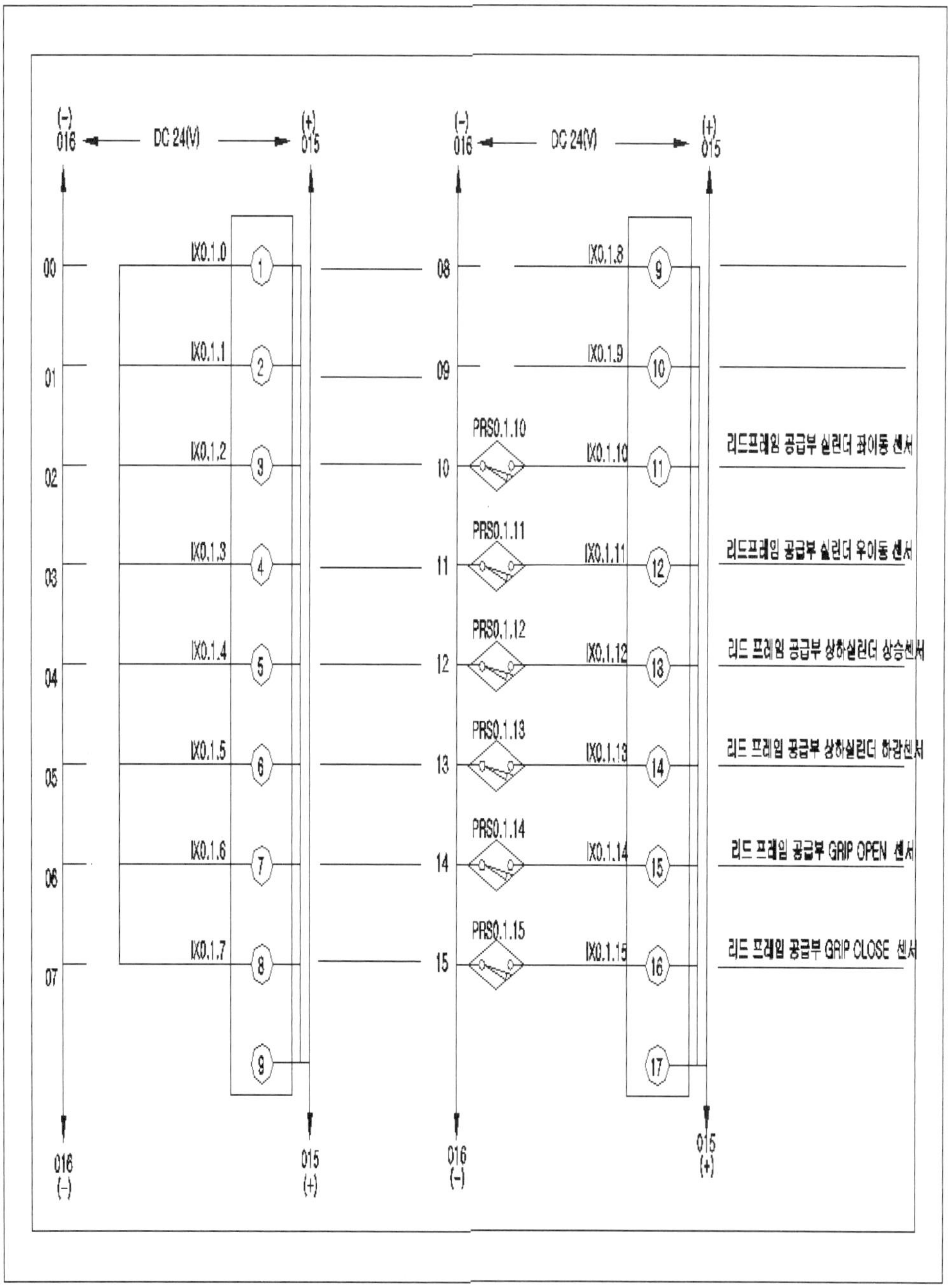
(-) 016
DC 24(V)
(+) 015
00
01
02
03
04
05
06
07
IX0.1.0
IX0.1.1
IX0.1.2
IX0.1.3
IX0.1.4
IX0.1.5
IX0.1.6
IX0.1.7
08
09
10
11
12
13
14
15
PRS0.1.10
PRS0.1.11
PRS0.1.12
PRS0.1.13
PRS0.1.14
PRS0.1.15
IX0.1.8
IX0.1.9
IX0.1.10
IX0.1.11
IX0.1.12
IX0.1.13
IX0.1.14
IX0.1.15
리드프레임 공급부 실린더 좌이동 센서
리드프레임 공급부 실린더 우이동 센서
리드 프레임 공급부 상하실린더 상승센서
리드 프레임 공급부 상하실린더 하강센서
리드 프레임 공급부 GRIP OPEN 센서
리드 프레임 공급부 GRIP CLOSE 센서
016 (-)
015 (+)

4) OUTPUT 슬롯2

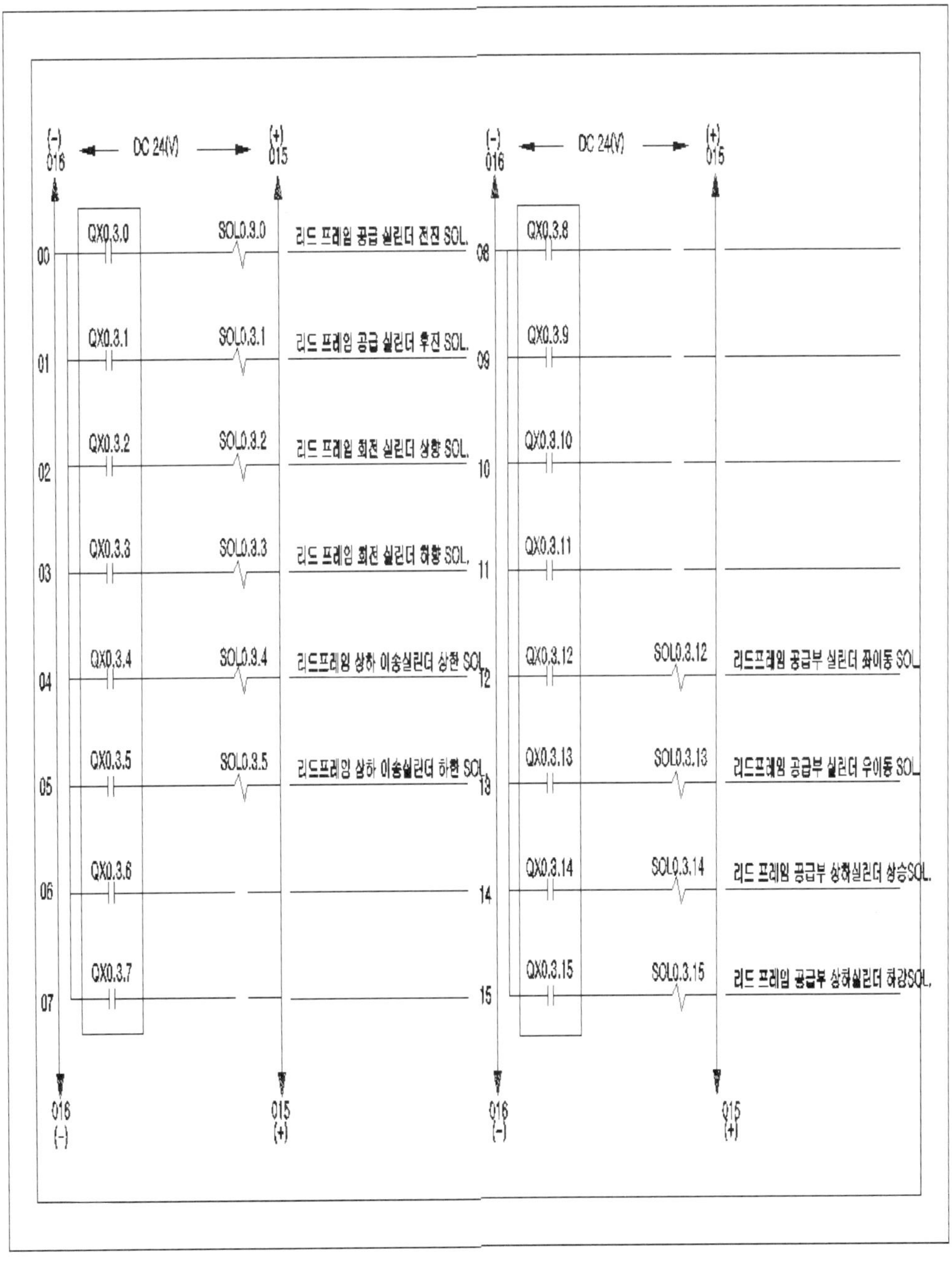

DC 24(V)
QX0.3.0 SOL0.3.0 리드 프레임 공급 실린더 전진 SOL.
QX0.3.1 SOL0.3.1 리드 프레임 공급 실린더 후진 SOL.
QX0.3.2 SOL0.3.2 리드 프레임 회전 실린더 상향 SOL.
QX0.3.3 SOL0.3.3 리드 프레임 회전 실린더 하향 SOL.
QX0.3.4 SOL0.3.4 리드프레임 상하 이송실린더 상한 SOL
QX0.3.5 SOL0.3.5 리드프레임 상하 이송실린더 하한 SOL
QX0.3.6
QX0.3.7
QX0.3.8
QX0.3.9
QX0.3.10
QX0.3.11
QX0.3.12 SOL0.3.12 리드프레임 공급부 실린더 좌이동 SOL
QX0.3.13 SOL0.3.13 리드프레임 공급부 실린더 우이동 SOL
QX0.3.14 SOL0.3.14 리드 프레임 공급부 상하실린더 상승SOL.
QX0.3.15 SOL0.3.15 리드 프레임 공급부 상하실린더 하강SOL.
016 (-)
015 (+)

5) OUTPUT 슬롯3

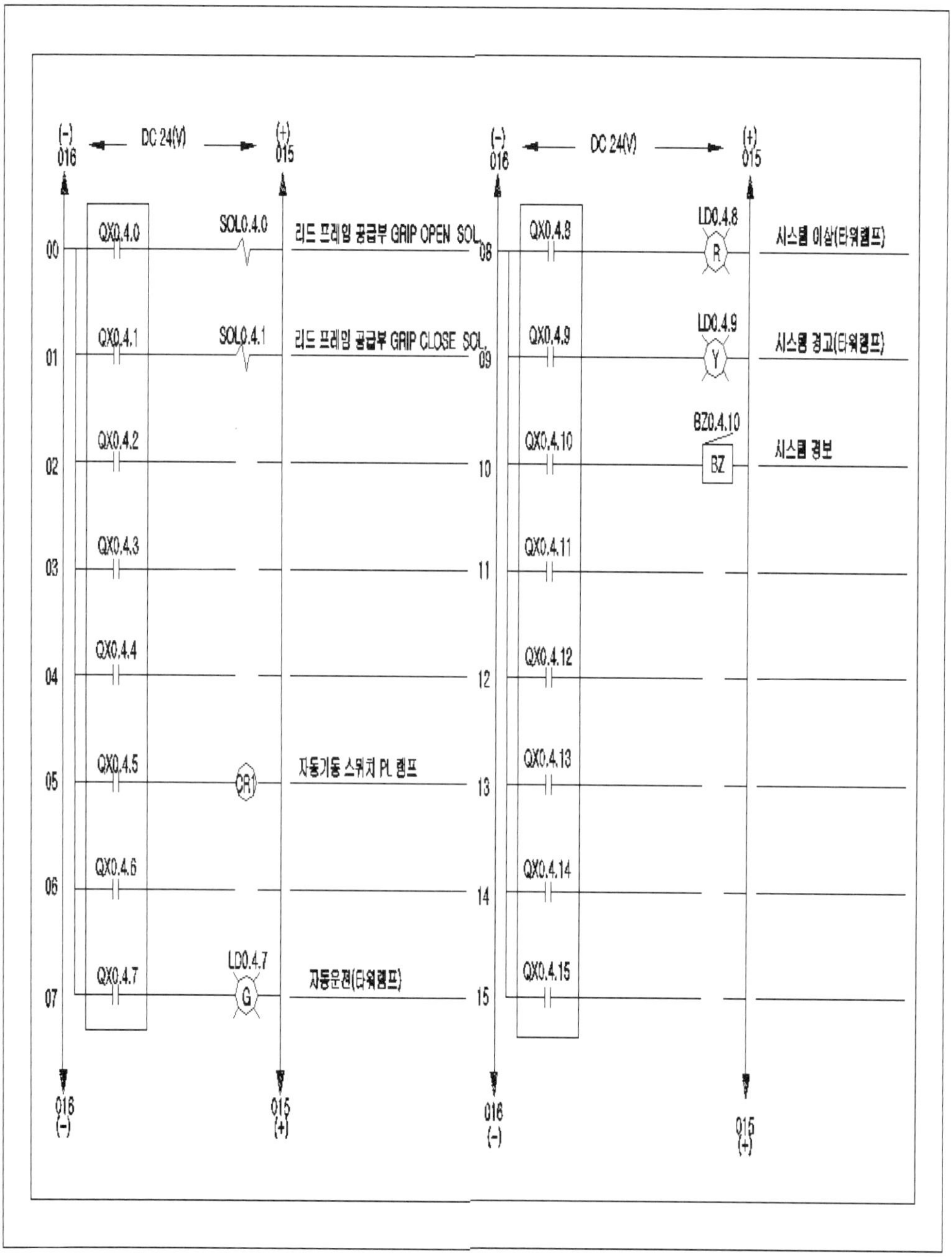
(-) 016
DC 24(V)
(+) 015
QX0.4.0
SOL0.4.0
리드 프레임 공급부 GRIP OPEN SOL
QX0.4.1
SOL0.4.1
리드 프레임 공급부 GRIP CLOSE SOL
QX0.4.2
QX0.4.3
QX0.4.4
QX0.4.5
CR1
자동기동 스위치 PL 램프
QX0.4.6
QX0.4.7
LD0.4.7
G
자동운전(타워램프)
QX0.4.8
LD0.4.8
R
시스템 이상(타워램프)
QX0.4.9
LD0.4.9
Y
시스템 경고(타워램프)
QX0.4.10
BZ0.4.10
BZ
시스템 경보
QX0.4.11
QX0.4.12
QX0.4.13
QX0.4.14
QX0.4.15
00
01
02
03
04
05
06
07
08
09
10
11
12
13
14
15

(3) SUB-2

1) 단상 배선도

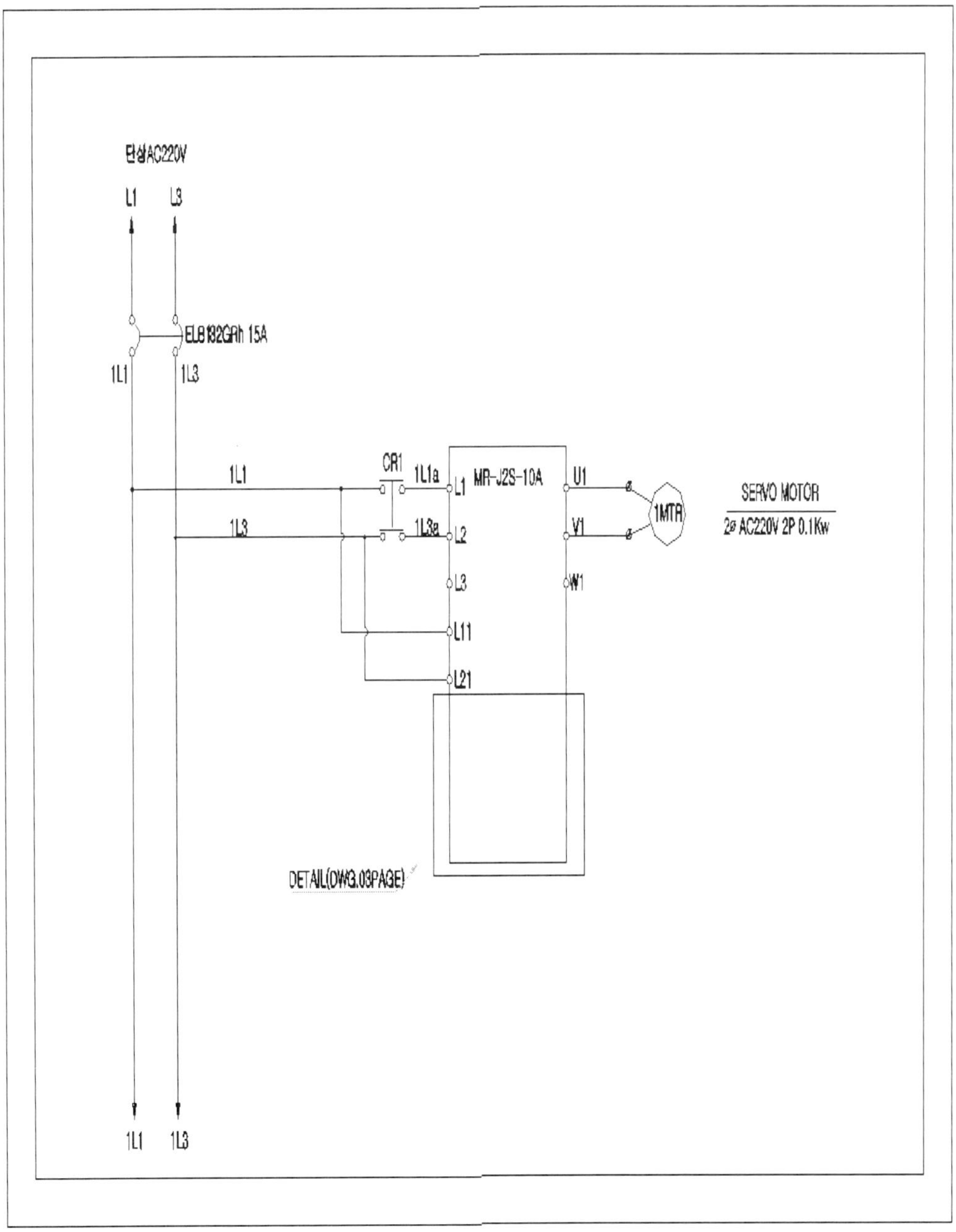

2) 파워 서플라이

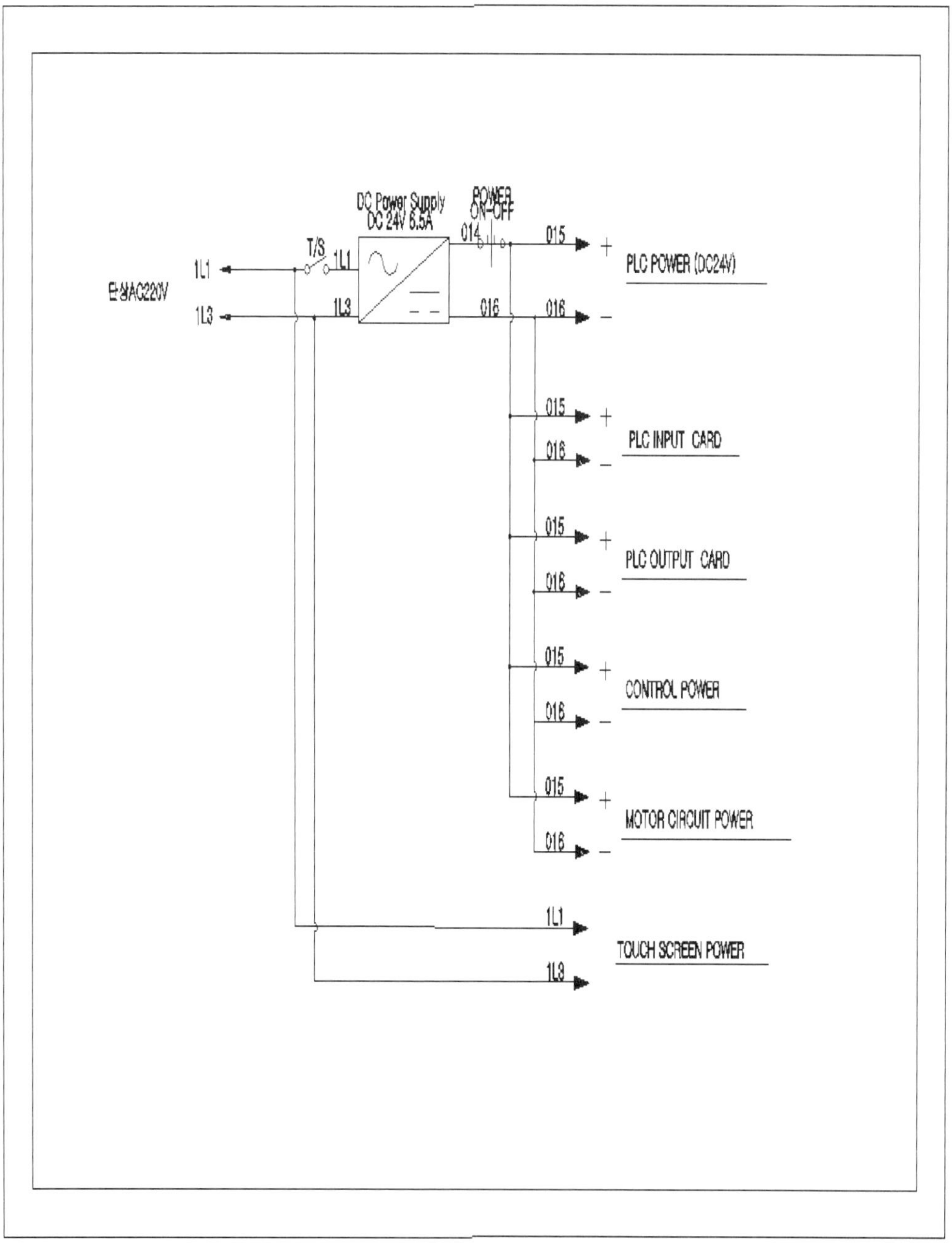
DC Power Supply
DC 24V 6.5A
POWER
ON-OFF
T/S
단상AC220V
1L1
1L3
014
015
016
+
−
PLC POWER (DC24V)
PLC INPUT CARD
PLC OUTPUT CARD
CONTROL POWER
MOTOR CIRCUIT POWER
TOUCH SCREEN POWER

3) 서 보

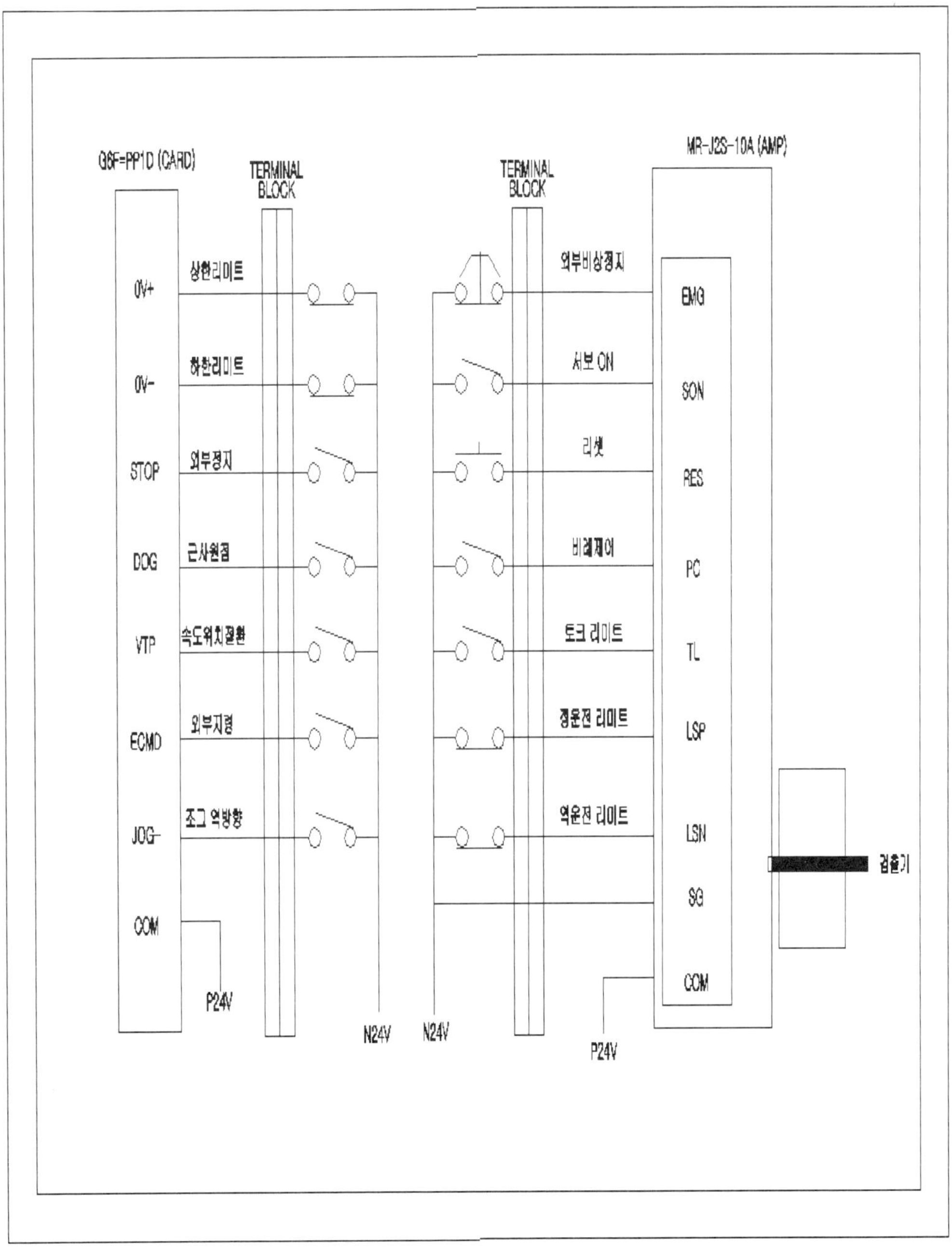
Q6F=PP1D (CARD)
TERMINAL BLOCK
TERMINAL BLOCK
MR-J2S-10A (AMP)
0V+
0V-
STOP
DOG
VTP
ECMD
JOG-
COM
P24V
N24V
N24V
P24V
EMG
SON
RES
PC
TL
LSP
LSN
SG
COM
검출기

4) INPUT 슬롯0

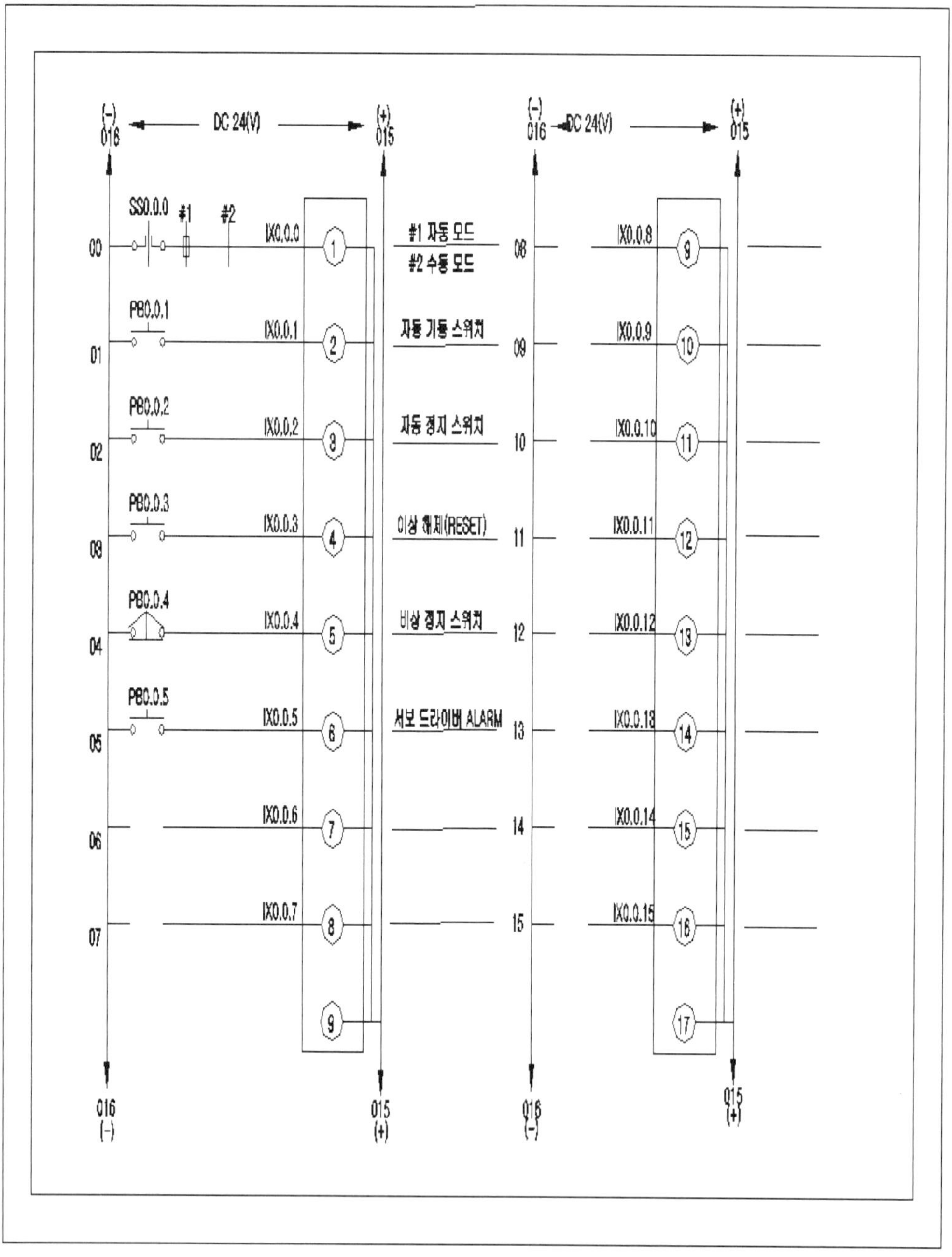

(-) 016
DC 24(V)
(+) 015
SS0.0.0
#1
#2
PB0.0.1
PB0.0.2
PB0.0.3
PB0.0.4
PB0.0.5
IX0.0.0
IX0.0.1
IX0.0.2
IX0.0.3
IX0.0.4
IX0.0.5
IX0.0.6
IX0.0.7
#1 자동 모드
#2 수동 모드
자동 기동 스위치
자동 정지 스위치
이상 해제(RESET)
비상 정지 스위치
서보 드라이버 ALARM
IX0.0.8
IX0.0.9
IX0.0.10
IX0.0.11
IX0.0.12
IX0.0.13
IX0.0.14
IX0.0.15

5) INPUT 슬롯1

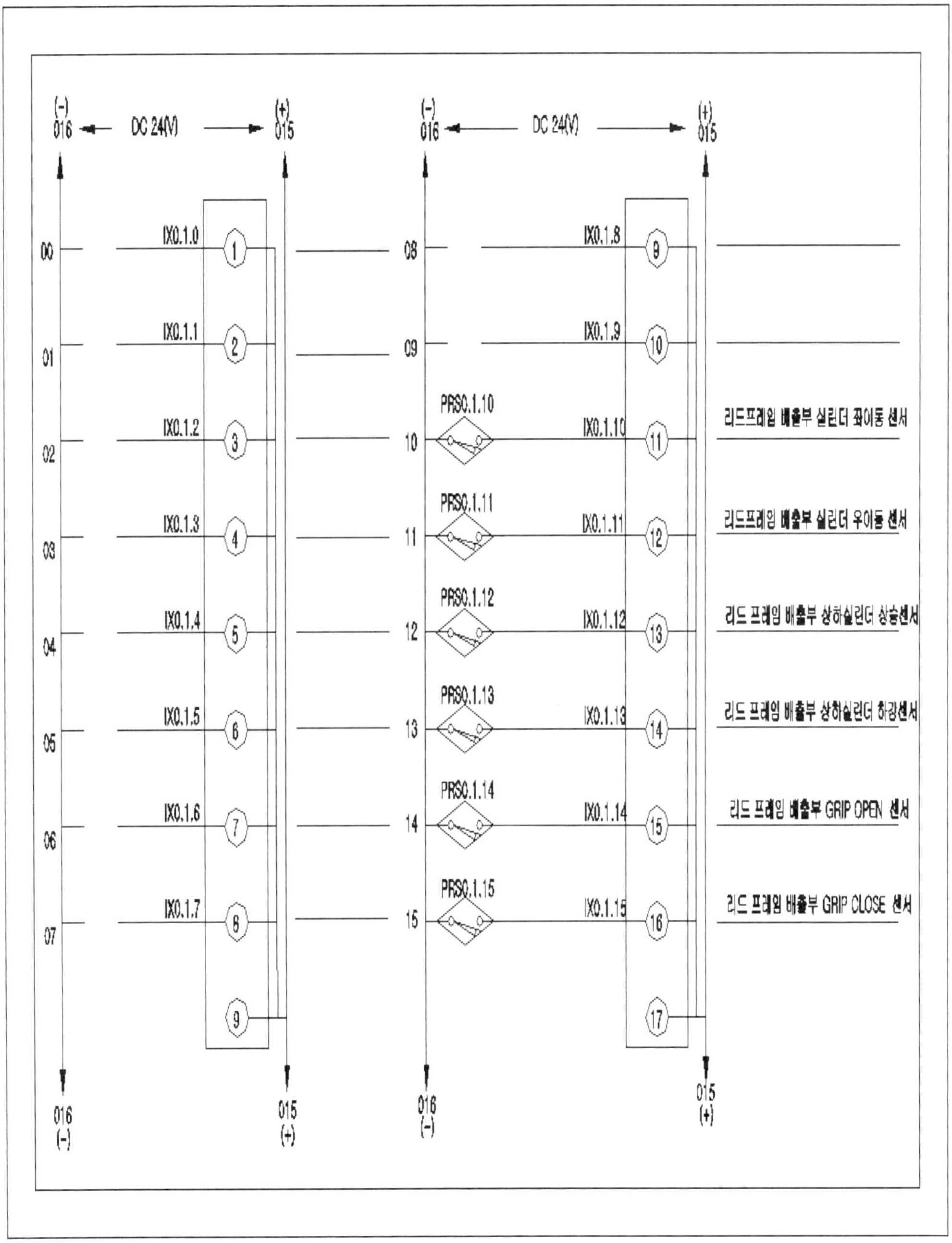
(-) 016
DC 24(V)
(+) 015
00
01
02
03
04
05
06
07
IX0.1.0
IX0.1.1
IX0.1.2
IX0.1.3
IX0.1.4
IX0.1.5
IX0.1.6
IX0.1.7
08
09
10
11
12
13
14
15
PRS0.1.10
PRS0.1.11
PRS0.1.12
PRS0.1.13
PRS0.1.14
PRS0.1.15
IX0.1.8
IX0.1.9
IX0.1.10
IX0.1.11
IX0.1.12
IX0.1.13
IX0.1.14
IX0.1.15
리드프레임 배출부 실린더 좌이동 센서
리드프레임 배출부 실린더 우이동 센서
리드 프레임 배출부 상하실린더 상승센서
리드 프레임 배출부 상하실린더 하강센서
리드 프레임 배출부 GRIP OPEN 센서
리드 프레임 배출부 GRIP CLOSE 센서
016 (-)
015 (+)

6) OUTPUT 슬롯2

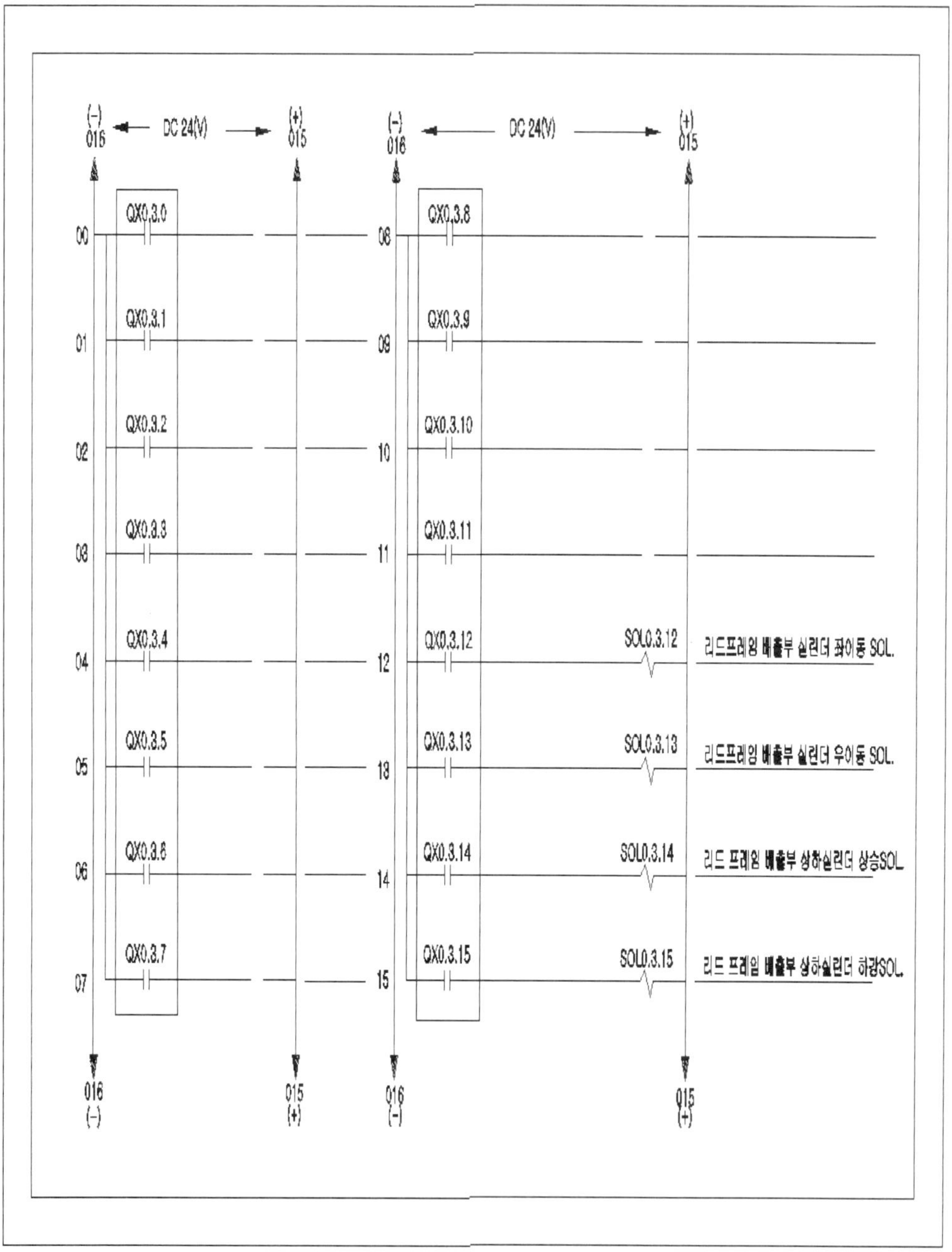
(-) 016
DC 24(V)
(+) 015
(-) 016
DC 24(V)
(+) 015
00
QX0.3.0
01
QX0.3.1
02
QX0.3.2
03
QX0.3.3
04
QX0.3.4
05
QX0.3.5
06
QX0.3.6
07
QX0.3.7
08
QX0.3.8
09
QX0.3.9
10
QX0.3.10
11
QX0.3.11
12
QX0.3.12
SOL0.3.12
리드프레임 배출부 실린더 좌이동 SOL.
13
QX0.3.13
SOL0.3.13
리드프레임 배출부 실린더 우이동 SOL.
14
QX0.3.14
SOL0.3.14
리드 프레임 배출부 상하실린더 상승SOL
15
QX0.3.15
SOL0.3.15
리드 프레임 배출부 상하실린더 하강SOL.
016 (-)
015 (+)
016 (-)
015 (+)

7) OUTPUT 슬롯3

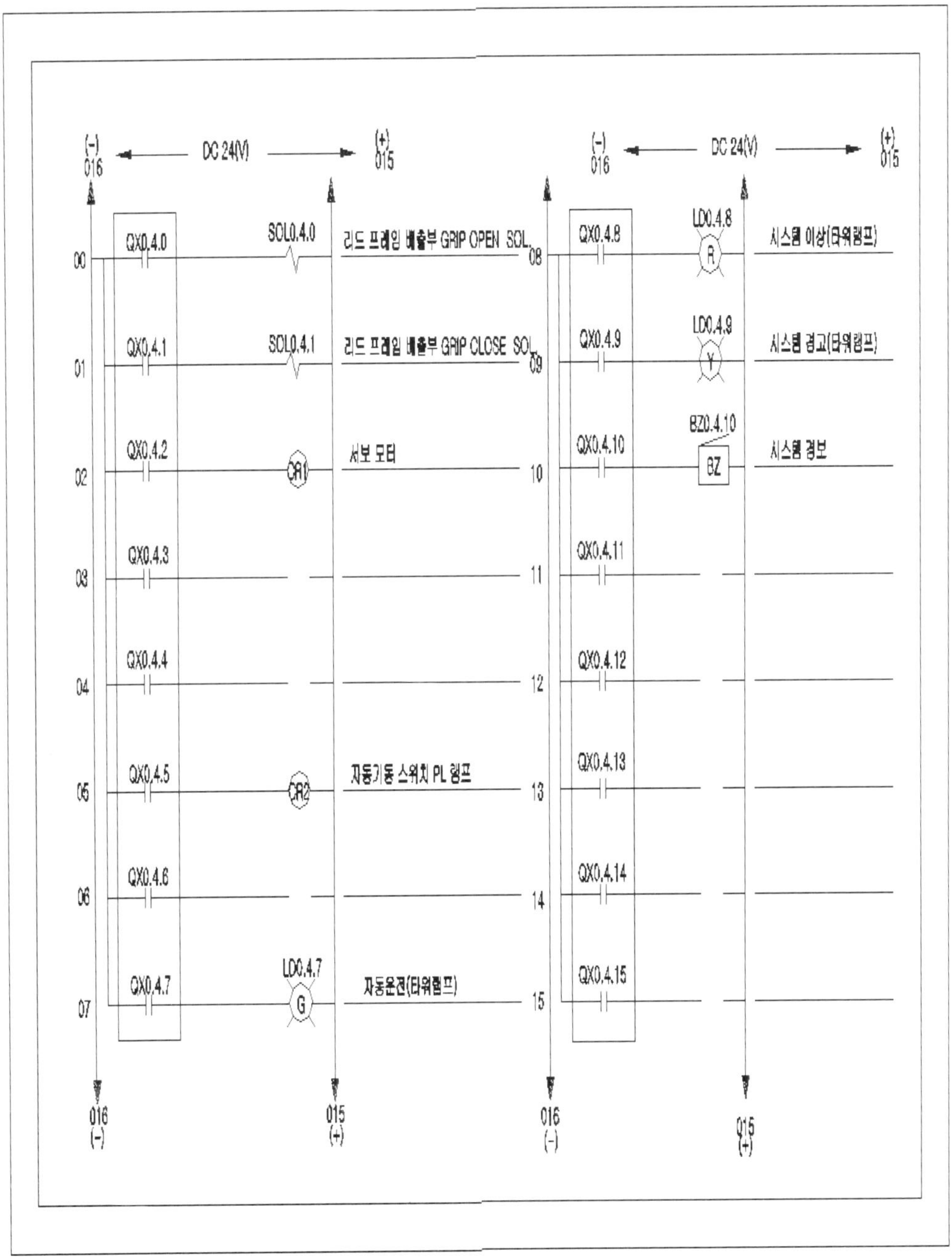
(-) 016
DC 24(V)
(+) 015
QX0.4.0
SOL0.4.0
리드 프레임 배출부 GRIP OPEN SOL
QX0.4.1
SOL0.4.1
리드 프레임 배출부 GRIP CLOSE SOL
QX0.4.2
CR1
서보 모터
QX0.4.3
QX0.4.4
QX0.4.5
CR2
자동기동 스위치 PL 램프
QX0.4.6
QX0.4.7
LD0.4.7
자동운전(타워램프)
QX0.4.8
LD0.4.8
시스템 이상(타워램프)
QX0.4.9
LD0.4.9
시스템 경고(타워램프)
QX0.4.10
BZ0.4.10
BZ
시스템 경보
QX0.4.11
QX0.4.12
QX0.4.13
QX0.4.14
QX0.4.15

(4) Master I/O 할당표

1) 입력 할당표

접 점 명	직접변수	설 명 문
자동수동	%IX0.0.0	조작판 자동수동 SELECT 스위치
자동운전 PB	%IX0.0.1	조작판 자동운전 P/B 스위치
자동정지 PB	%IX0.0.2	조작판 자동정지 P/B 스위치
이상해제	%IX0.0.3	조작판 RESET P/B 스위치
비상정지	%IX0.0.4	조작판 비상정지 ROTARY 스위치
NC	%IX0.0.5	NC
NC	%IX0.0.6	NC
NC	%IX0.0.7	NC
주형 컵 공급 유무	%IX0.0.8	주형 컵 틀 매거진 감지 광파이버 센서
디스펜싱부 유무	%IX0.0.9	에폭시 공급부 주형 컵 틀 감지 광파이버 센서
리드프레임 공급부	%IX0.0.10	리드프레임 공급부 주형 컵 틀 감지 광파이버 센서
컨베어1 후단 센서	%IX0.0.11	1번 컨베이어 후단 주형 컵 틀 감지 광파이버 센서
리드프레임 배출	%IX0.0.12	2번 컨베이어 리드프레임 배출부 주형 컵 틀 감지 광파이버 센서
공급전진 센서	%IX0.0.13	매거진 위치 주형 컵 틀 공급 실린더 전진 센서
공급후진 센서	%IX0.0.14	매거진 위치 주형 컵 틀 공급 실린더 후진 센서
NC	%IX0.0.15	NC
스토퍼1 전진 센서	%IX0.1.0	에폭시 공급부 스토퍼 실린더 전진감지 센서
스토퍼1 후진 센서	%IX0.1.1	에폭시 공급부 스토퍼 실린더 후진감지 센서
스토퍼2 전진 센서	%IX0.1.2	리드프레임 공급부 스토퍼 실린더 전진감지 센서
스토퍼2 후진 센서	%IX0.1.3	리드프레임 공급부 스토퍼 실린더 후진감지 센서
스토퍼3 후진 센서	%IX0.1.4	1번 컨베이어 후단 스토퍼 실린더 전진감지 센서
스토퍼3 전진 센서	%IX0.1.5	1번 컨베이어 후단 스토퍼 실린더 후진감지 센서
스토퍼4 전진 센서	%IX0.1.6	리드프레임 배출부 스토퍼 실린더 전진감지 센서
스토퍼4 후진 센서	%IX0.1.7	리드프레임 배출부 스토퍼 실린더 후진감지 센서
디스펜싱 하강 센서	%IX0.1.8	에폭시 공급 실린더 하강감지 센서
디스펜싱 상승 센서	%IX0.1.9	에폭시 공급 실린더 상승감지 센서
전달 좌 센서	%IX0.1.10	주형 컵 이송 실린더 좌측감지 센서
전달 우 센서	%IX0.1.11	주형 컵 이송 실린더 우측감지 센서
그립 상승 센서	%IX0.1.12	그립 실린더 상승감지 센서
그립 하강 센서	%IX0.1.13	그립 실린더 하강감지 센서
그립 닫힘 센서	%IX0.1.14	그립 실린더 닫힘감지 센서
그립 열림 센서	%IX0.1.15	그립 실린더 열림감지 센서

2) 출력 할당표

접 점 명	직접변수	설 명 문
공급전진 기동	%QX0.3.0	매거진 위치 공급 실린더 전진 SOL
공급후진 기동	%QX0.3.1	매거진 위치 공급 실린더 후진 SOL
스토퍼1 전진 기동	%QX0.3.2	에폭시 공급부 스토퍼 실린더 전진 SOL
스토퍼1 후진 기동	%QX0.3.3	에폭시 공급부 스토퍼 실린더 후진 SOL
스토퍼2 전진 기동	%QX0.3.4	리드프레임 공급부 스토퍼 실린더 전진 SOL
스토퍼2 후진 기동	%QX0.3.5	리드프레임 공급부 스토퍼 실린더 후진 SOL
스토퍼3 후진 기동	%QX0.3.6	1번 컨베이어 스토퍼 실린더 전진 SOL
스토퍼3 전진 기동	%QX0.3.7	1번 컨베이어 스토퍼 실린더 후진 SOL
스토퍼4 전진 기동	%QX0.3.8	리드프레임 배출부 스토퍼 실린더 전진 SOL
스토퍼4 후진 기동	%QX0.3.9	리드프레임 배출부 스토퍼 실린더 후진 SOL
디스펜싱 하강 기동	%QX0.3.10	에폭시 공급 실린더 하강 SOL
디스펜싱 상승 기동	%QX0.3.11	에폭시 공급 실린더 상승 SOL
전달 좌 기동	%QX0.3.12	주형 컵 이송 실린더 좌 기동 SOL
전달 우 기동	%QX0.3.13	주형 컵 이송 실린더 우 기동 SOL
그립 상승 기동	%QX0.3.14	그립 실린더 상승 SOL
그립 하강 기동	%QX0.3.15	그립 실린더 하강 SOL
그립 닫힘 기동	%QX0.4.0	그립 실린더 닫힘 SOL
그립 열림 기동	%QX0.4.1	그립 실린더 열림 SOL
컨베어2 기동	%QX0.4.2	2번 컨베이어 기동 RELAY
컨베어1 기동	%QX0.4.3	1번 컨베이어 기동 RELAY
서보 ON	%QX0.4.4	서보 앰프 SERVO ON 연결
서보 RESET	%QX0.4.5	서보 앰프 RESET 연결
서보 비상정지	%QX0.4.6	서보 앰프 비상정지 연결
자동정지 PL	%QX0.4.7	타워램프 녹색등 연결
자동운전 TL	%QX0.4.8	타워램프 적색등 연결
경고 TL	%QX0.4.9	타워램프 황색등 연결
NC	%QX0.4.10	NC
에폭시 공급	%QX0.4.11	에폭시 공급 SOL
에폭시 단락	%QX0.4.12	에폭시 차단 SOL
NC	%QX0.4.13	NC
NC	%QX0.4.14	NC
NC	%QX0.4.15	NC

3) 메모리 할당표

접 점 명	직접변수	설 명 문
현재위치 표시	%MD300	TOUCH PANEL MASTER 서보 위치 표시
T원점복귀	%MX0	TOUCH PANEL MASTER 원점복귀 버튼
T공급전진	%MX1	TOUCH PANEL MASTER 공급전진 버튼
T공급후진	%MX2	TOUCH PANEL MASTER 공급후진 버튼
T스토퍼1 전진	%MX3	TOUCH PANEL MASTER 에폭시 공급부 스토퍼 전진 버튼
T스토퍼1 후진	%MX4	TOUCH PANEL MASTER 에폭시 공급부 스토퍼 후진 버튼
T스토퍼2 전진	%MX5	TOUCH PANEL MASTER 리드프레임 공급부 스토퍼 전진 버튼
T스토퍼2 후진	%MX6	TOUCH PANEL MASTER 리드프레임 공급부 스토퍼 후진 버튼
T스토퍼3 전진	%MX7	TOUCH PANEL MASTER 1번 컨베이어 후단 스토퍼 전진 버튼
T스토퍼3 후진	%MX8	TOUCH PANEL MASTER 1번 컨베이어 후단 스토퍼 후진 버튼
T스토퍼4 전진	%MX9	TOUCH PANEL MASTER 2번 컨베이어 스토퍼 전진 버튼
T스토퍼4 후진	%MX10	TOUCH PANEL MASTER 2번 컨베이어 스토퍼 후진 버튼
T그립 좌 기동	%MX11	TOUCH PANEL MASTER 주형 컵 이송 실린더 좌 기동 버튼
T그립 우 기동	%MX12	TOUCH PANEL MASTER 주형 컵 이송 실린더 우 기동 버튼
T그립 하강	%MX13	TOUCH PANEL MASTER 그립 실린더 하강 버튼
T그립 상승	%MX14	TOUCH PANEL MASTER 그립 실린더 상승 버튼
T그립 열림	%MX15	TOUCH PANEL MASTER 그립 실린더 열림 버튼
T그립 닫힘	%MX16	TOUCH PANEL MASTER 그립 실린더 닫힘 버튼
T컨베어1 기동	%MX17	TOUCH PANEL MASTER 1번 컨베이어 기동 버튼
T컨베어1 정지	%MX18	TOUCH PANEL MASTER 1번 컨베이어 기동 정지 버튼
T컨베어2 기동	%MX19	TOUCH PANEL MASTER 2번 컨베이어 기동 버튼
T컨베어2 정지	%MX20	TOUCH PANEL MASTER 2번 컨베이어 기동 정지 버튼
T서보 원점복귀	%MX21	TOUCH PANEL MASTER 서보 원점복귀 버튼
T서보 수동 시	%MX22	TOUCH PANEL MASTER 서보 수동 기동 인터록
T1위치이동	%MX23	TOUCH PANEL MASTER 서보 1위치 기동 버튼
T2위치이동	%MX24	TOUCH PANEL MASTER 서보 2위치 기동 버튼
T3위치이동	%MX25	TOUCH PANEL MASTER 서보 3위치 기동 버튼
T4위치이동	%MX26	TOUCH PANEL MASTER 서보 4위치 기동 버튼
T5위치이동	%MX27	TOUCH PANEL MASTER 서보 5위치 기동 버튼
T원점완료	%MX28	TOUCH PANEL MASTER 원점복귀 완료 램프
T디스펜싱 하강	%MX30	TOUCH PANEL MASTER 에폭시 공급 실린더 하강기동 버튼
T디스펜싱 상승	%MX31	TOUCH PANEL MASTER 에폭시 공급 실린더 상승기동 버튼

접 점 명	직접변수	설 명 문
T에폭시 공급	%MX32	TOUCH PANEL MASTER 에폭시 노즐 공급기동 버튼
T에폭시 정지	%MX33	TOUCH PANEL MASTER 에폭시 노즐 공급차단 버튼
위치1	%MX34	TOUCH PANEL MASTER 1위치 표시 램프
위치2	%MX35	TOUCH PANEL MASTER 2위치 표시 램프
위치3	%MX36	TOUCH PANEL MASTER 3위치 표시 램프
위치4	%MX37	TOUCH PANEL MASTER 4위치 표시 램프
위치5	%MX38	TOUCH PANEL MASTER 5위치 표시 램프
T비상정지	%MX39	TOUCH PANEL MASTER 비상정지 버튼
원점복귀 완료	%MX40	TOUCH PANEL MASTER 원점복귀 완료 램프
자동모드	%MX41	TOUCH PANEL MASTER 자동모드 램프
수동모드	%MX42	TOUCH PANEL MASTER 수동모드 램프
T자동시작	%MX43	TOUCH PANEL MASTER 자동시작 버튼
T자동정지	%MX44	TOUCH PANEL MASTER 자동정지 버튼
T이상해제	%MX45	TOUCH PANEL MASTER 리셋 버튼
T자동수동	%MX46	TOUCH PANEL MASTER 자동수동 전환 SELECT 스위치
T적재함 경고	%MX47	TOUCH PANEL MASTER SUB-2적재함 경고 윈도우 창
MIAN자동수동	%MX48	TOUCH PANEL MAIN 자동수동 전환 SELECT 스위치
MAIN원점복귀	%MX49	TOUCH PANEL MAIN 원점복귀 버튼
MAINT자동시작	%MX50	TOUCH PANEL MAIN 자동시작 버튼
MAINT자동정지	%MX51	TOUCH PANEL MAIN 자동정지 버튼
터치 표시1	%MX52	TOUCH PANEL MAIN SUB-1 자동모드 표시 램프
터치 표시2	%MX53	TOUCH PANEL MAIN SUB-1 수동모드 표시 램프
터치 표시3	%MX54	TOUCH PANEL MAIN SUB-1 원점복귀 완료 표시 램프
터치 표시4	%MX55	TOUCH PANEL MAIN SUB-1 자동운전 표시 램프
터치 표시5	%MX56	TOUCH PANEL MAIN SUB-1 자동정지 표시 램프
터치 표시6	%MX57	TOUCH PANEL MAIN SUB-1 이상상태 표시 램프
MAINT이상해제	%MX58	TOUCH PANEL MAIN 이상해제 버튼
경고창 닫음	%MX59	TOUCH PANEL MAIN 적재함 경고창 닫기 버튼
MAINT비상정지	%MX60	TOUCH PANEL MAIN 비상정지 버튼
터치 표시7	%MX61	TOUCH PANEL MAIN SUB-2 자동모드 표시 램프
터치 표시8	%MX62	TOUCH PANEL MAIN SUB-2 수동모드 표시 램프
터치 표시9	%MX63	TOUCH PANEL MAIN SUB-2 원점복귀 완료 표시 램프

접 점 명	직접변수	설 명 문
터치 표시10	%MX64	TOUCH PANEL SUB-2 자동운전 표시 램프
터치 표시11	%MX65	TOUCH PANEL SUB-2 자동정지 표시 램프
터치 표시12	%MX66	TOUCH PANEL SUB-2 이상상태 표시 램프
프레임 공급 신호	%MX200	TOUCH PANEL MASTER에서 SUB-1로 공급요청 신호
스토퍼2 후진감지	%MX201	TOUCH PANEL MASTER에서 SUB-1로 보내는 신호
SUB1자동수동	%MX202	SUB-1에서 MASTER로 보내는 신호
SUB1원점복귀	%MX203	SUB-1에서 MASTER로 보내는 신호
SUB1자동시작	%MX204	SUB-1에서 MASTER로 보내는 신호
SUB1자동정지	%MX205	SUB-1에서 MASTER로 보내는 신호
SUB1이상해제	%MX206	SUB-1에서 MASTER로 보내는 신호
SUB1비상정지	%MX208	SUB-1에서 MASTER로 보내는 신호
프레임 공급 완료	%MX280	SUB-1에서 MASTER로 보내는 신호
SUB1자동모드	%MX281	SUB-1에서 MASTER로 보내는 신호
SUB1수동모드	%MX282	SUB-1에서 MASTER로 보내는 신호
SUB1원점복귀완료	%MX283	SUB-1에서 MASTER로 보내는 신호
SUB1자동운전 중	%MX284	SUB-1에서 MASTER로 보내는 신호
SUB1정지 중	%MX285	SUB-1에서 MASTER로 보내는 신호
SUB1상태이상	%MX286	SUB-1에서 MASTER로 보내는 신호
SUB2배출시작 신호	%MX360	SUB-2에서 MASTER로 보내는 신호
적재 인터록	%MX361	SUB-2에서 MASTER로 보내는 신호
SUB2자동수동	%MX362	SUB-2에서 MASTER로 보내는 신호
SUB2원점복귀	%MX363	SUB-2에서 MASTER로 보내는 신호
SUB2자동시작	%MX364	SUB-2에서 MASTER로 보내는 신호
SUB2자동정지	%MX365	SUB-2에서 MASTER로 보내는 신호
SUB2이상해제	%MX366	SUB-2에서 MASTER로 보내는 신호
SUB2비상정지	%MX367	SUB-2에서 MASTER로 보내는 신호
배출신호	%MX440	SUB-2에서 MASTER로 보내는 신호
적재함 가득참	%MX441	SUB-2에서 MASTER로 보내는 신호
SUB2자동모드	%MX442	SUB-2에서 MASTER로 보내는 신호
SUB2수동모드	%MX443	SUB-2에서 MASTER로 보내는 신호
SUB2원점복귀완료	%MX444	SUB-2에서 MASTER로 보내는 신호
SUB2자동운전 중	%MX445	SUB-2에서 MASTER로 보내는 신호
SUB2정지 중	%MX446	SUB-2에서 MASTER로 보내는 신호
SUB2상태이상	%MX447	SUB-2에서 MASTER로 보내는 신호

(5) SUB-1 I/O 할당표

1) 입력 할당표

접 점 명	직접변수	설 명 문
시스템 자동수동	%IX0.0.0	조작판 자동수동 SELECT 스위치
시스템 자동기동PB	%IX0.0.1	조작판 자동시작 버튼
시스템 자동정지	%IX0.0.2	조작판 자동정지 버튼
이상해제	%IX0.0.3	조작판 RESET 버튼
SUB1비상정지	%IX0.0.4	조작판 비상정지 ROTARY 버튼
NC	%IX0.0.5	NC
NC	%IX0.0.6	NC
NC	%IX0.0.7	NC
리드프레임 공급	%IX0.0.8	리드프레임 매거진 물품감지 광파이버 센서
공급전진 센서	%IX0.0.9	리드프레임 공급 실린더 전진감지 센서
공급후진 센서	%IX0.0.10	리드프레임 공급 실린더 후진감지 센서
회전상한 센서	%IX0.0.11	회전 실린더 상한감지 센서
회전하한 센서	%IX0.0.12	회전 실린더 하한감지 센서
상승전달 감지 센서	%IX0.0.13	회전 실린더 상승감지 센서
하강전달 감지 센서	%IX0.0.14	회전 실린더 하강감지 센서
NC	%IX0.0.15	NC
NC	%IX0.1.0	NC
NC	%IX0.1.1	NC
NC	%IX0.1.2	NC
NC	%IX0.1.3	NC
NC	%IX0.1.4	NC
NC	%IX0.1.5	NC
NC	%IX0.1.6	NC
NC	%IX0.1.7	NC
NC	%IX0.1.8	NC
NC	%IX0.1.9	NC
그립 좌 센서	%IX0.1.10	리드프레임 이송 실린더 좌 감지 센서
그립 우 센서	%IX0.1.11	리드프레임 이송 실린더 우 감지 센서
그립 상승 센서	%IX0.1.12	그립 실린더 상승감지 센서
그립 하강 센서	%IX0.1.13	그립 실린더 하강감지 센서
그립 열림 센서	%IX0.1.14	그립 실린더 열림감지 센서
그립 닫힘 센서	%IX0.1.15	그립 실린더 닫힘감지 센서

2) 출력 할당표

접 점 명	직접변수	설 명 문
공급전진 기동	%QX0.3.0	매거진 위치 공급 실린더 전진 SOL
공급후진 기동	%QX0.3.1	매거진 위치 공급 실린더 후진 SOL
회전상향 기동	%QX0.3.2	회전 실린더 상향회전 기동 SOL
회전하향 기동	%QX0.3.3	회전 실린더 하향회전 기동 SOL
상승전달 기동	%QX0.3.4	회전 실린더의 위치조정 실린더 상승기동 SOL
하강전달 기동	%QX0.3.5	회전 실린더의 위치조정 실린더 하강기동 SOL
NC	%QX0.3.6	NC
NC	%QX0.3.7	NC
NC	%QX0.3.8	NC
NC	%QX0.3.9	NC
NC	%QX0.3.10	NC
NC	%QX0.3.11	NC
그립 좌 기동	%QX0.3.12	리드프레임 이송 실린더 좌 기동 SOL
그립 우 기동	%QX0.3.13	리드프레임 이송 실린더 우 기동 SOL
그립 상승 기동	%QX0.3.14	그립 실린더 상승기동 SOL
그립 하강 기동	%QX0.3.15	그립 실린더 하강기동 SOL
그립 열림 기동	%QX0.4.0	그립 실린더 열림기동 SOL
그립 닫힘 기동	%QX0.4.1	그립 실린더 닫힘기동 SOL
NC	%QX0.4.2	NC
NC	%QX0.4.3	NC
NC	%QX0.4.4	NC
NC	%QX0.4.5	NC
NC	%QX0.4.6	NC
비상 TL	%QX0.4.7	타워램프 황색등 연결
자동운전 PTL	%QX0.4.8	타워램프 적색등 연결
정지 TL	%QX0.4.9	타워램프 녹색등 연결
NC	%QX0.4.10	NC
NC	%QX0.4.11	NC
NC	%QX0.4.12	NC
NC	%QX0.4.13	NC
NC	%QX0.4.14	NC
NC	%QX0.4.15	NC

3) 메모리 할당표

접 점 명	직접변수	설 명 문
T원점복귀	%MX0	TOUCH PANEL SUB-1 원점복귀 기동 버튼
T공급전진	%MX1	TOUCH PANEL SUB-1 공급전진 기동 버튼
T공급후진	%MX2	TOUCH PANEL SUB-1 공급후진 기동 버튼
T회전상향	%MX3	TOUCH PANEL SUB-1 회전 실린더 상향 기동 버튼
T회전하향	%MX4	TOUCH PANEL SUB-1 회전 실린더 하향 기동 버튼
T상승전달	%MX5	TOUCH PANEL SUB-1 회전 실린더 상승기동 버튼
T하강전달	%MX6	TOUCH PANEL SUB-1 회전 실린더 하강기동 버튼
T그립 닫힘	%MX7	TOUCH PANEL SUB-1 그립 실린더 닫힘기동 버튼
T그립 열림	%MX8	TOUCH PANEL SUB-1 그립 실린더 열림기동 버튼
T그립 하강	%MX9	TOUCH PANEL SUB-1 그립 실린더 하강기동 버튼
T그립 상승	%MX10	TOUCH PANEL SUB-1 그립 실린더 상승기동 버튼
T그립 우	%MX11	TOUCH PANEL SUB-1 이송 실린더 우 기동 버튼
T그립 좌	%MX12	TOUCH PANEL SUB-1 이송 실린더 좌 기동 버튼
T비상정지	%MX13	TOUCH PANEL SUB-1 비상정지 버튼
T자동시작	%MX14	TOUCH PANEL SUB-1 자동시작 기동 버튼
T자동정지	%MX15	TOUCH PANEL SUB-1 자동정지 버튼
원점복귀 완료	%MX16	TOUCH PANEL SUB-1 원점복귀 완료 램프
T자동수동	%MX17	TOUCH PANEL SUB-1 자동수동 전환 SELECT 스위치
자동모드	%MX18	TOUCH PANEL SUB-1 자동모드 표시 램프
수동모드	%MX19	TOUCH PANEL SUB-1 수동모드 표시 램프
T리셋	%MX45	TOUCH PANEL SUB-1 RESET 버튼
프레임 전달 시작1	%MX200	MASTER에서 SUB-1로 전달신호
스토퍼2 후진감지	%MX201	
MAINT자동수동	%MX202	
MAIN원점복귀	%MX203	
MAIN자동시작	%MX204	
MAIN자동정지	%MX205	
MAIN이상해제	%MX206	
MAIN비상정지	%MX208	
프레임공급 완료	%MX280	SUB-1에서 MASTER로 전달신호
MAIN전달자동모드	%MX281	
MAIN전달수동모드	%MX282	
MAIN전달원점복귀	%MX283	
MAIN전달자동TL	%MX284	
MAIN전달정지TL	%MX285	
MAIN전달이상TL	%MX286	

(6) SUB-2 I/O 할당표

1) 입력 할당표

접 점 명	직접변수	설 명 문
시스템 자동수동	%IX0.0.0	조작판 자동수동 SELECT 스위치
자동시작PB	%IX0.0.1	조작판 자동운전 버튼
자동정지PB	%IX0.0.2	조작판 자동정지 버튼
이상해제	%IX0.0.3	조작판 RESET 버튼
비상정지	%IX0.0.4	조작판 비상정지 ROTARY 스위치
NC	%IX0.0.5	NC
NC	%IX0.0.6	NC
NC	%IX0.0.7	NC
NC	%IX0.0.8	NC
NC	%IX0.0.9	NC
NC	%IX0.0.10	NC
NC	%IX0.0.11	NC
NC	%IX0.0.12	NC
NC	%IX0.0.13	NC
NC	%IX0.0.14	NC
NC	%IX0.0.15	NC
NC	%IX0.1.0	NC
NC	%IX0.1.1	NC
NC	%IX0.1.2	NC
NC	%IX0.1.3	NC
NC	%IX0.1.4	NC
NC	%IX0.1.5	NC
NC	%IX0.1.6	NC
NC	%IX0.1.7	NC
NC	%IX0.1.8	NC
NC	%IX0.1.9	NC
실린더 좌측감지	%IX0.1.10	리드프레임 적재 이송 실린더 좌측감지 센서
실린더 우측감지	%IX0.1.11	리드프레임 적재 이송 실린더 우측감지 센서
실린더 상한감지	%IX0.1.12	그립 실린더 상승감지 센서
실린더 하한감지	%IX0.1.13	그립 실린더 하강감지 센서
그립OPEN 감지 센서	%IX0.1.14	그립 실린더 열림감지 센서
그립CLOSE 감지	%IX0.1.15	그립 실린더 닫힘감지 센서

2) 출력 할당표

접 점 명	직접변수	설 명 문
NC	%QX0.3.0	NC
NC	%QX0.3.1	NC
NC	%QX0.3.2	NC
NC	%QX0.3.3	NC
NC	%QX0.3.4	NC
NC	%QX0.3.5	NC
NC	%QX0.3.6	NC
NC	%QX0.3.7	NC
NC	%QX0.3.8	NC
NC	%QX0.3.9	NC
NC	%QX0.3.10	NC
NC	%QX0.3.11	NC
실린더 좌 이동	%QX0.3.12	리드프레임 적재이송 실린더 좌 기동 SOL
실린더 우 이동	%QX0.3.13	리드프레임 적재이송 실린더 우 기동 SOL
실린더 상한 기동	%QX0.3.14	그립 실린더 상승기동 SOL
실린더 하한 기동	%QX0.3.15	그립 실린더 하강기동 SOL
그립OPEN 기동	%QX0.4.0	그립 실린더 열림기동 SOL
그립CLOSE 기동	%QX0.4.1	그립 실린더 닫힘기동 SOL
정지TL	%QX0.4.2	타워램프 녹색등 연결
자동운전PTL	%QX0.4.3	타워램프 적색등 연결
경고PTL	%QX0.4.4	타워램프 황색등 연결
NC	%QX0.4.5	NC
NC	%QX0.4.6	NC
NC	%QX0.4.7	NC
NC	%QX0.4.8	NC
NC	%QX0.4.9	NC
NC	%QX0.4.10	NC
NC	%QX0.4.11	NC
NC	%QX0.4.12	NC
NC	%QX0.4.13	NC
NC	%QX0.4.14	NC
NC	%QX0.4.15	NC

3) 메모리 할당표

접 점 명	직접변수	설 명 문
현재위치 표시	%MD300	TOUCH PANEL SUB-2 서보 위치 표시
T원점복귀	%MX0	TOUCH PANEL SUB-2 원점복귀 버튼
T자동정지	%MX1	TOUCH PANEL SUB-2 자동정지 버튼
T자동시작	%MX2	TOUCH PANEL SUB-2 자동시작 버튼
T실린더 좌 이동	%MX3	TOUCH PANEL SUB-2 이송 실린더 좌 기동 버튼
T실린더 하한 기동	%MX4	TOUCH PANEL SUB-2 그립 실린더 하강기동 버튼
T그립CLOSE 기동	%MX5	TOUCH PANEL SUB-2 그립 실린더 닫힘기동 버튼
T실린더 상한 기동	%MX6	TOUCH PANEL SUB-2 그립 실린더 상승기동 버튼
T실린더 우 이동	%MX7	TOUCH PANEL SUB-2 이송 실린더 우 기동 버튼
T그립OPEN 기동	%MX8	TOUCH PANEL SUB-2 그립 실린더 열림기동 버튼
T자동수동	%MX9	TOUCH PANEL SUB-2 자동수동 전환 스위치
T이상해제	%MX10	TOUCH PANEL SUB-2 RESET 버튼
T비상정지	%MX11	TOUCH PANEL SUB-2 비상정지 버튼
자동모드	%MX12	TOUCH PANEL SUB-2 자동모드 표시 램프
수동모드	%MX13	TOUCH PANEL SUB-2 수동모드 표시 램프
원점복귀완료	%MX14	TOUCH PANEL SUB-2 원점복귀 완료 표시 램프
자동정지	%MX15	TOUCH PANEL SUB-2 자동정지 표시 램프
위치1	%MX16	TOUCH PANEL SUB-2 서보 1위치 표시 램프
위치2	%MX17	TOUCH PANEL SUB-2 서보 2위치 표시 램프
위치3	%MX18	TOUCH PANEL SUB-2 서보 3위치 표시 램프
위치4	%MX19	TOUCH PANEL SUB-2 서보 4위치 표시 램프
위치5	%MX20	TOUCH PANEL SUB-2 서보 5위치 표시 램프
서보 수동 운전	%MX21	SUB-2 서보 수동 시 자동 인터록
서보 원점 완료	%MX23	SUB-2 내부 서보 원점완료 접점
T1위치이동	%MX24	TOUCH PANEL SUB-2 서보 1위치이동 버튼
T2위치이동	%MX25	TOUCH PANEL SUB-2 서보 2위치이동 버튼
T3위치이동	%MX26	TOUCH PANEL SUB-2 서보 3위치이동 버튼
T4위치이동	%MX27	TOUCH PANEL SUB-2 서보 4위치이동 버튼

접 점 명	직접변수	설 명 문
T5위치이동	%MX28	TOUCH PANEL SUB-2 서보 5위치이동 버튼
화면전환	%MX29	TOUCH PANEL SUB-2 화면전환용 접점
적재시작공정	%MX200	MASTER에서 SUB-2로 보내는 신호
적재 인터록	%MX201	
MAIN자동수동1	%MX202	
MAIN원점복귀	%MX203	
MAIN자동시작	%MX204	
MAIN자동정지	%MX205	
MAIN이상해제	%MX206	
MAIN비상정지	%MX207	
주형 컵 배출신호	%MX280	SUB-2에서 MASTER로 보내는 신호
시스템 정지	%MX281	
MAIN전달자동모드	%MX282	
MAIN전달수동모드	%MX283	
MAIN전달원점복귀	%MX284	
MAIN전달자동TL	%MX285	
MAIN전달정지TL	%MX286	
MAIN전달이상TL	%MX287	

(7) Master LD 프로그램

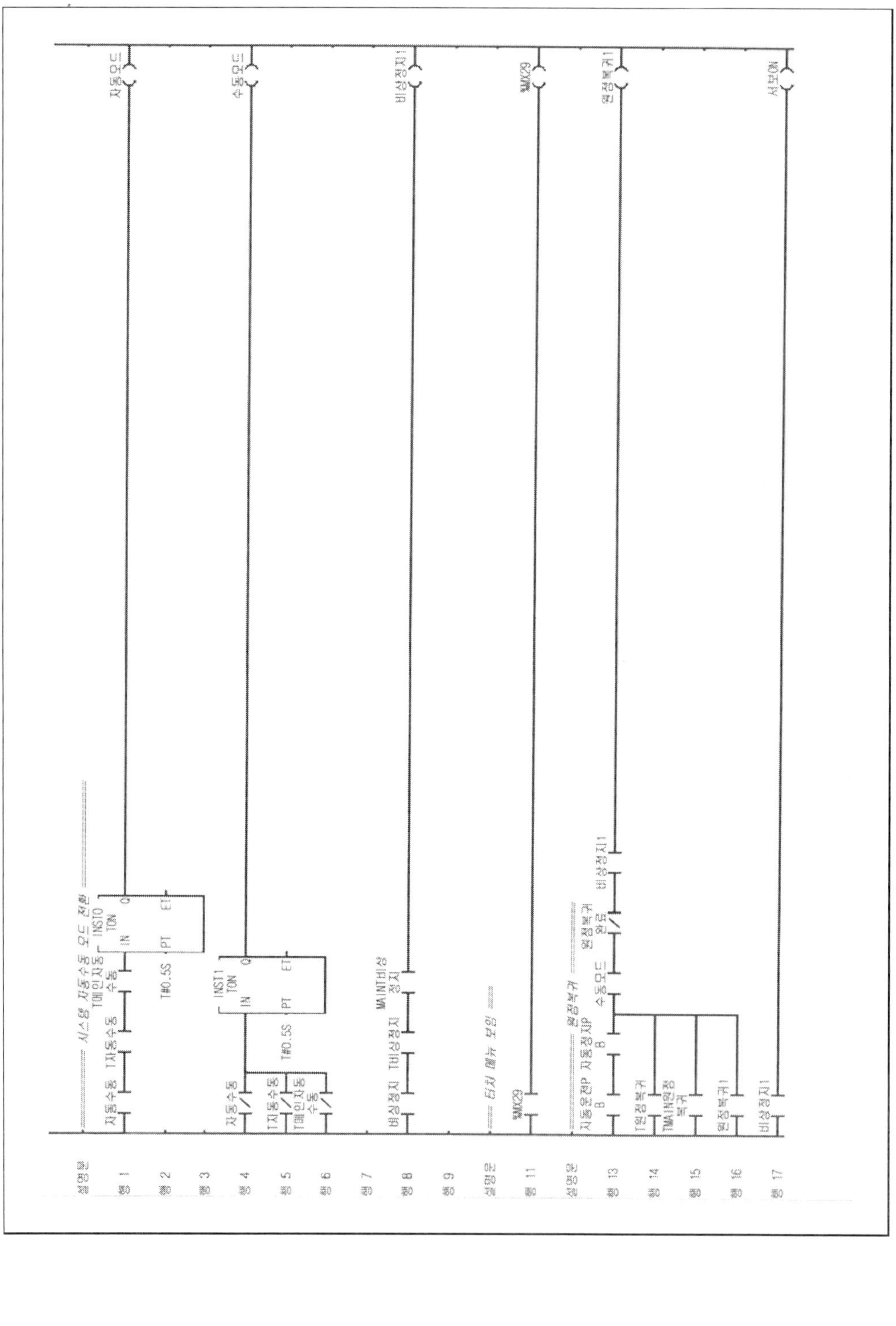

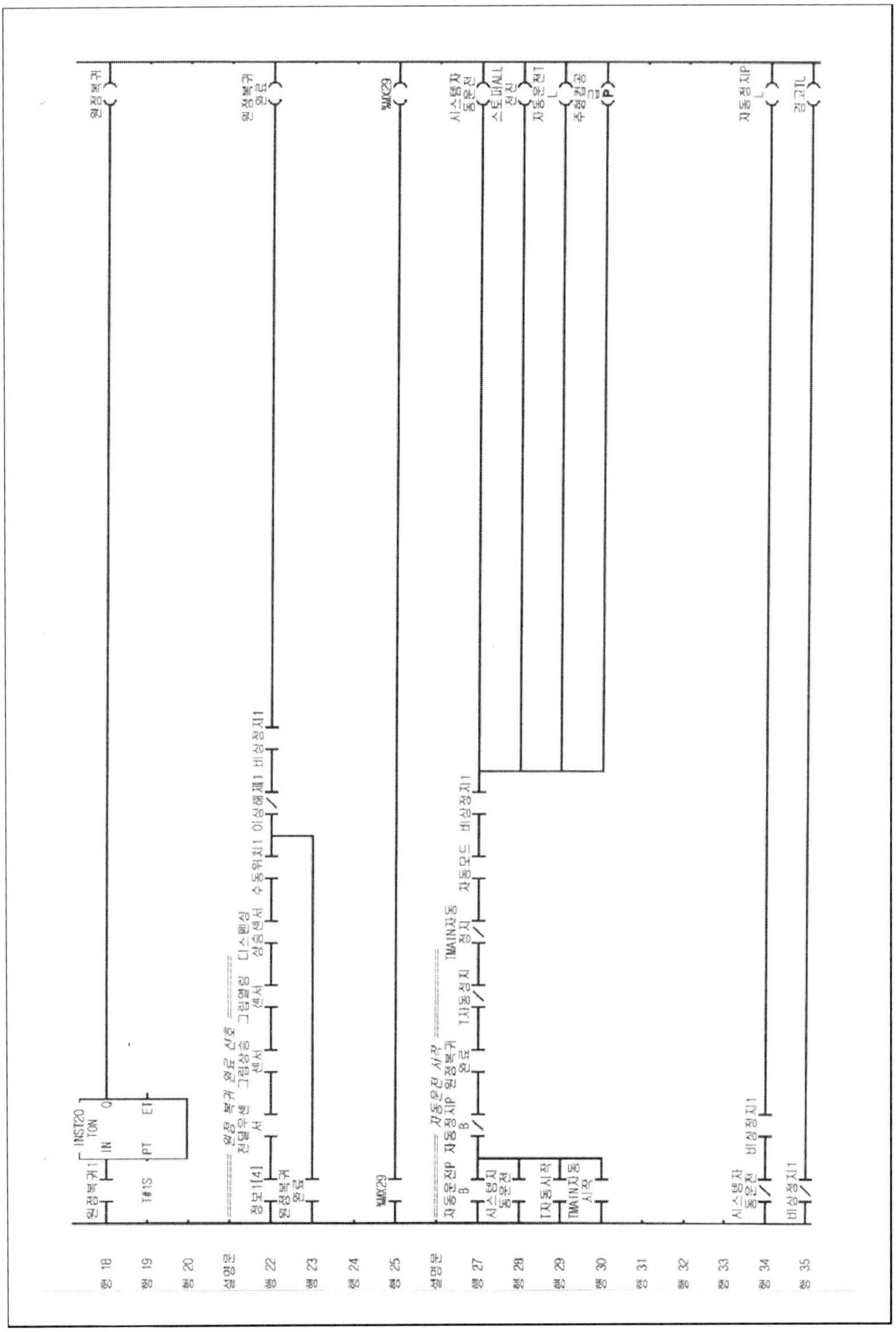

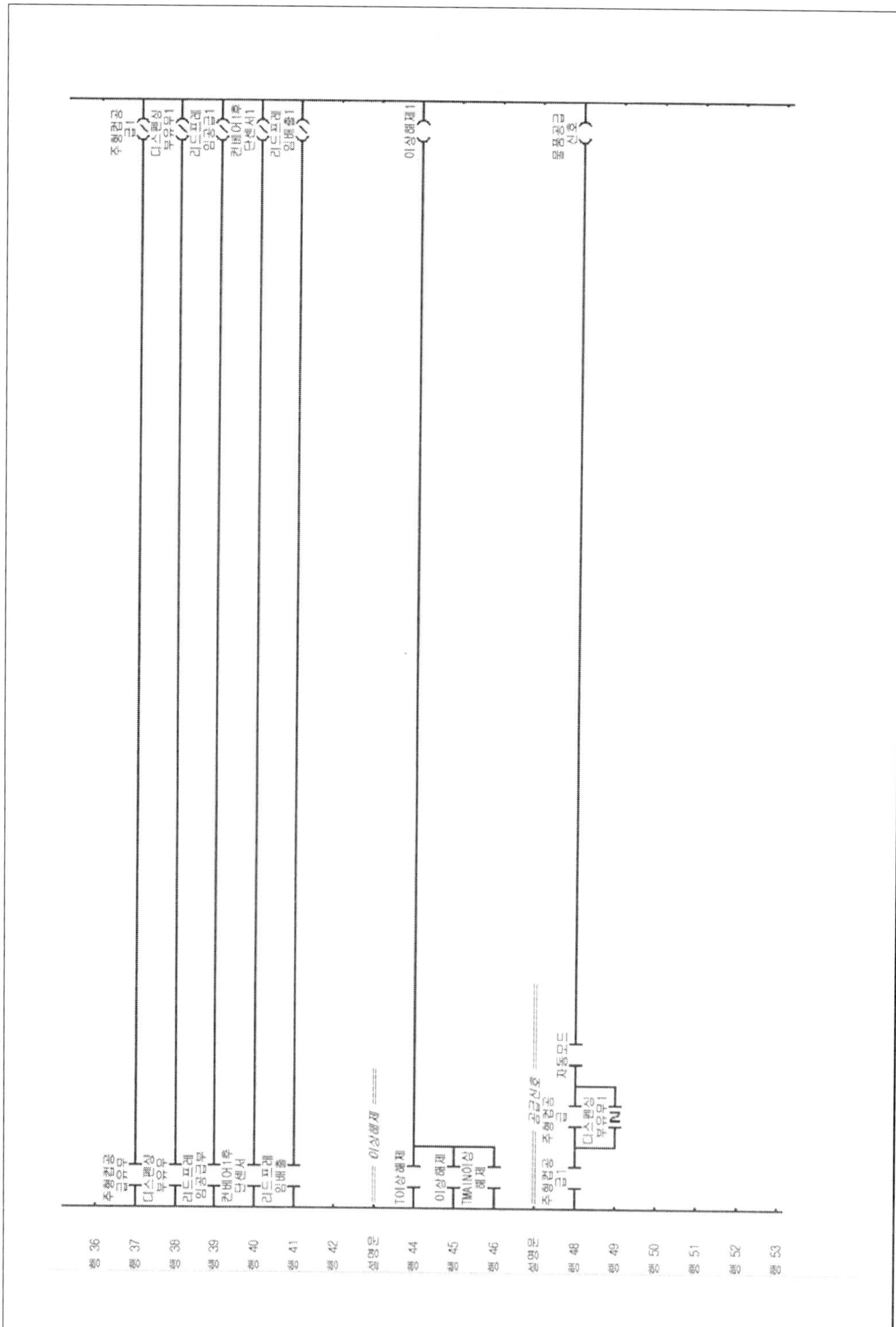

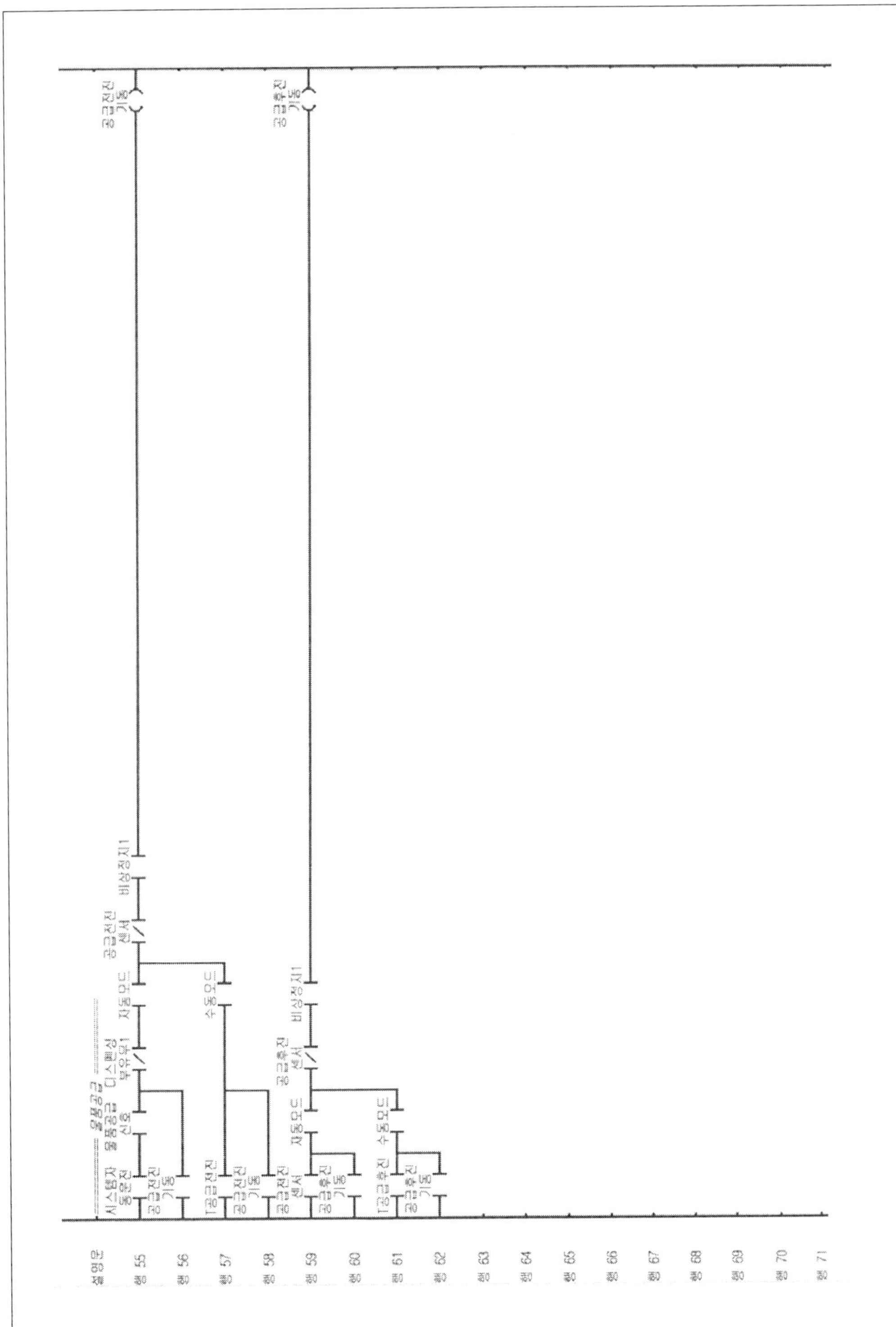

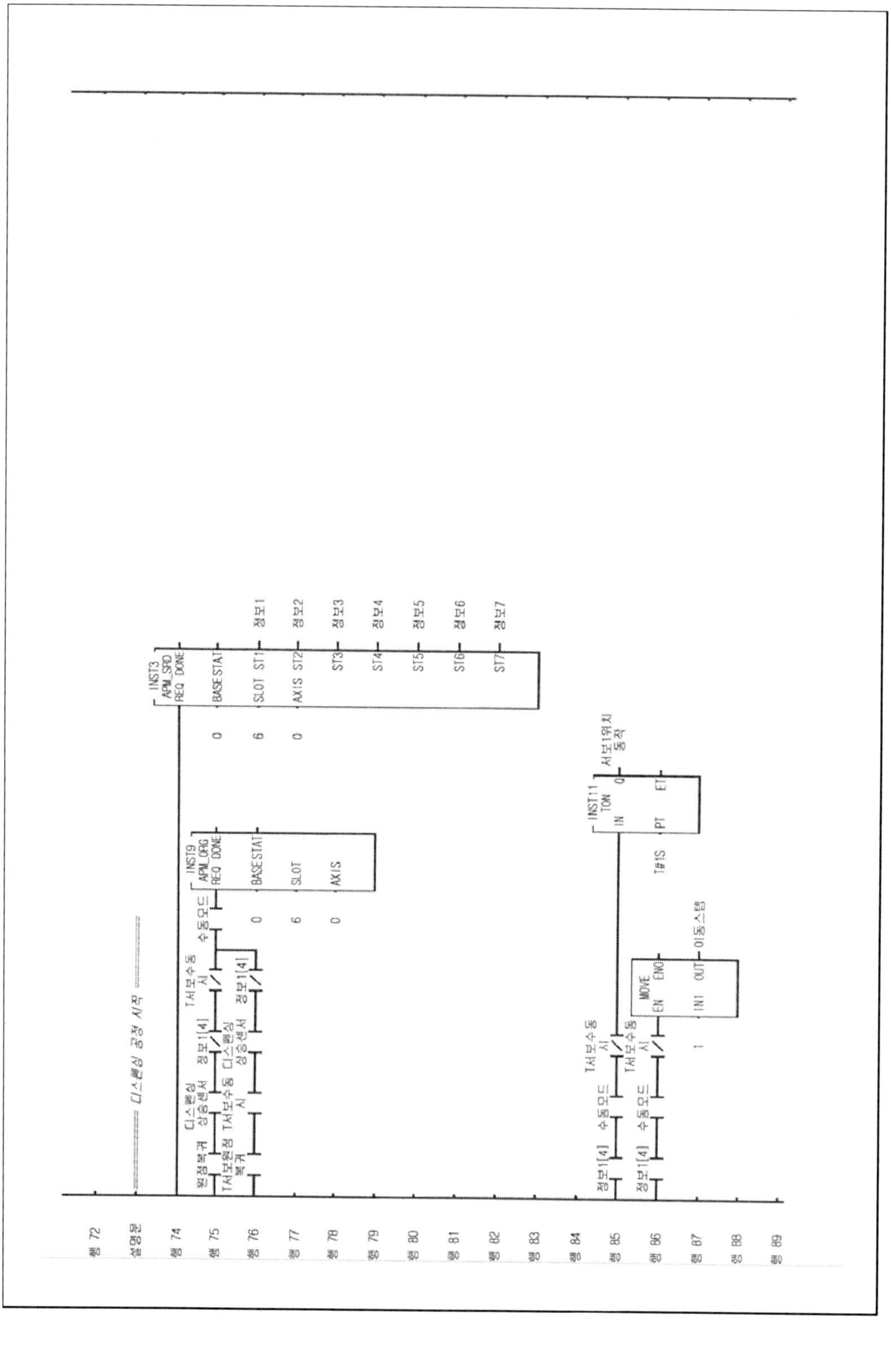
행 72
설명문
행 74
행 75
행 76
행 77
행 78
행 79
행 80
행 81
행 82
행 83
행 84
행 85
행 86
행 87
행 88
행 89
디스펜싱 공정 시작
INST3
APM_SRD
REQ DONE
BASE STAT
SLOT ST1
AXIS ST2
ST3
ST4
ST5
ST6
ST7
정보1
정보2
정보3
정보4
정보5
정보6
정보7
0
6
0
원점복귀
디스펜싱 상승센서
정보1[4]
T서보수동 시
수동모드
T서보원점 복귀
INST9
APM_ORG
REQ DONE
BASE STAT
SLOT
AXIS
INST11
TON
IN Q
PT ET
서보1위치 동작
T#1S
MOVE
EN ENO
IN1 OUT
이동스텝
1

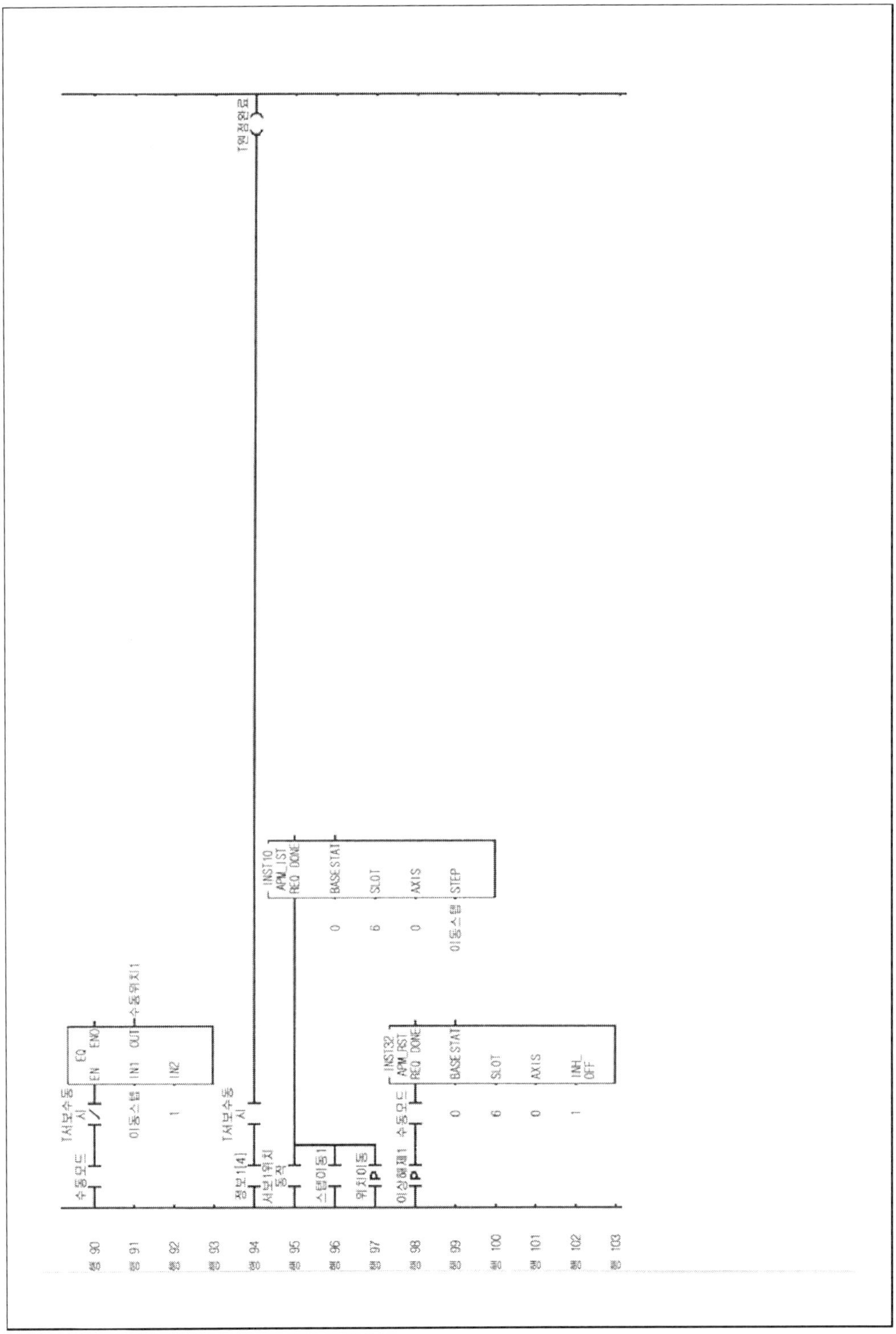
EQ
EN
ENO
IN1
OUT
IN2
INST10
APM_IST
REQ DONE
BASE STAT
SLOT
AXIS
STEP
INST32
APM_RST
REQ DONE
BASE STAT
SLOT
AXIS
INH_
OFF

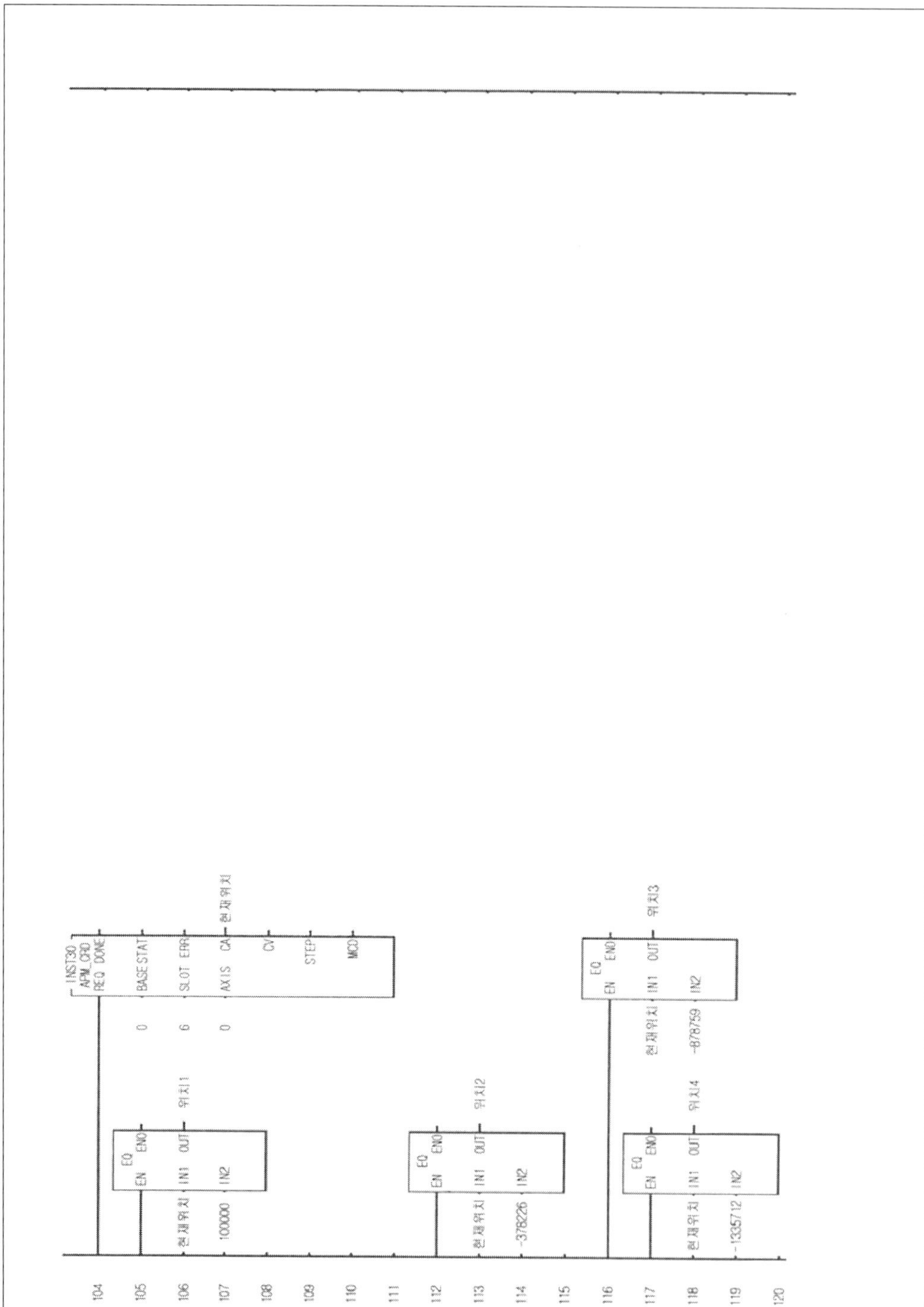
INST30
APM_ORD
REQ DONE
BASE STAT
SLOT ERR
AXIS CA
CV
STEP
MCD
0
6
0
현재위치
EQ
EN ENO
IN1 OUT
IN2
현재위치
100000
위치1
EQ
EN ENO
IN1 OUT
IN2
현재위치
-378226
위치2
EQ
EN ENO
IN1 OUT
IN2
현재위치
-878759
위치3
EQ
EN ENO
IN1 OUT
IN2
현재위치
-1335712
위치4
행 104
행 105
행 106
행 107
행 108
행 109
행 110
행 111
행 112
행 113
행 114
행 115
행 116
행 117
행 118
행 119
행 120

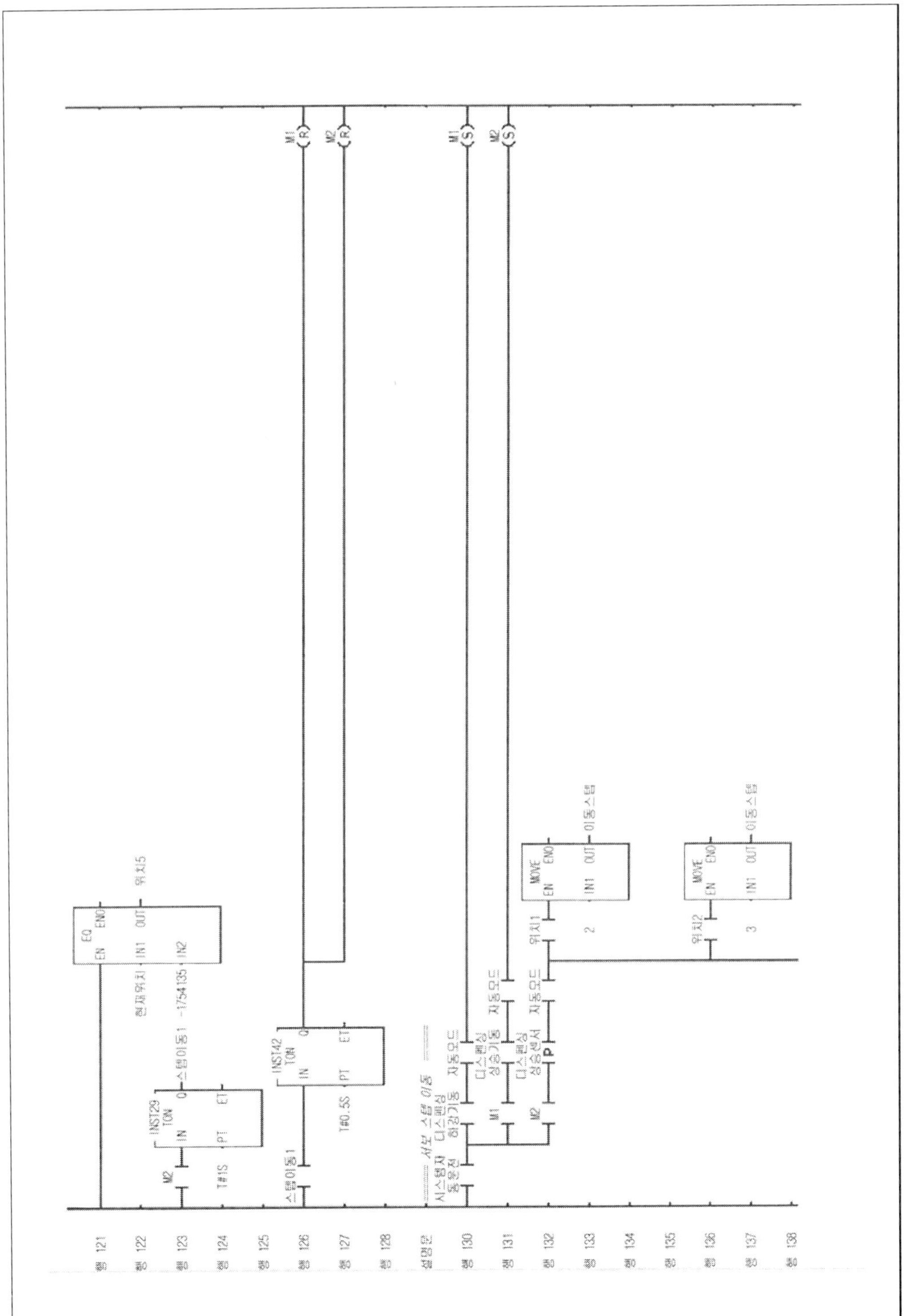

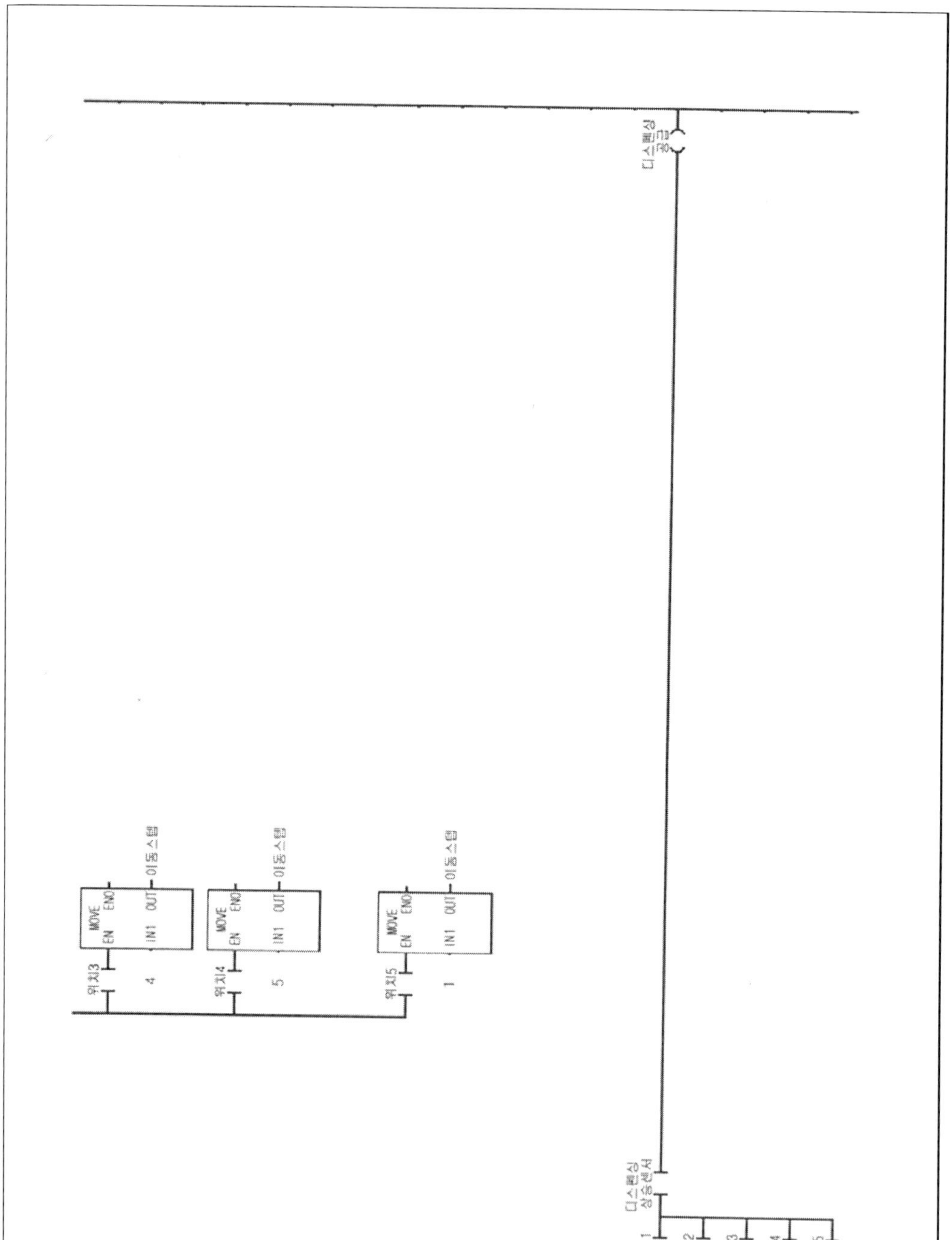
디스펜싱 하강
위치3
위치4
위치5
MOVE
EN ENO
IN1 OUT
이동스텝
4
5
1
디스펜싱 상승센서
위치1
위치2
위치3
위치4
위치5
행 139
행 140
행 141
행 142
행 143
행 144
행 145
행 146
행 147
행 148
행 149
행 150
행 151
행 152
행 153
행 154
행 155
행 156

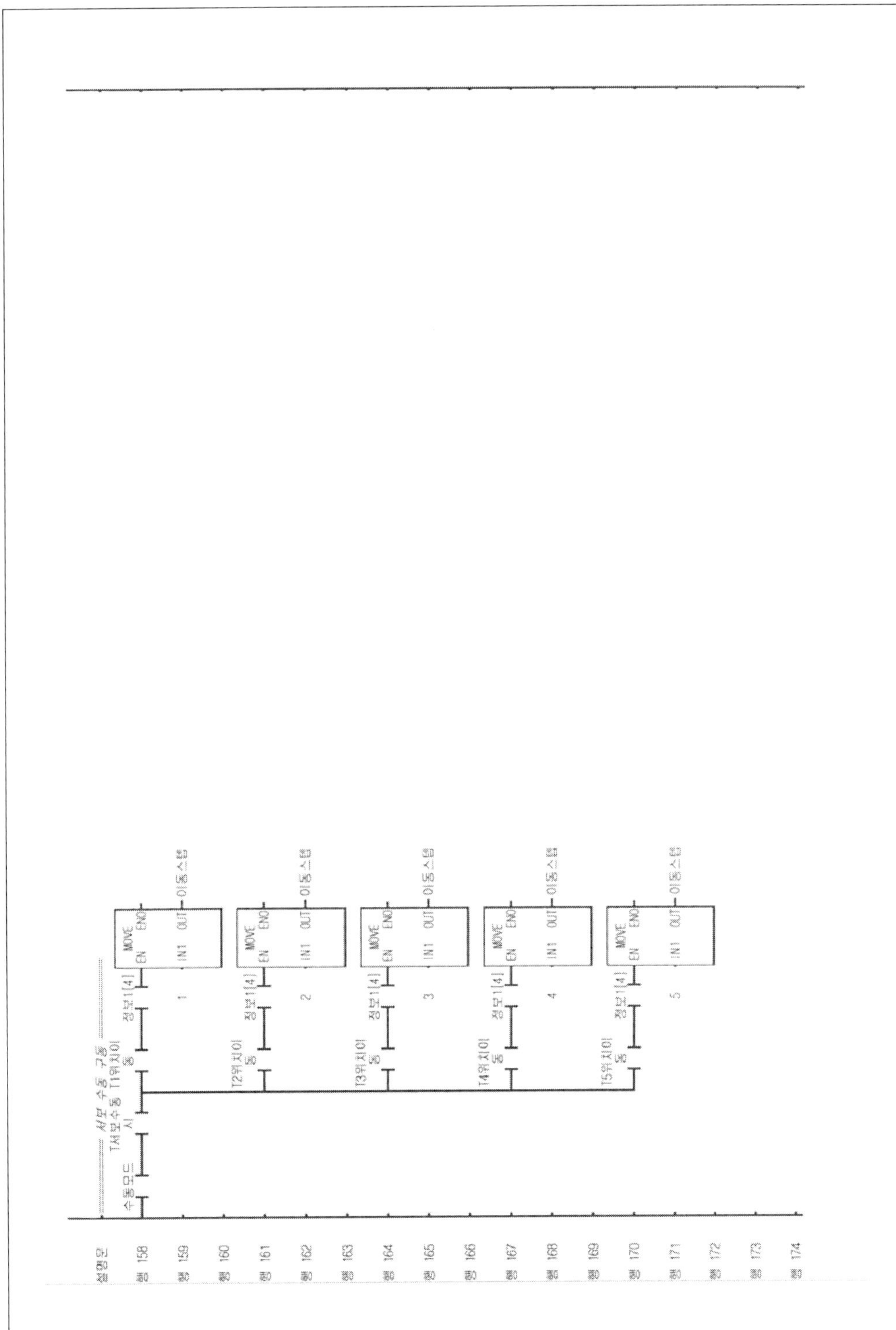

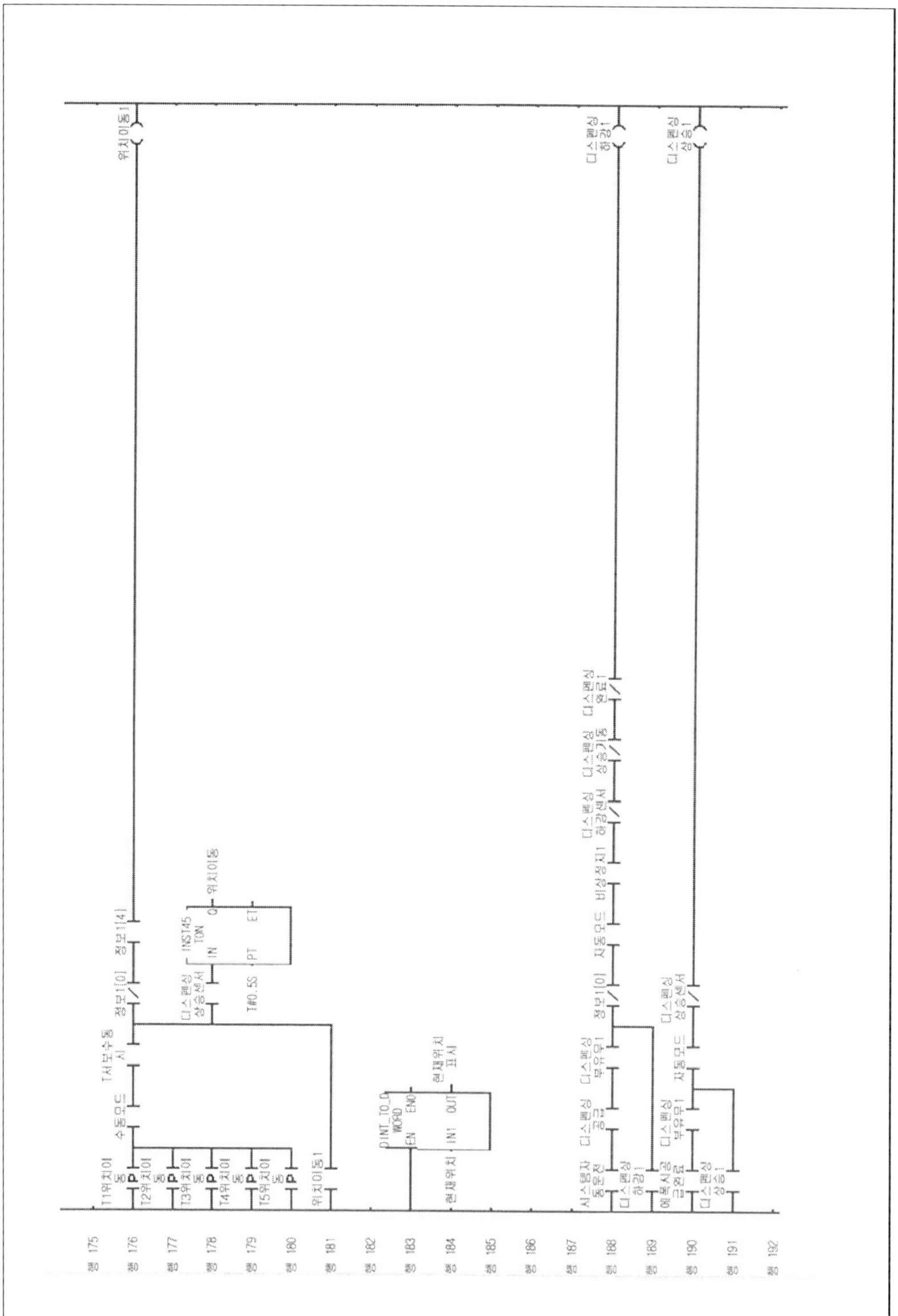

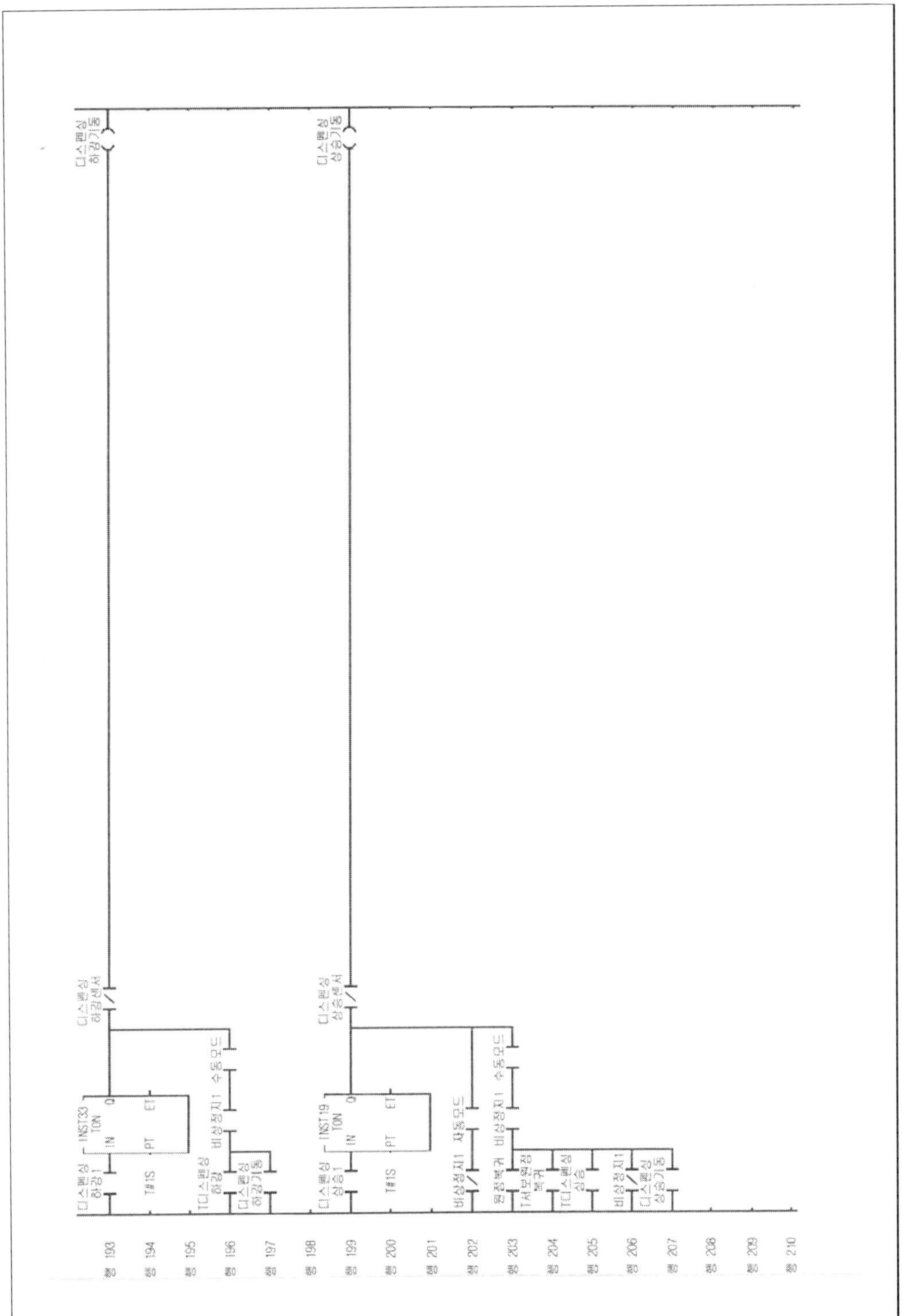

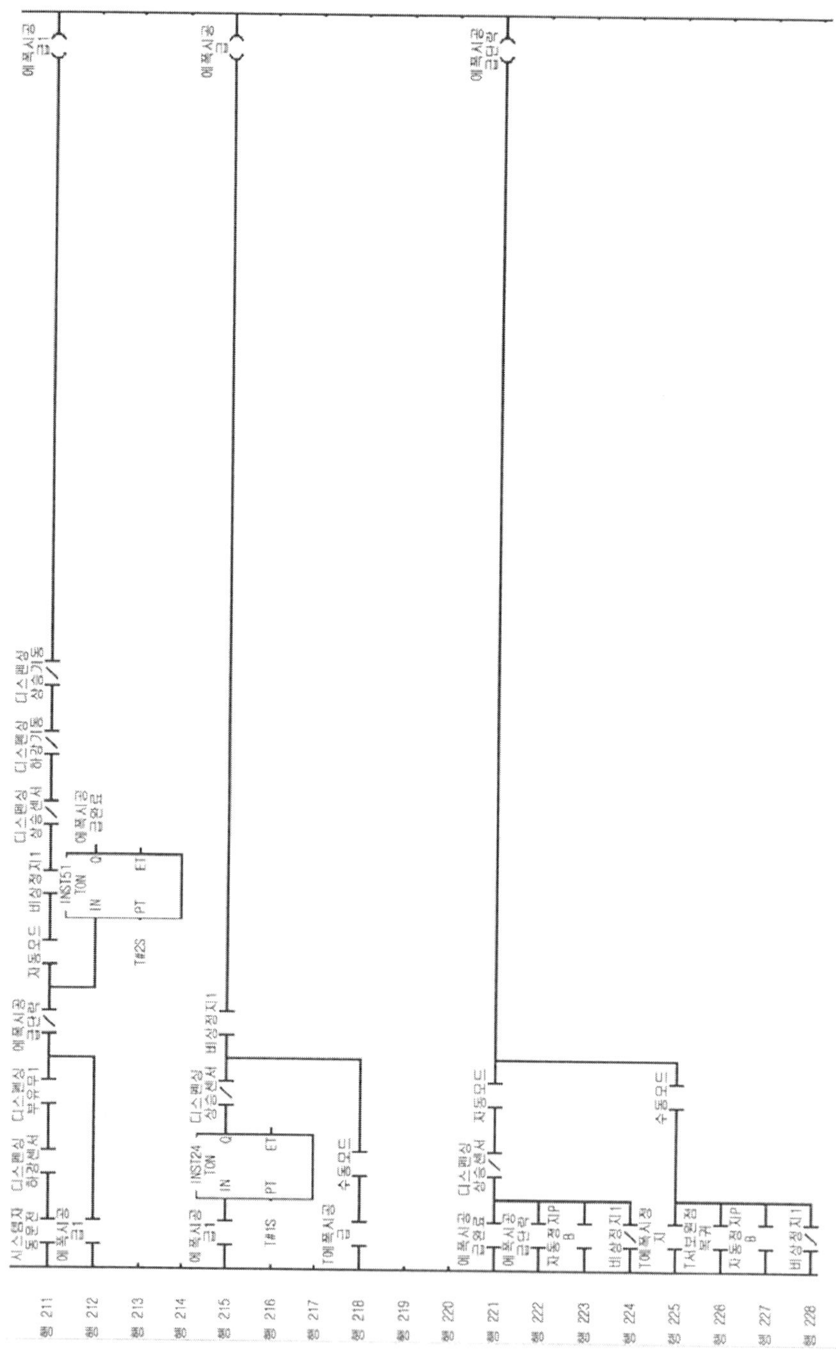
예폭시공급1
예폭시공급
예폭시공급단락
시스템자동운전
디스펜싱하강센서
디스펜싱부유무1
예폭시공급단락
자동모드
비상정지1
디스펜싱상승센서
디스펜싱하강기동
디스펜싱상승기동
INST51
TON
IN
Q
PT
ET
예폭시공급완료
T#2S
예폭시공급1
INST24
TON
IN
Q
PT
ET
T#1S
디스펜싱상승센서
비상정지1
T예폭시공급
수동모드
예폭시공급완료
디스펜싱상승센서
자동모드
예폭시공급단락
자동정지PB
비상정지1
T예폭시정지
T서보원점복귀
수동모드
자동정지PB
비상정지1
행 211
행 212
행 213
행 214
행 215
행 216
행 217
행 218
행 219
행 220
행 221
행 222
행 223
행 224
행 225
행 226
행 227
행 228

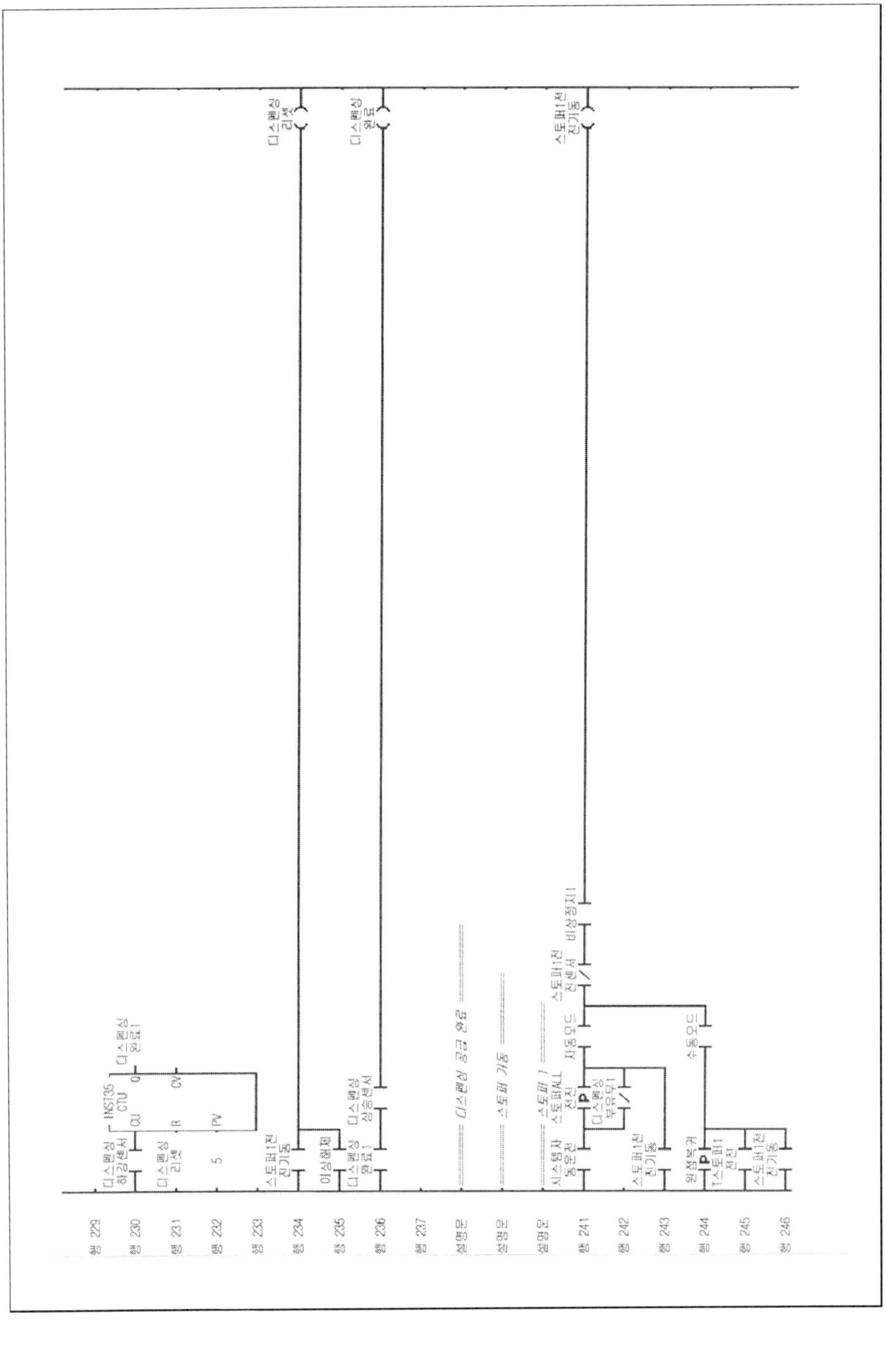

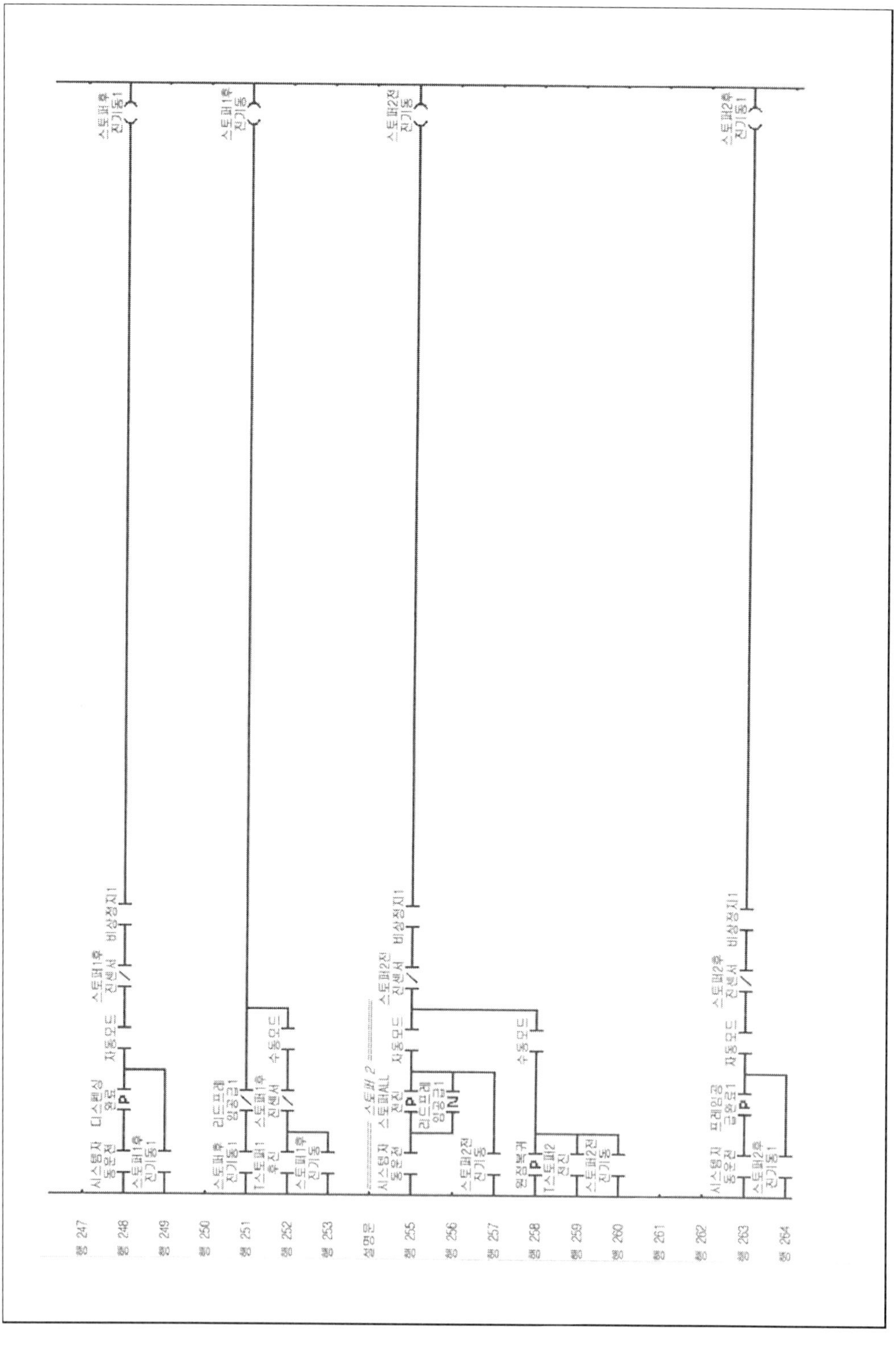

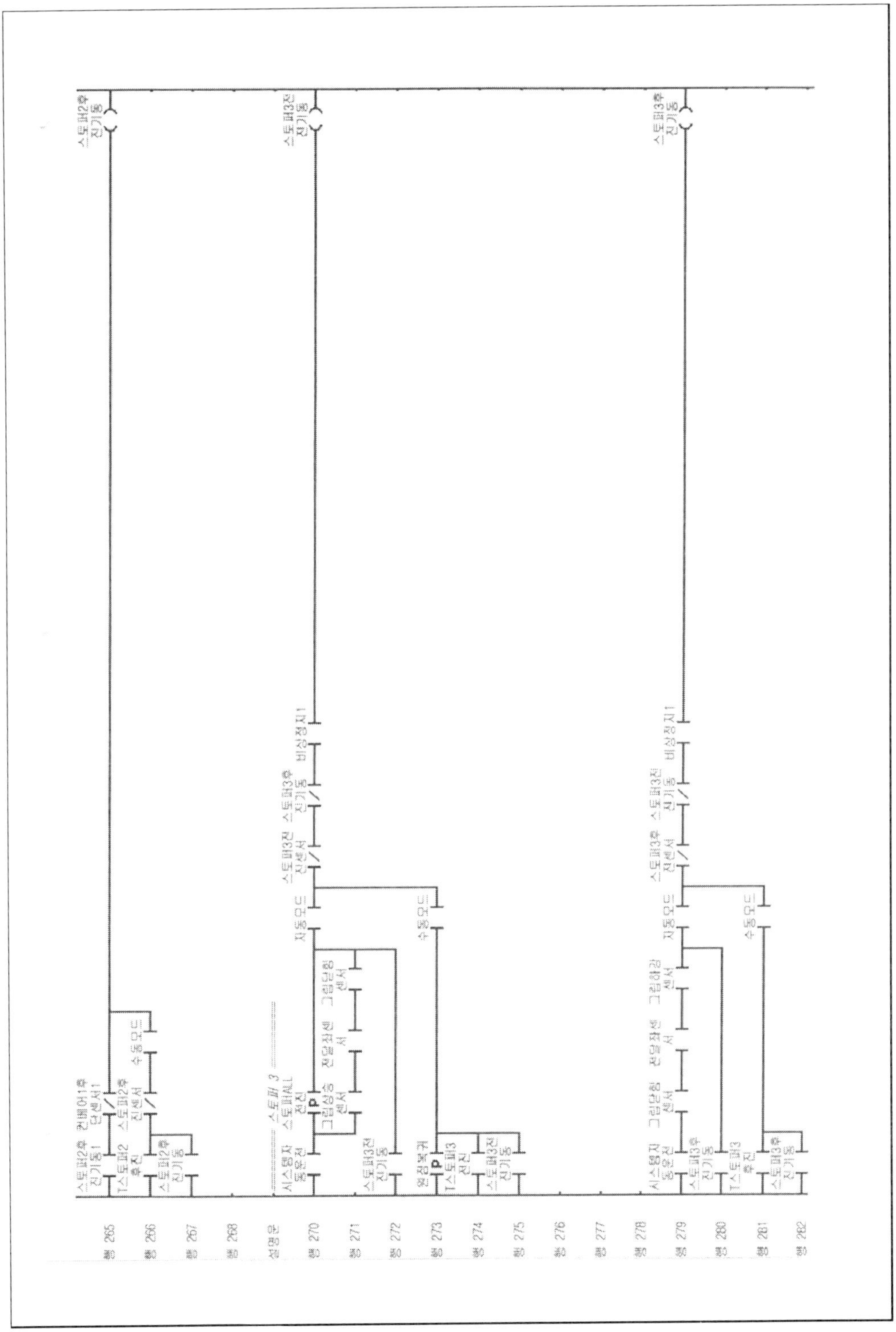

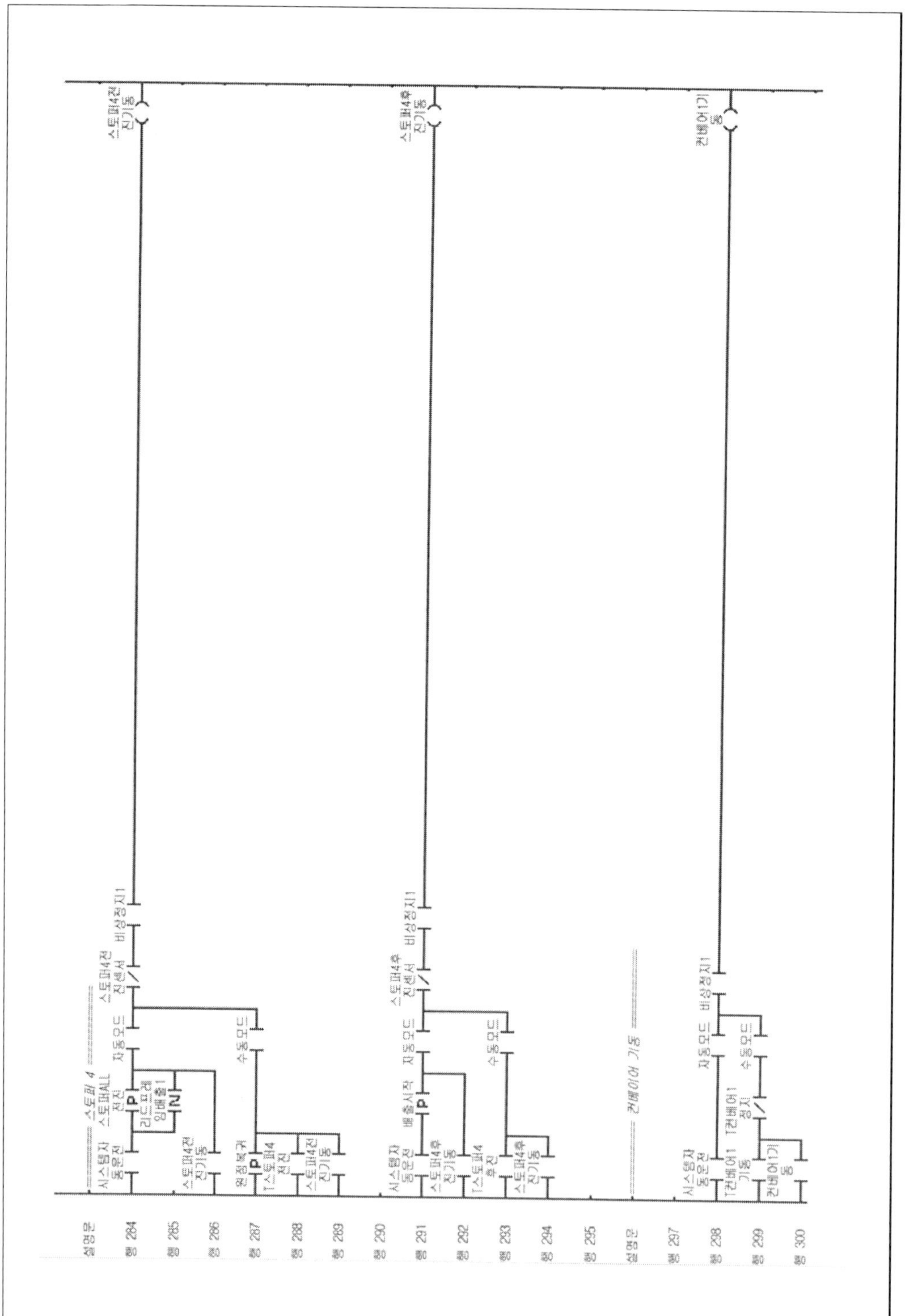
스토퍼4전진기동
스토퍼4후진기동
컨베이어1기동
비상정지1
스토퍼4전진센서
스토퍼4후진센서
자동모드
수동모드
스토퍼 4
컨베이어 기동
시스템자동운전
원점복귀
배출시작
설명문
284
285
286
287
288
289
290
291
292
293
294
295
297
298
299
300

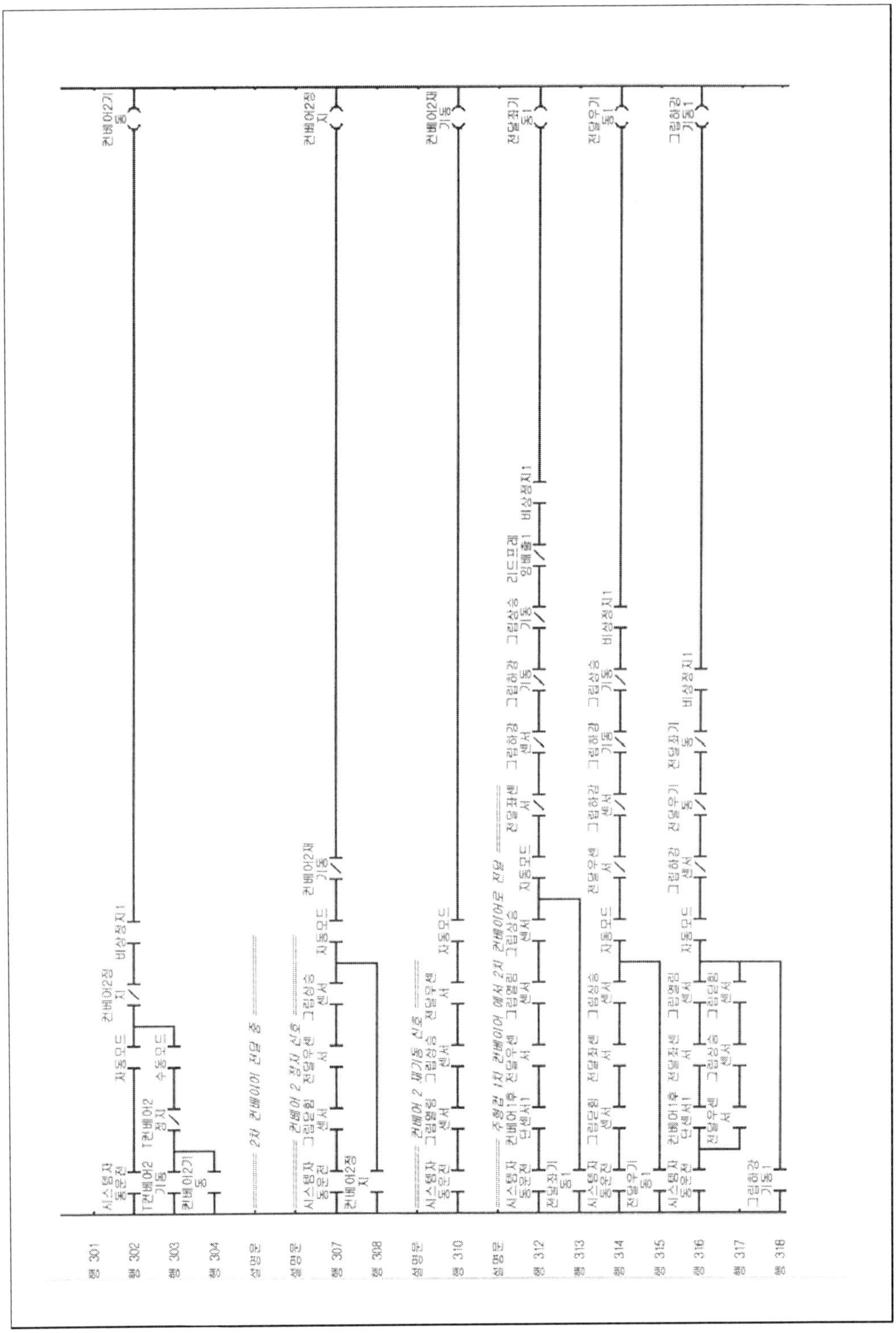
2차 컨베이어 전달 중
컨베이어 2 정지 신호
컨베이어 2 재기동 신호
주행검 1차 컨베이어 에서 2차 컨베이어로 전달

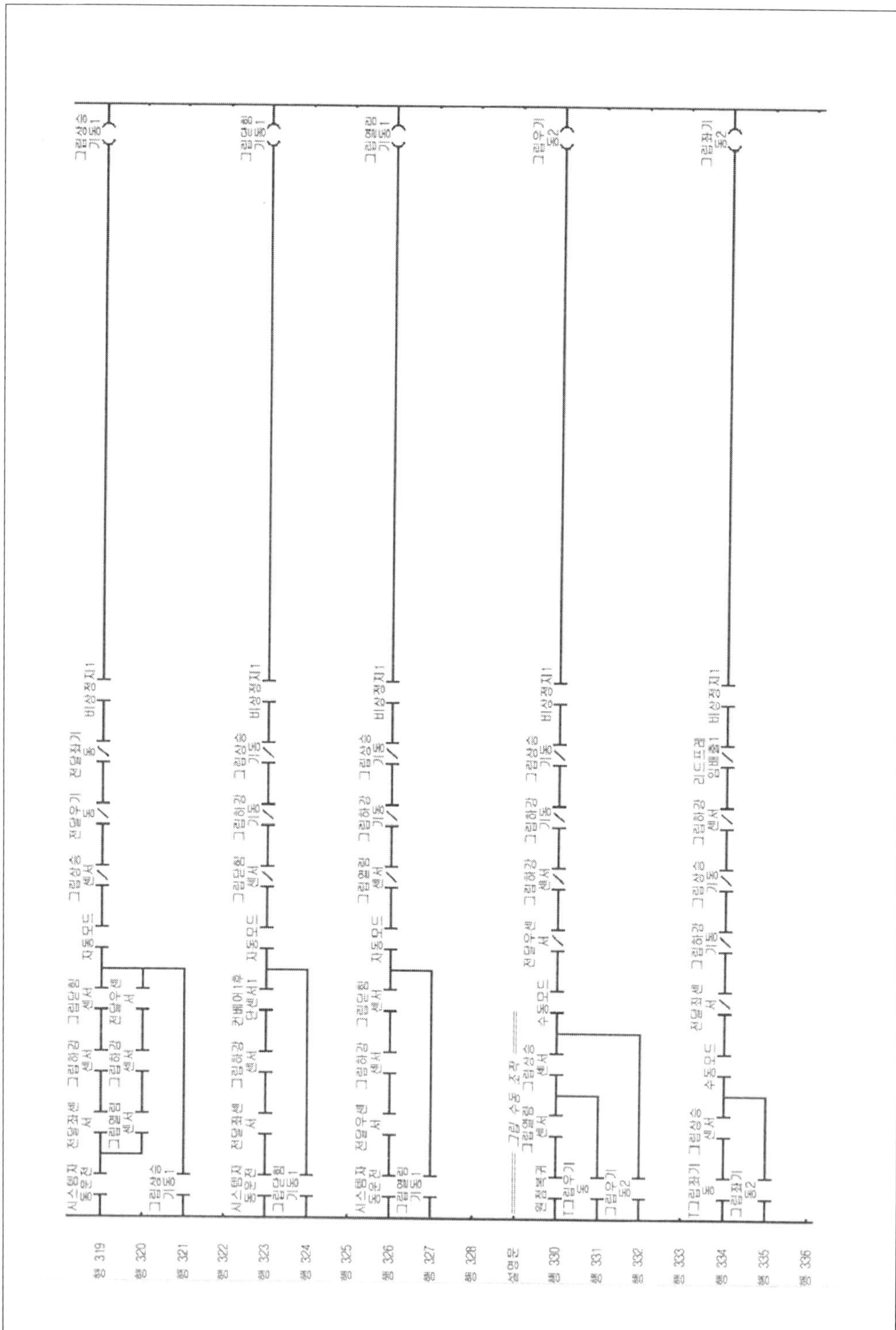
그립상승 기동1
그립닫힘 기동1
그립열림 기동1
그립우기 동2
그립좌기 동2
비상정지1
자동모드
수동모드
그립 수동 조작
시스템자동운전
행 319
행 320
행 321
행 322
행 323
행 324
행 325
행 326
행 327
행 328
설명문
행 330
행 331
행 332
행 333
행 334
행 335
행 336

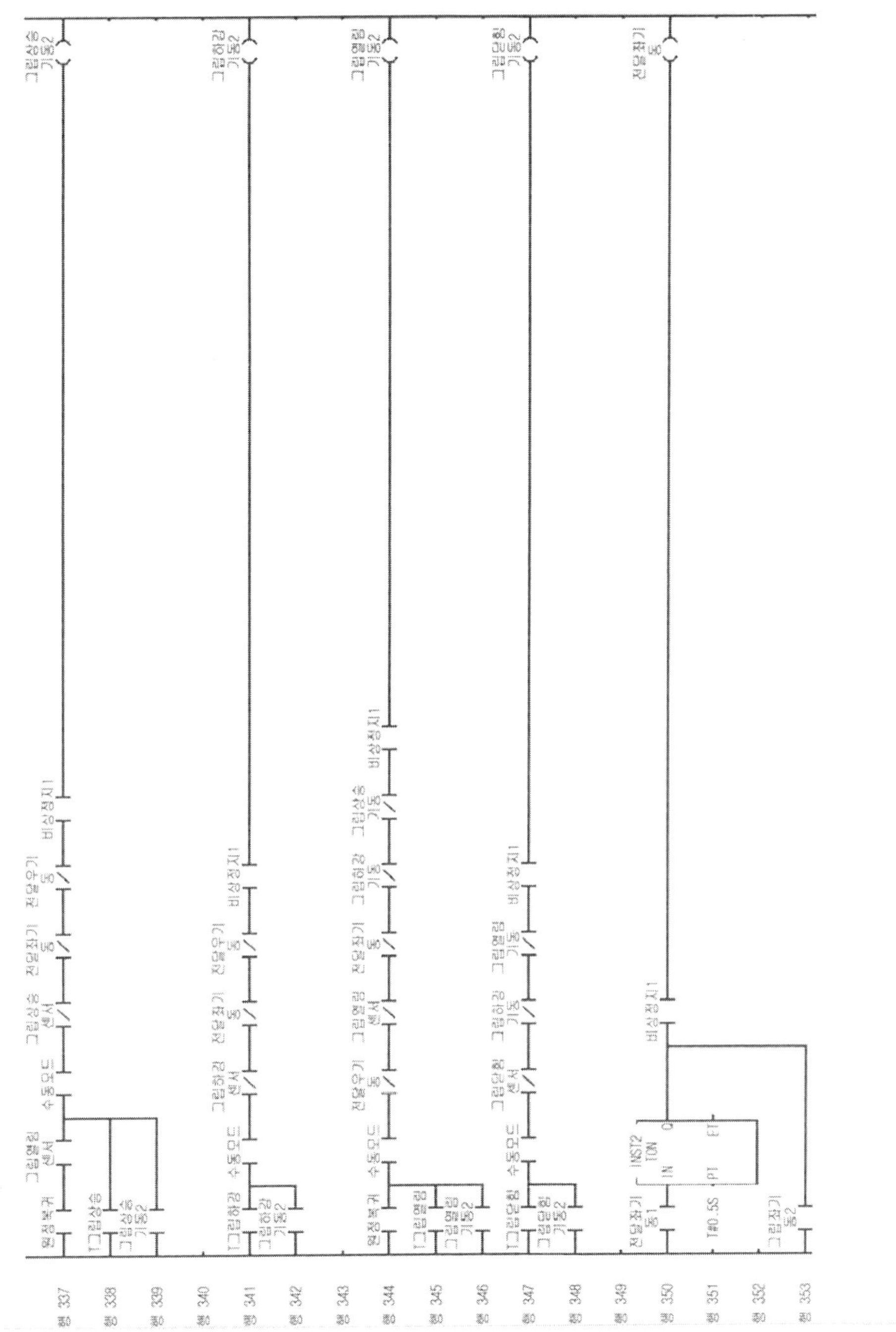

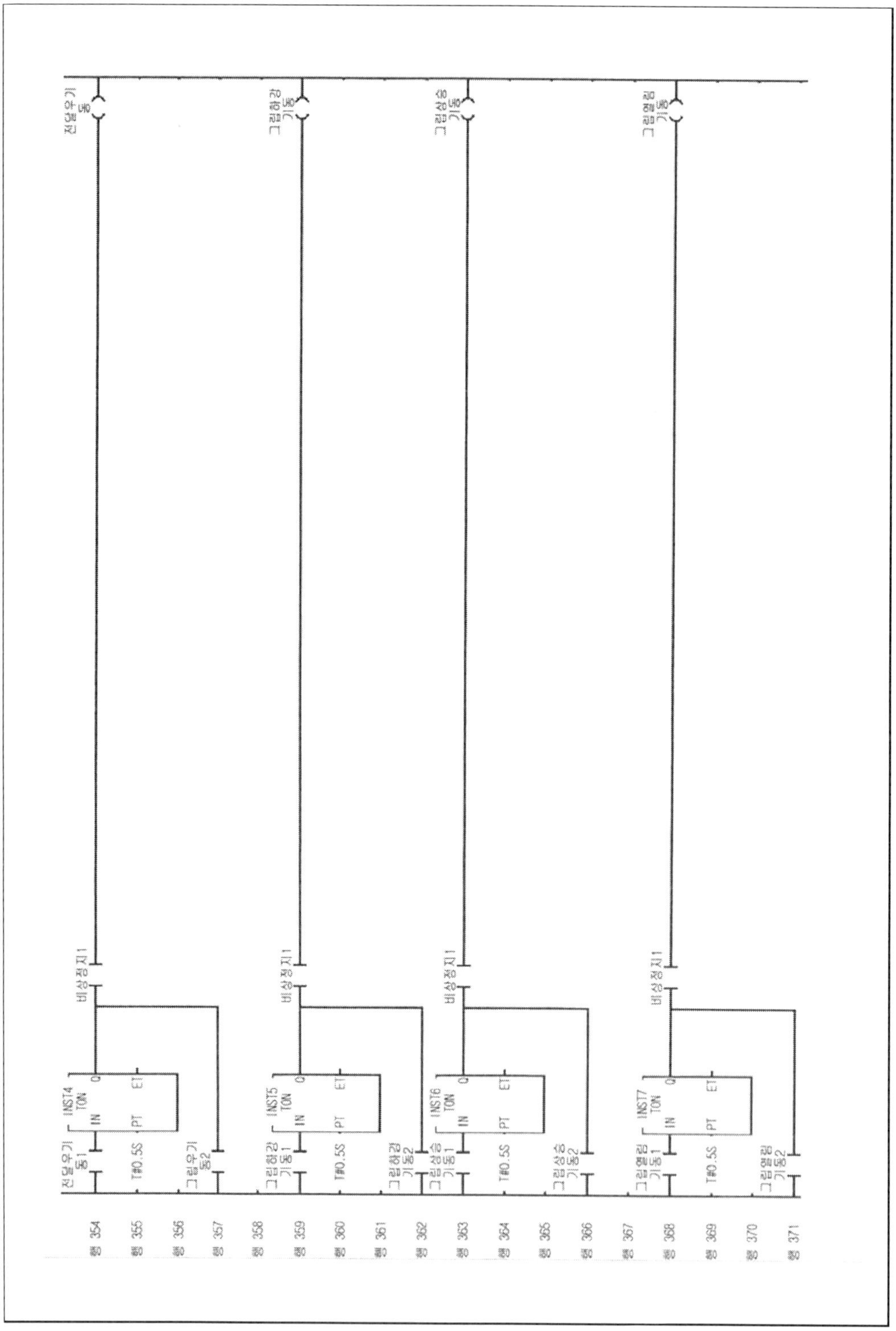
INST4
INST5
INST6
INST7
TON
T#0.5S
비상정지1

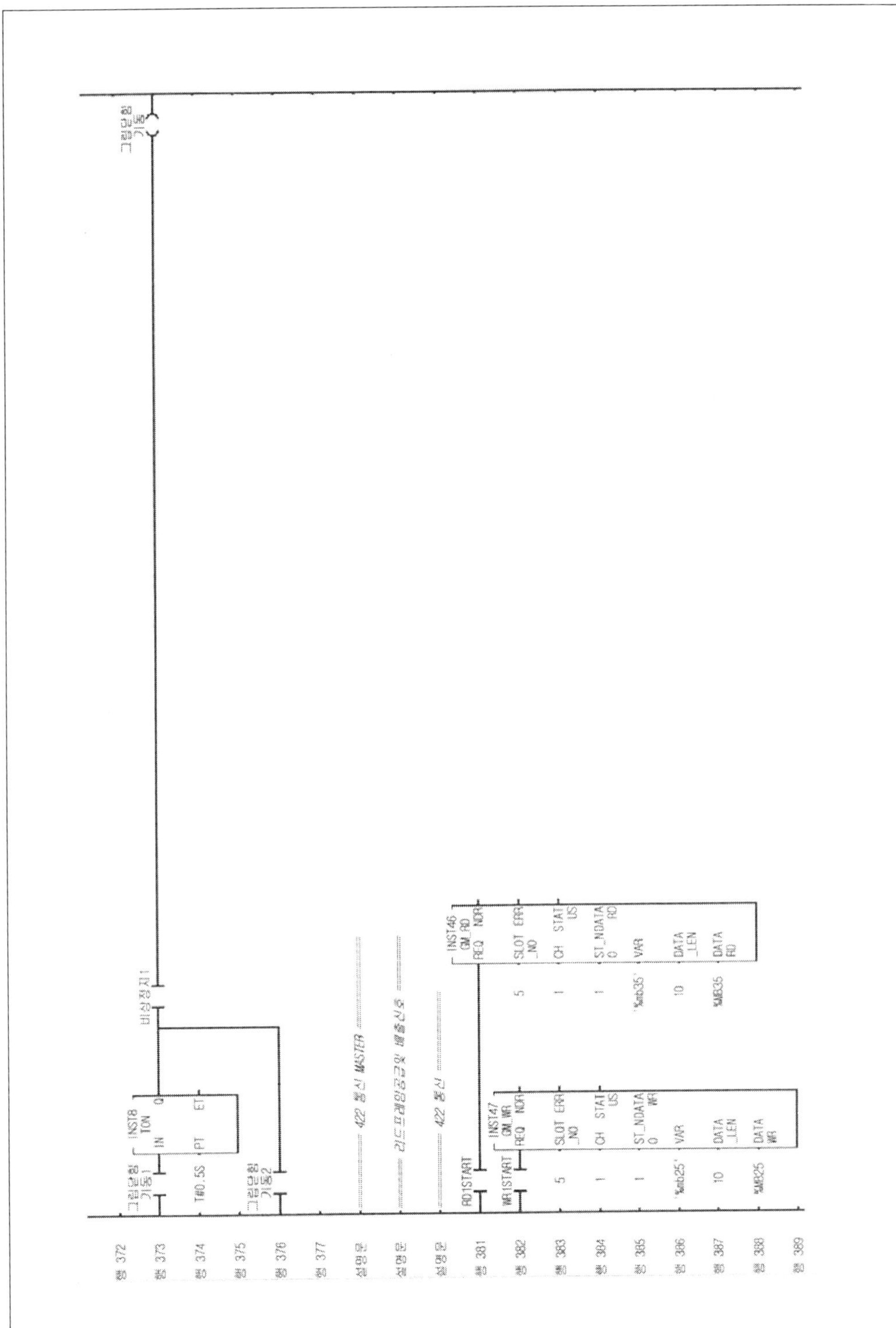

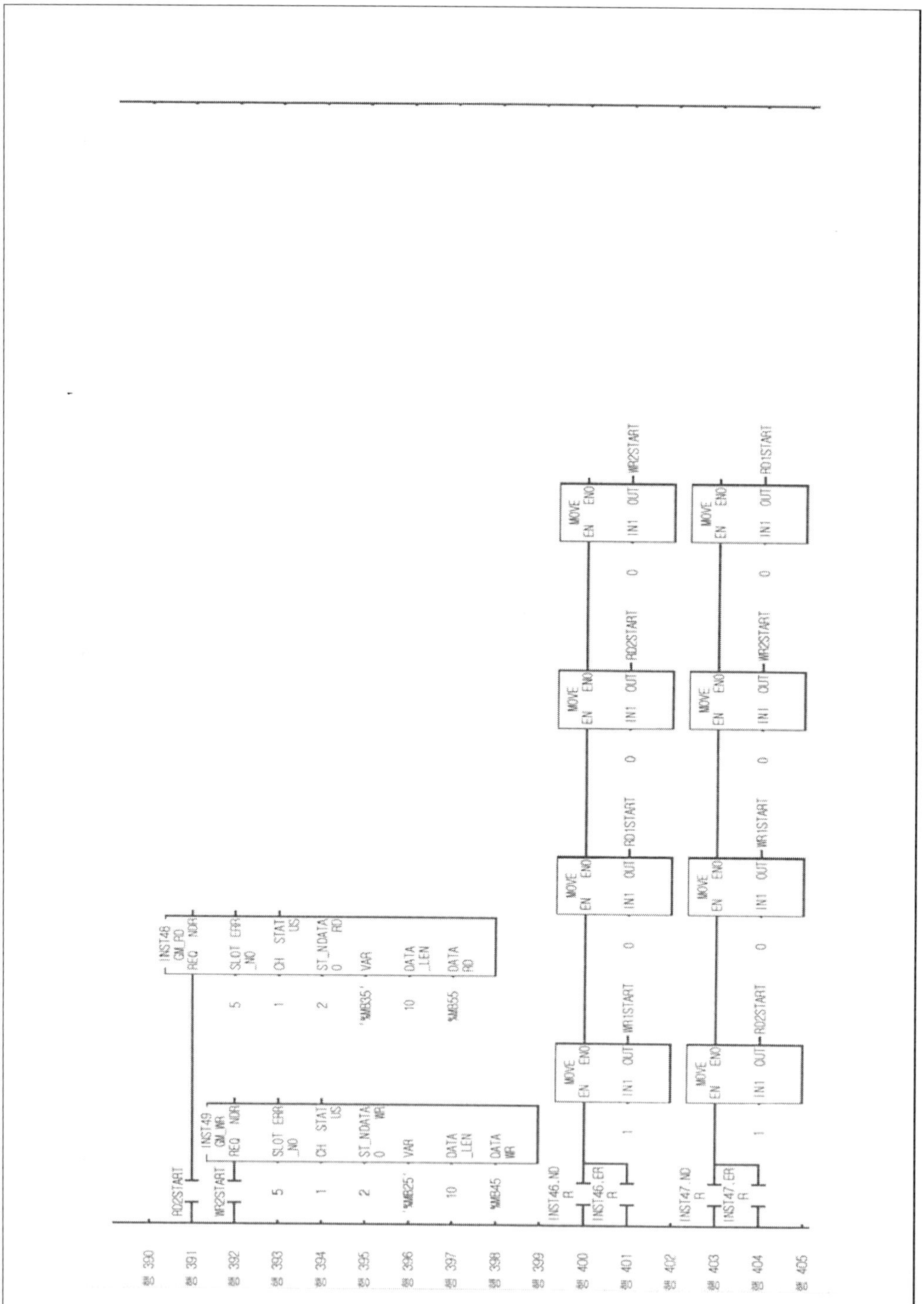

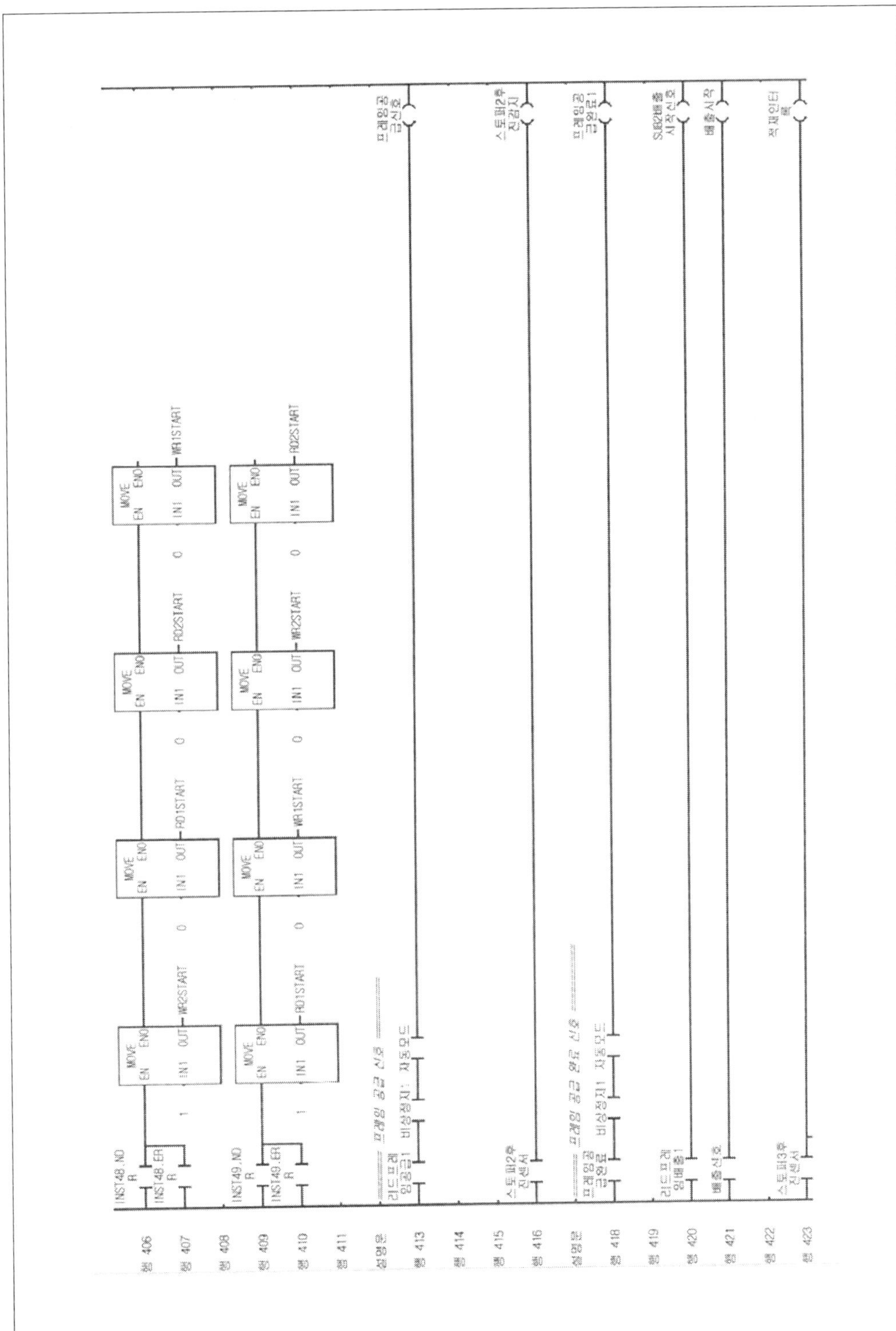

INST48.ND R
INST48.ER R
INST49.ND R
INST49.ER R
MOVE EN ENO IN1 OUT
WR2START
RO1START
RO2START
WR1START
RO2START
WR1START

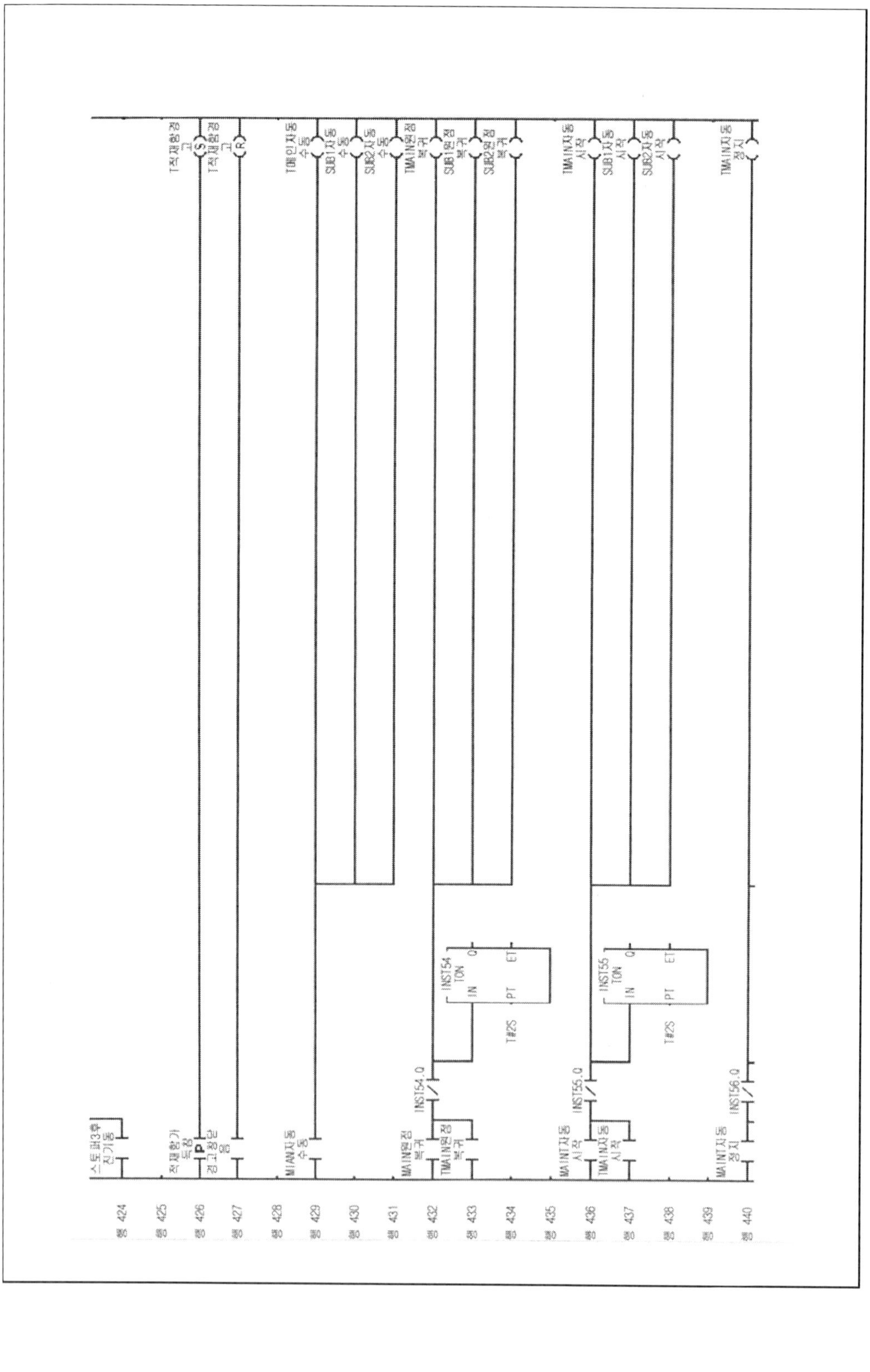
INST54
TON
IN
PT
Q
ET
T#2S
INST54.Q
INST55
TON
IN
PT
Q
ET
T#2S
INST55.Q
INST56.Q
424
425
426
427
428
429
430
431
432
433
434
435
436
437
438
439
440

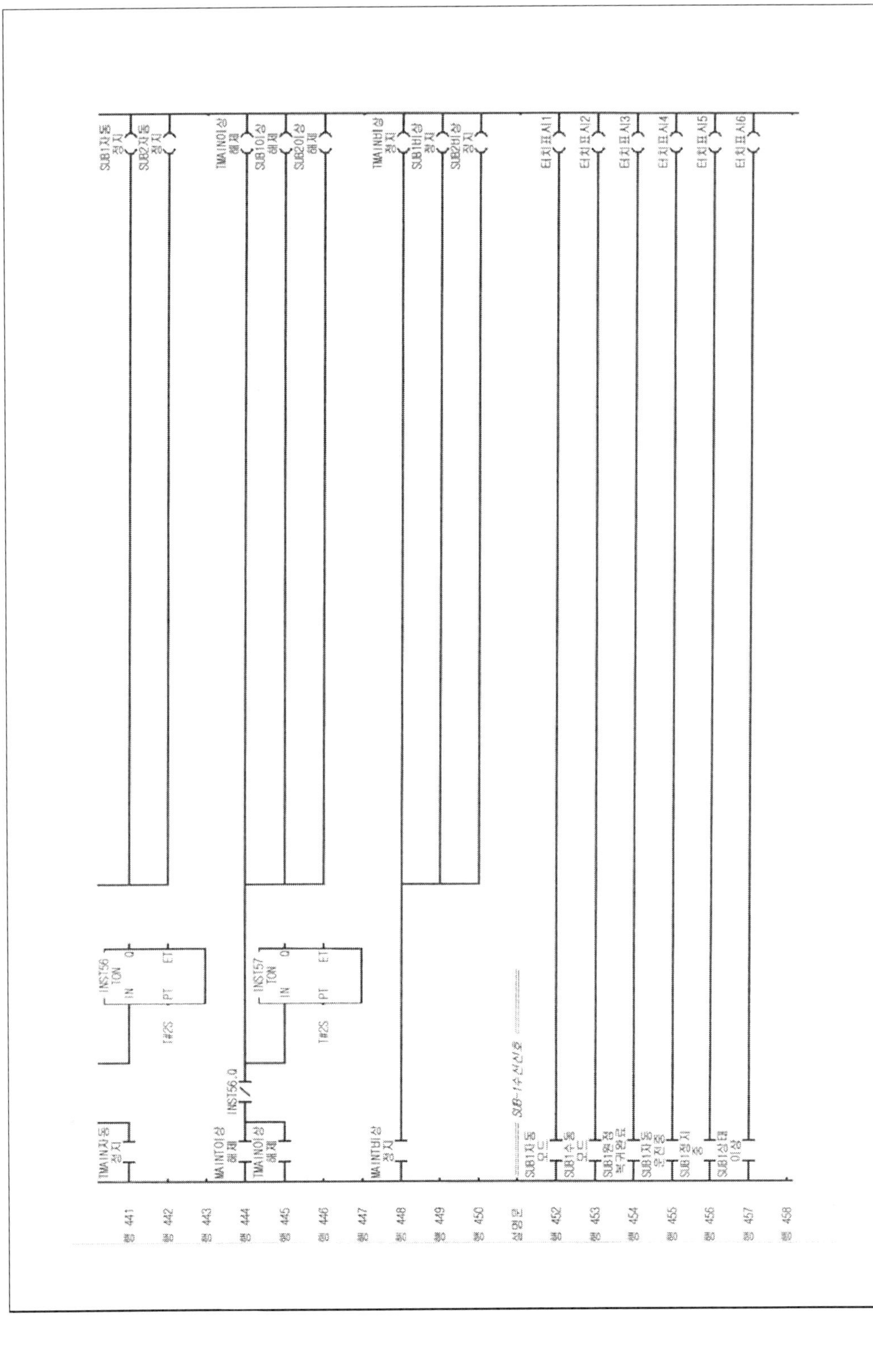

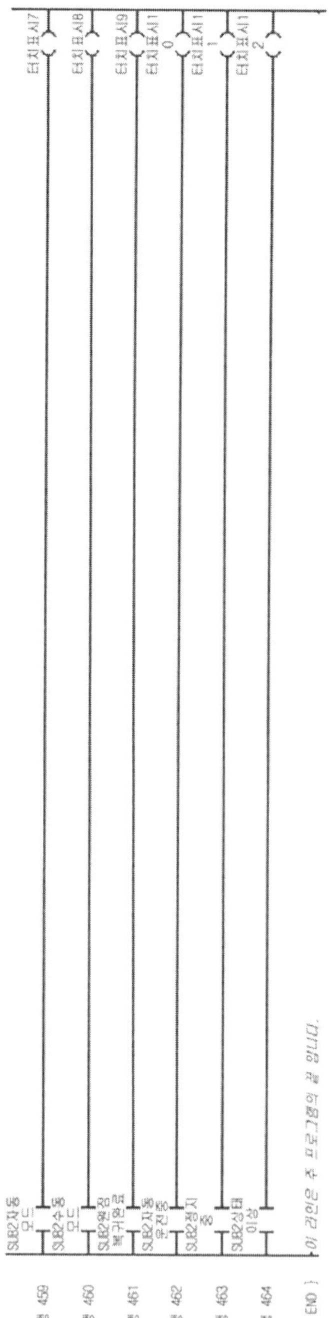
459
SUB2자동모드
터치표시7
460
SUB2수동모드
터치표시8
461
SUB2원점복귀완료
터치표시9
462
SUB2자동운전중
터치표시10
463
SUB2정지중
터치표시11
464
SUB2상태이상
터치표시12
END
이 라인은 주 프로그램의 끝 입니다.

(8) SUB-1 LD 프로그램

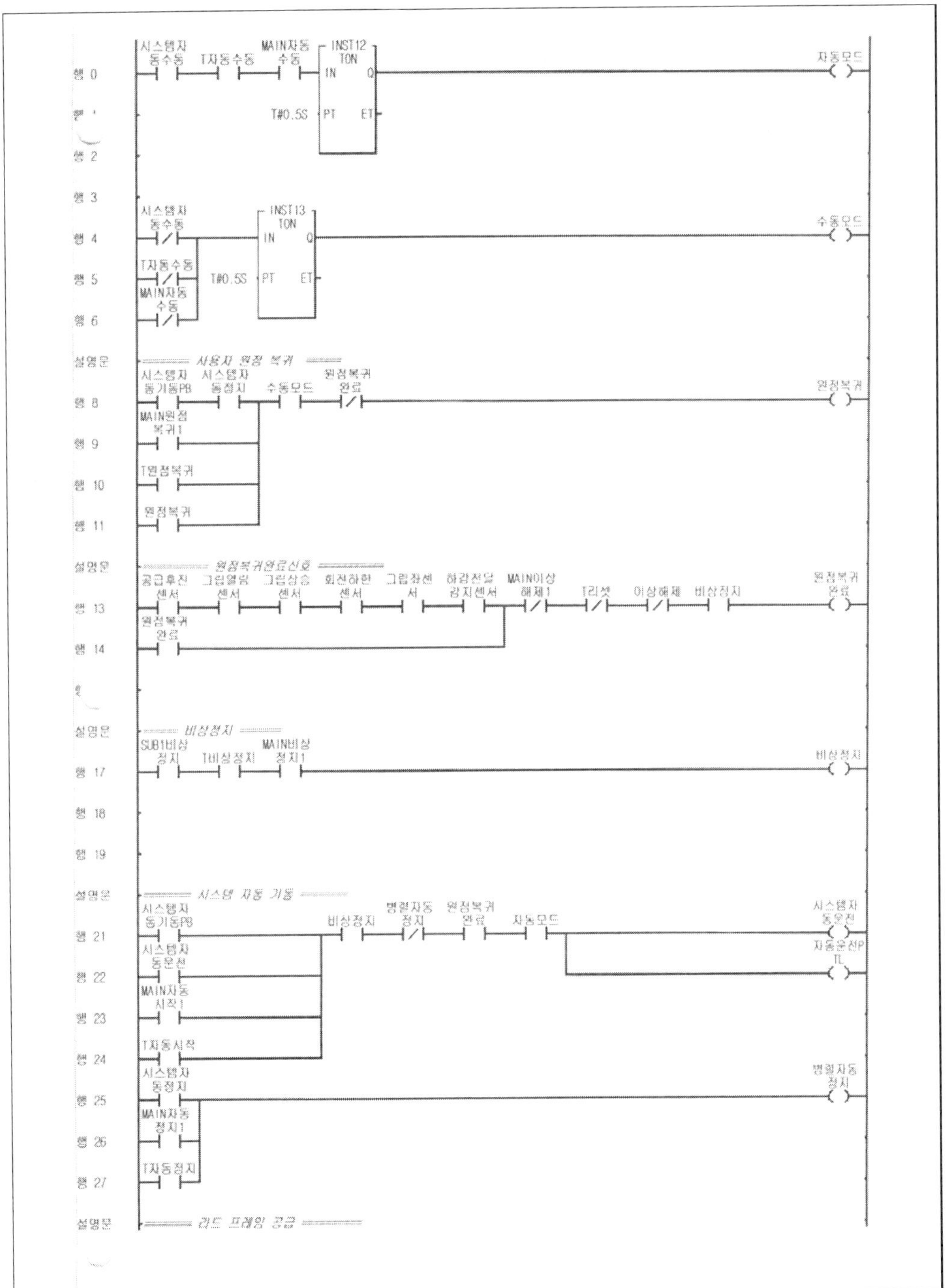

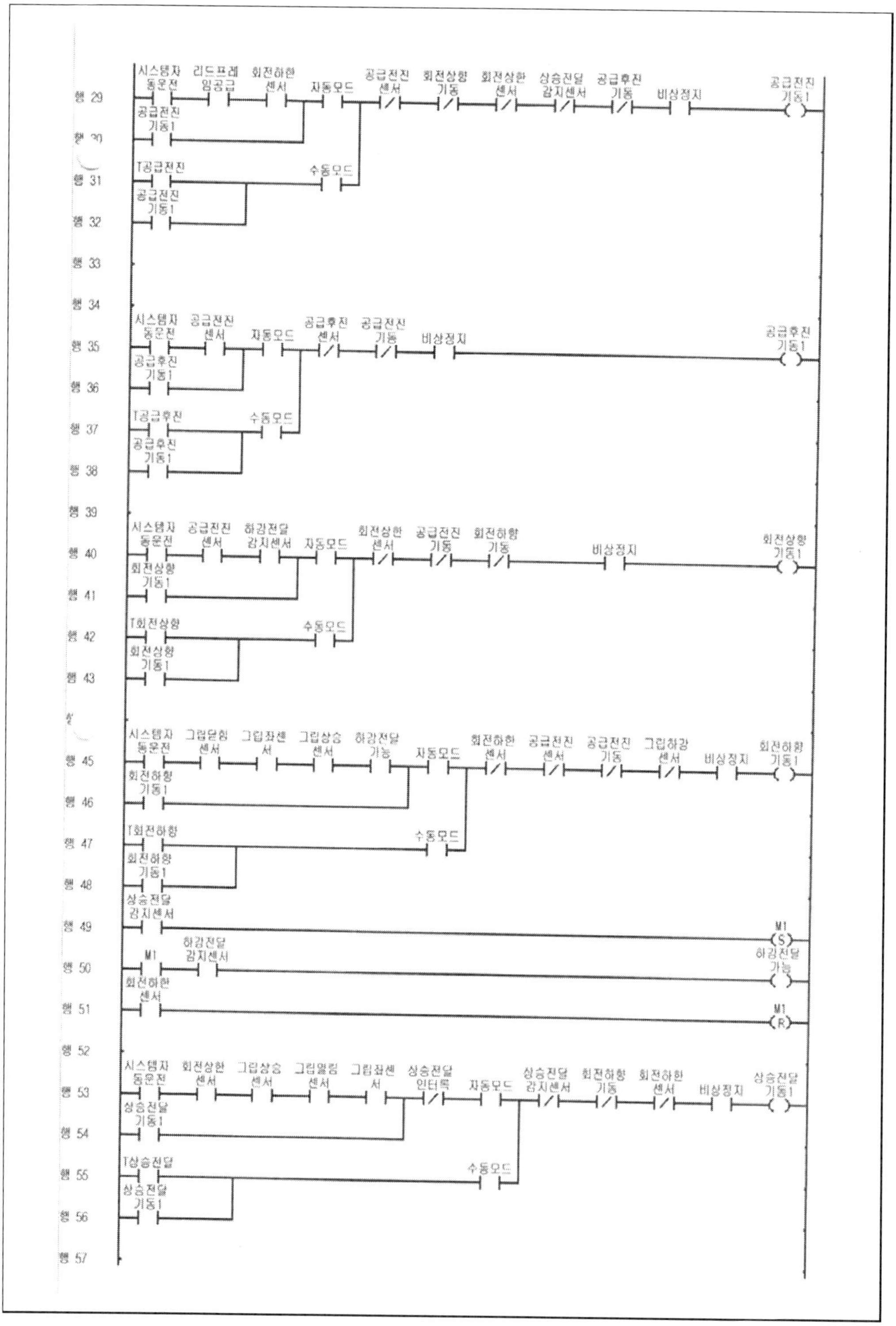

행 29
시스템자동운전
리드프레임공급
회전하한센서
자동모드
공급전진센서
회전상향기동
회전상한센서
상승전달감지센서
공급후진기동
비상정지
공급전진기동1
행 30
공급전진기동1
행 31
T공급전진
수동모드
행 32
공급전진기동1
행 33
행 34
행 35
시스템자동운전
공급전진센서
자동모드
공급후진센서
공급전진기동
비상정지
공급후진기동1
행 36
공급후진기동1
행 37
T공급후진
수동모드
행 38
공급후진기동1
행 39
행 40
시스템자동운전
공급전진센서
하강전달감지센서
자동모드
회전상한센서
공급전진기동
회전하향기동
비상정지
회전상향기동1
행 41
회전상향기동1
행 42
T회전상향
수동모드
행 43
회전상향기동1
행 45
시스템자동운전
그립닫힘센서
그립좌센서
그립상승센서
하강전달가능
자동모드
회전하한센서
공급전진센서
공급전진기동
그립하강센서
비상정지
회전하향기동1
행 46
회전하향기동1
행 47
T회전하향
수동모드
행 48
회전하향기동1
행 49
상승전달감지센서
M1
S
행 50
M1
하강전달감지센서
하강전달가능
행 51
회전하한센서
M1
R
행 52
행 53
시스템자동운전
회전상한센서
그립상승센서
그립열림센서
그립좌센서
상승전달인터록
자동모드
상승전달감지센서
회전하향기동
회전하한센서
비상정지
상승전달기동1
행 54
상승전달기동1
행 55
T상승전달
수동모드
행 56
상승전달기동1
행 57

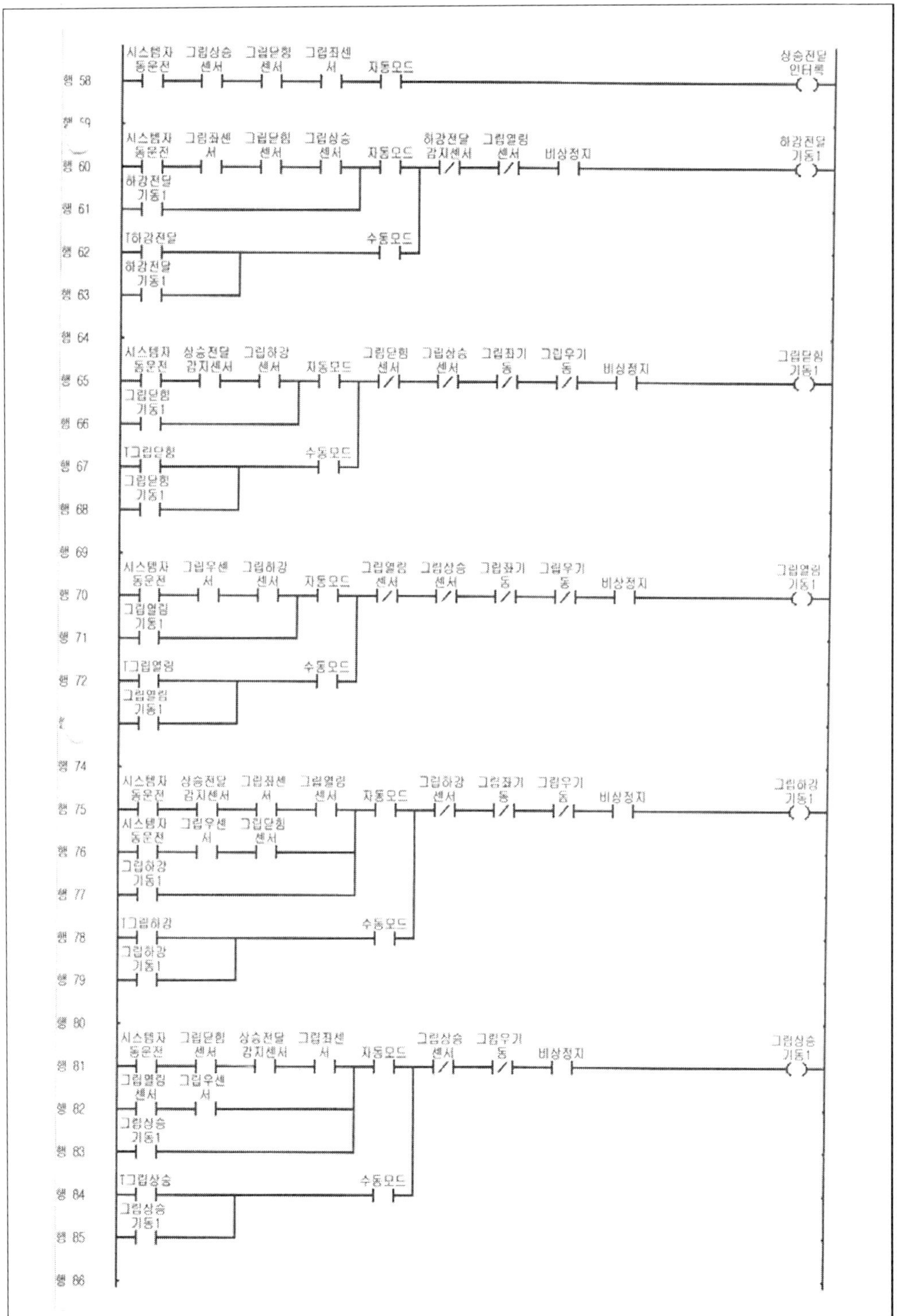
행 58
시스템자 동운전
그립상승 센서
그립닫힘 센서
그립좌센 서
자동모드
상승전달 인터록
행 60
시스템자 동운전
그립좌센 서
그립닫힘 센서
그립상승 센서
자동모드
하강전달 감지센서
그립열림 센서
비상정지
하강전달 기동1
행 61
하강전달 기동1
행 62
T하강전달
수동모드
행 63
하강전달 기동1
행 64
행 65
시스템자 동운전
상승전달 감지센서
그립하강 센서
자동모드
그립닫힘 센서
그립상승 센서
그립좌기 동
그립우기 동
비상정지
그립닫힘 기동1
행 66
그립닫힘 기동1
행 67
T그립닫힘
수동모드
행 68
그립닫힘 기동1
행 69
행 70
시스템자 동운전
그립우센 서
그립하강 센서
자동모드
그립열림 센서
그립상승 센서
그립좌기 동
그립우기 동
비상정지
그립열림 기동1
행 71
그립열림 기동1
행 72
T그립열림
수동모드
그립열림 기동1
행 74
행 75
시스템자 동운전
상승전달 감지센서
그립좌센 서
그립열림 센서
자동모드
그립하강 센서
그립좌기 동
그립우기 동
비상정지
그립하강 기동1
행 76
시스템자 동운전
그립우센 서
그립닫힘 센서
행 77
그립하강 기동1
행 78
T그립하강
수동모드
행 79
그립하강 기동1
행 80
행 81
시스템자 동운전
그립닫힘 센서
상승전달 감지센서
그립좌센 서
자동모드
그립상승 센서
그립우기 동
비상정지
그립상승 기동1
행 82
그립열림 센서
그립우센 서
행 83
그립상승 기동1
행 84
T그립상승
수동모드
행 85
그립상승 기동1
행 86

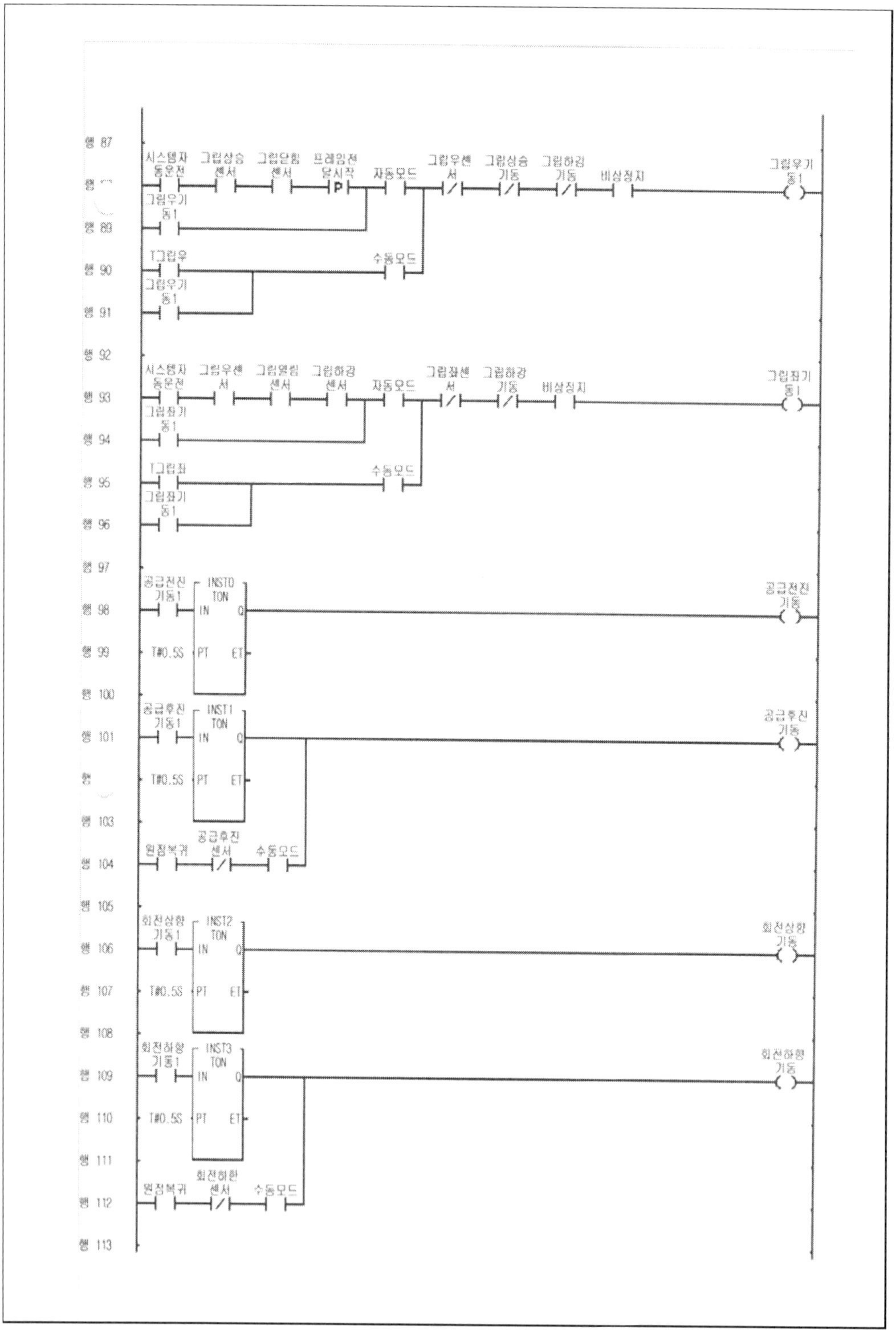
행 87
시스템자동운전 그립상승센서 그립닫힘센서 프레임전달시작 자동모드 그립우센서 그립상승기동 그립하강기동 비상정지 그립우기동1
그립우기동1
행 89
T그립우 수동모드
그립우기동1
행 90
행 91
행 92
시스템자동운전 그립우센서 그립열림센서 그립하강센서 자동모드 그립좌센서 그립하강기동 비상정지 그립좌기동1
그립좌기동1
T그립좌 수동모드
그립좌기동1
행 93
행 94
행 95
행 96
행 97
공급전진기동1 INST0 TON IN Q PT ET T#0.5S 공급전진기동
행 98
행 99
행 100
공급후진기동1 INST1 TON IN Q PT ET T#0.5S 공급후진기동
행 101
행
행 103
원점복귀 공급후진센서 수동모드
행 104
행 105
회전상향기동1 INST2 TON IN Q PT ET T#0.5S 회전상향기동
행 106
행 107
행 108
회전하향기동1 INST3 TON IN Q PT ET T#0.5S 회전하향기동
행 109
행 110
행 111
원점복귀 회전하한센서 수동모드
행 112
행 113

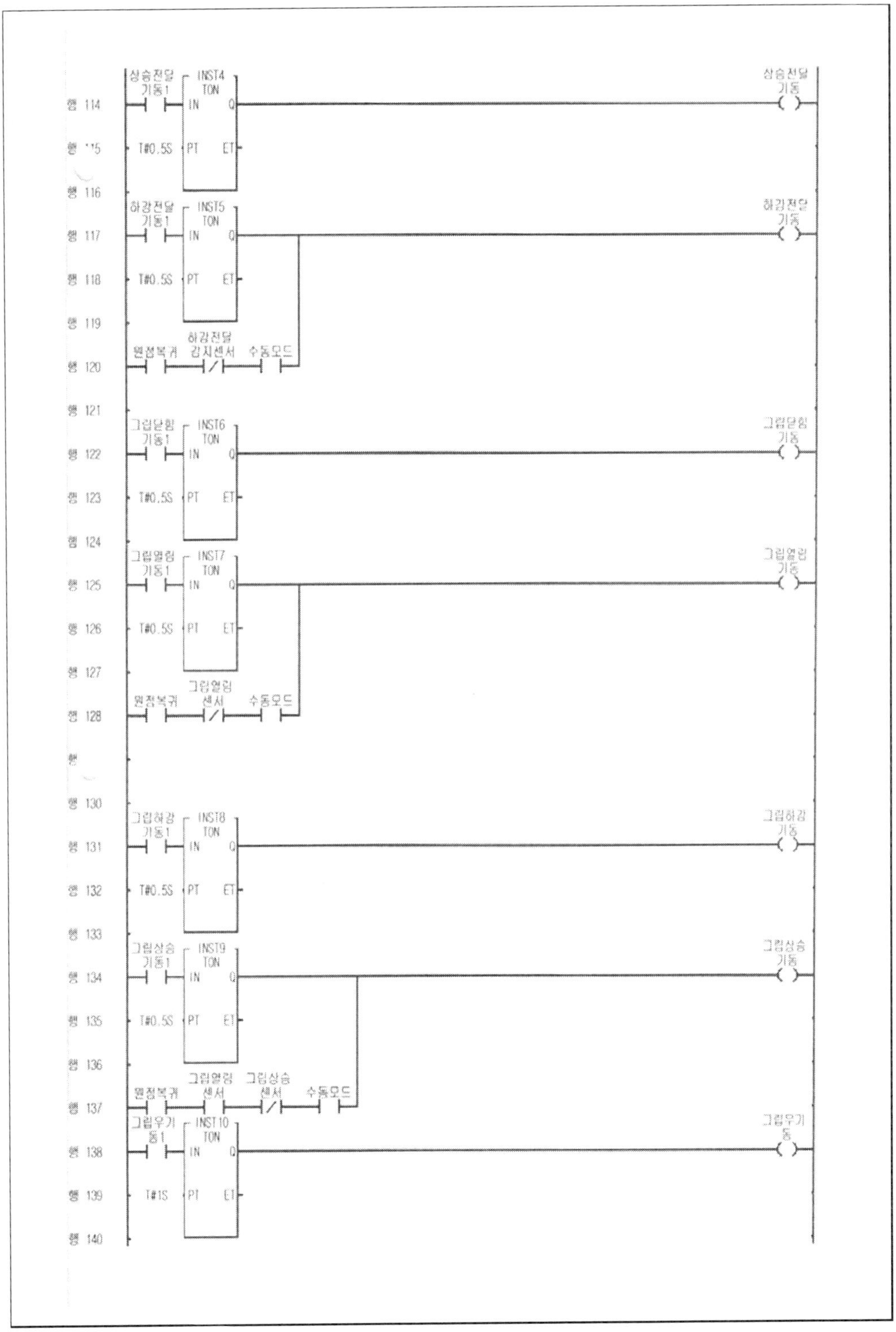

행 114
상승전달 기동1
INST4 TON
IN Q
상승전달 기동
T#0.5S PT ET
행 116
하강전달 기동1
INST5 TON
하강전달 기동
T#0.5S
원점복귀
하강전달 감지센서
수동모드
그립닫힘 기동1
INST6 TON
그립닫힘 기동
T#0.5S
그립열림 기동1
INST7 TON
그립열림 기동
T#0.5S
원점복귀
그립열림 센서
수동모드
그립하강 기동1
INST8 TON
그립하강 기동
T#0.5S
그립상승 기동1
INST9 TON
그립상승 기동
T#0.5S
원점복귀
그립열림 센서
그립상승 센서
수동모드
그립우기 동1
INST10 TON
그립우기 동
T#1S
행 140

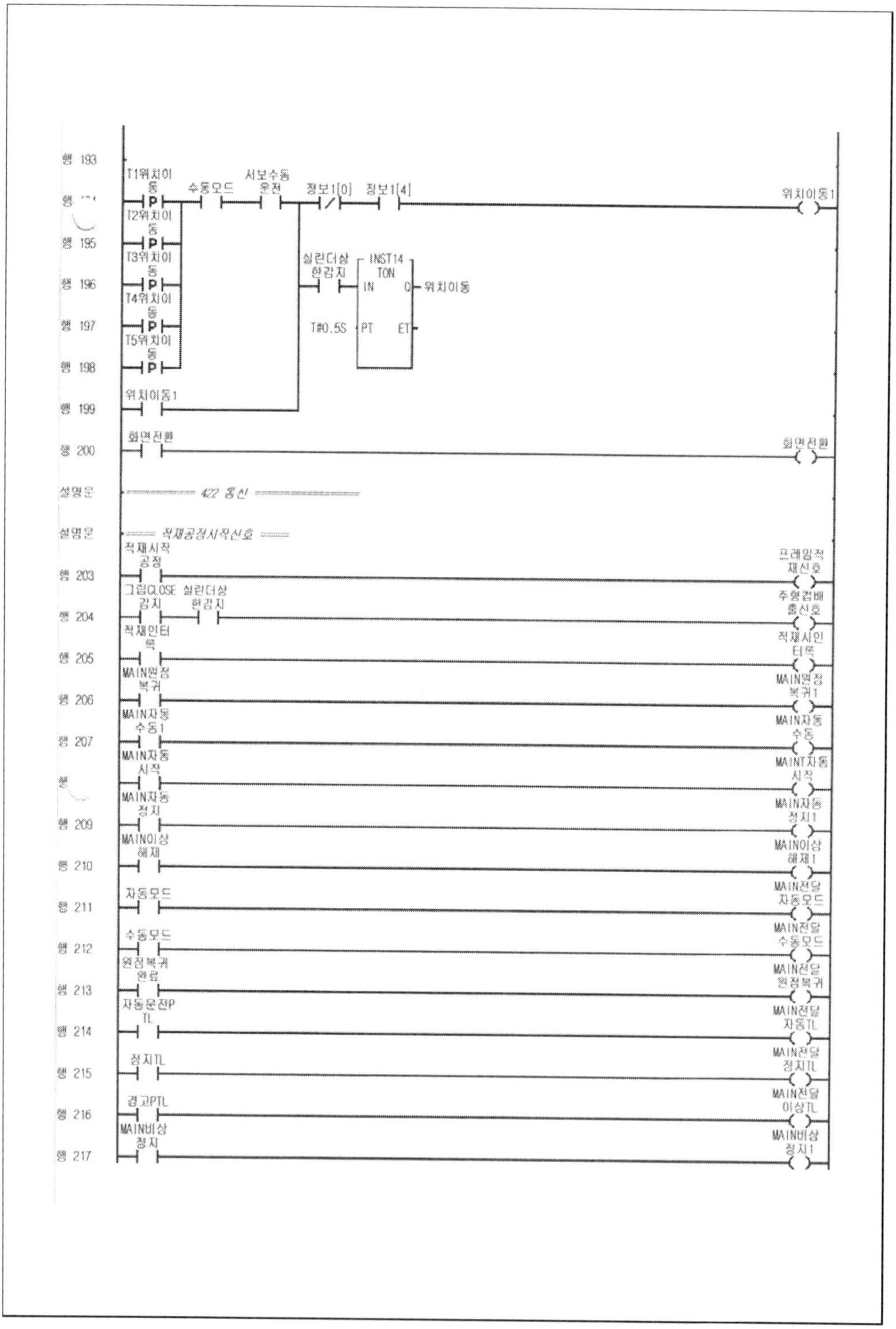

(9) SUB-2 LD 프로그램

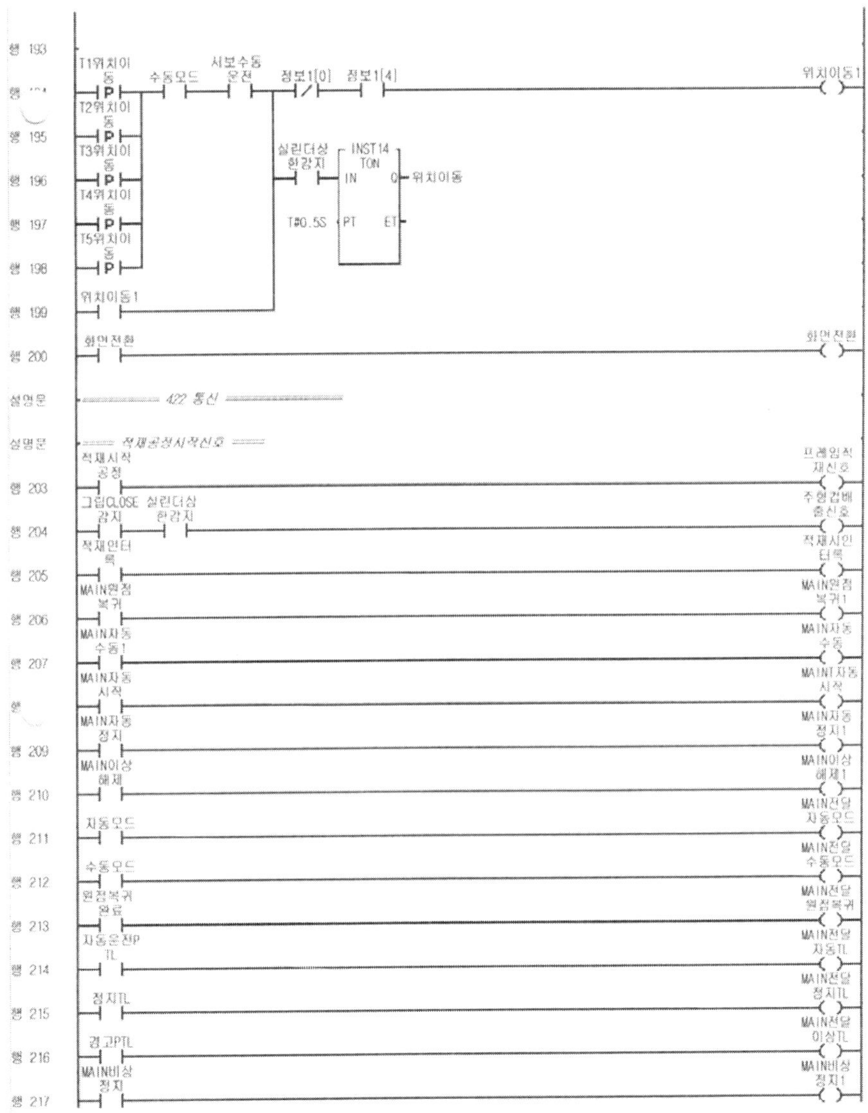

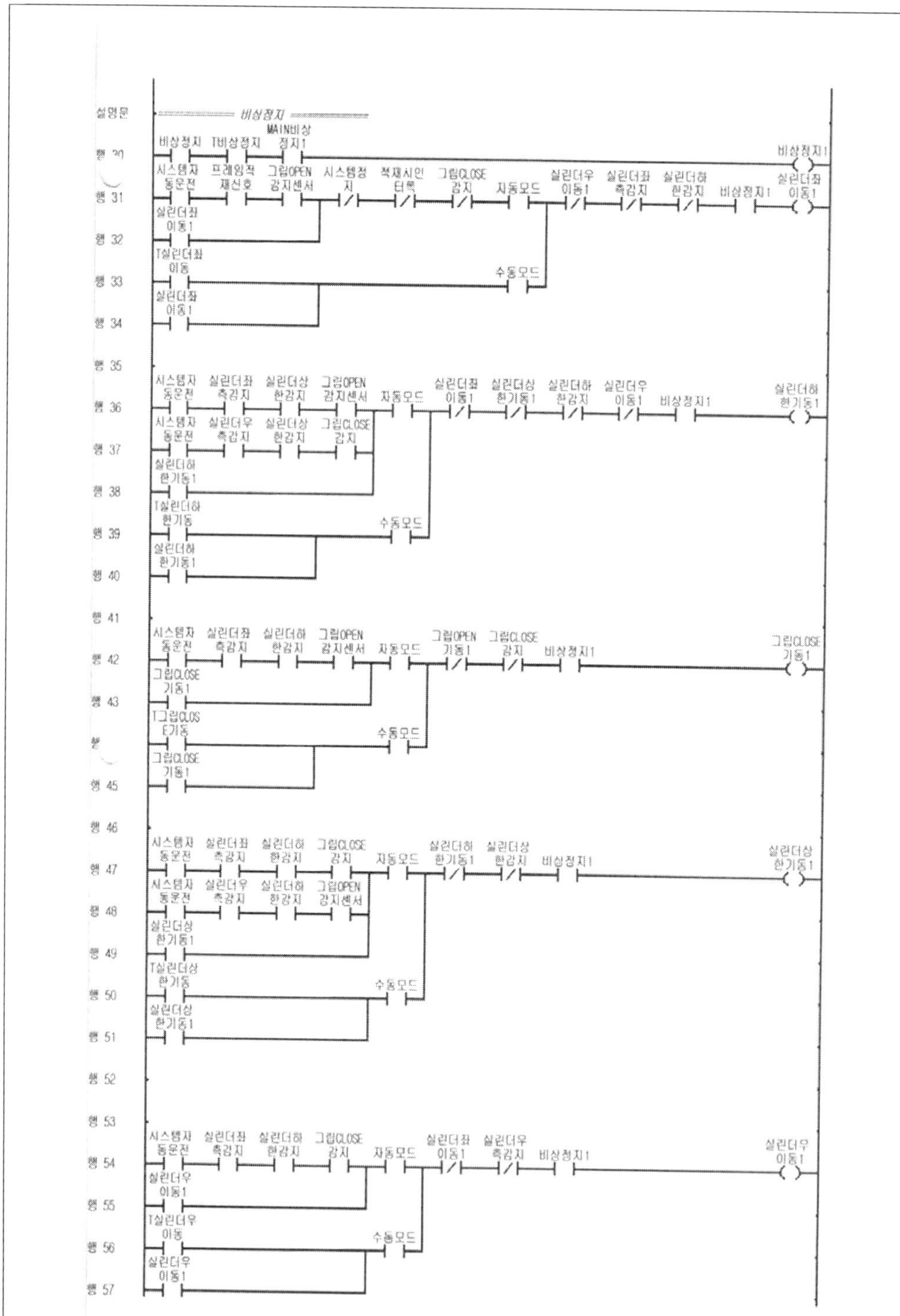
설명문
비상정지
행 30
행 31
행 32
행 33
행 34
행 35
행 36
행 37
행 38
행 39
행 40
행 41
행 42
행 43
행 45
행 46
행 47
행 48
행 49
행 50
행 51
행 52
행 53
행 54
행 55
행 56
행 57
비상정지1
실린더좌 이동1
실린더하 한기동1
그립CLOSE 기동1
실린더상 한기동1
실린더우 이동1
자동모드
수동모드

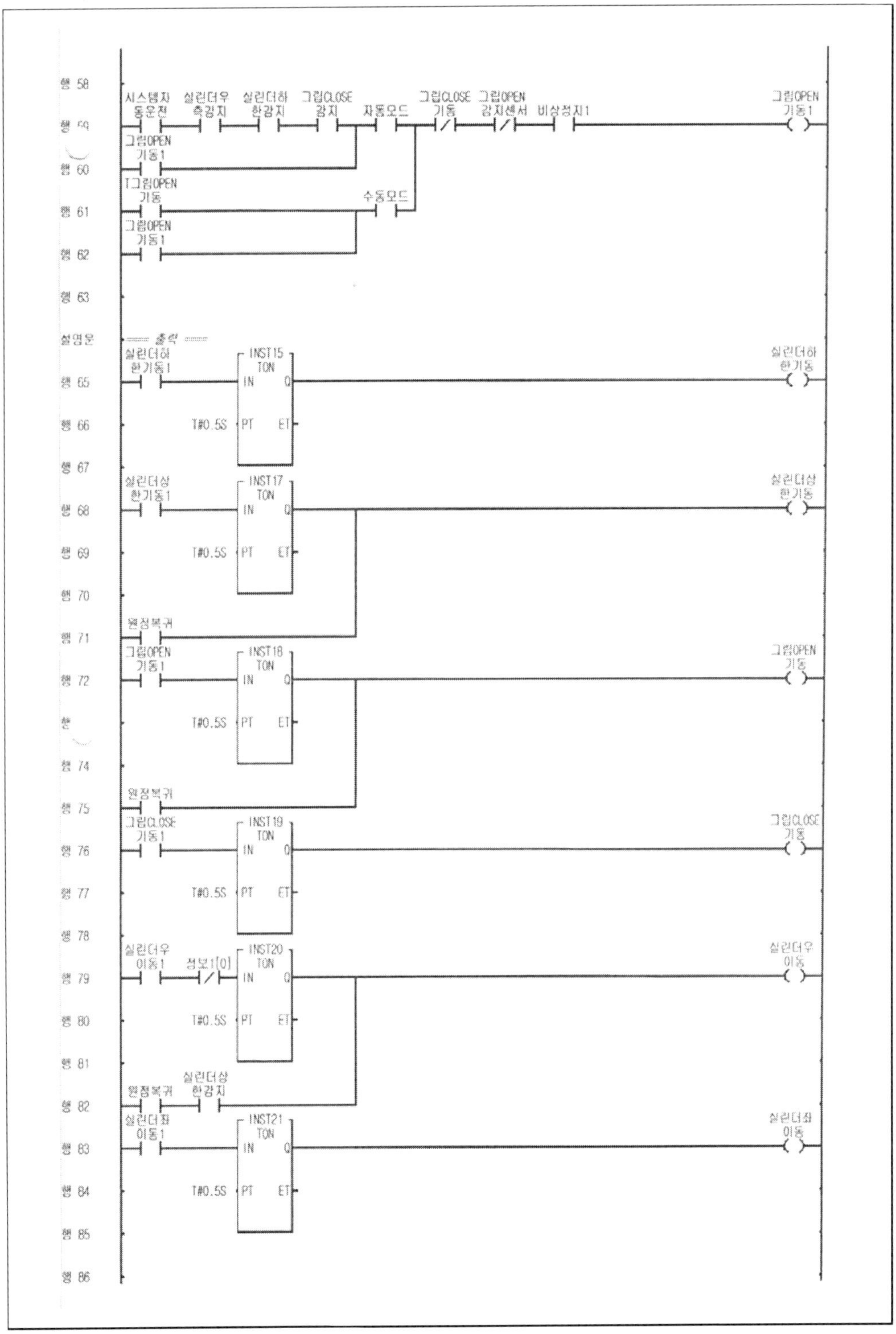
행 58
행 60
행 61
행 62
행 63
설명문
행 65
행 66
행 67
행 68
행 69
행 70
행 71
행 72
행 74
행 75
행 76
행 77
행 78
행 79
행 80
행 81
행 82
행 83
행 84
행 85
행 86
시스템자 동운전
실린더우 측감지
실린더하 한감지
그립CLOSE 감지
자동모드
그립CLOSE 기동
그립OPEN 감지센서
비상정지1
그립OPEN 기동1
T그립OPEN 기동
수동모드
출력
실린더하 한기동1
INST15
TON
IN
Q
T#0.5S
PT
ET
실린더하 한기동
실린더상 한기동1
INST17
실린더상 한기동
원점복귀
그립OPEN 기동1
INST18
그립OPEN 기동
그립CLOSE 기동1
INST19
그립CLOSE 기동
실린더우 이동1
정보1[0]
INST20
실린더우 이동
실린더상 한감지
실린더좌 이동1
INST21
실린더좌 이동

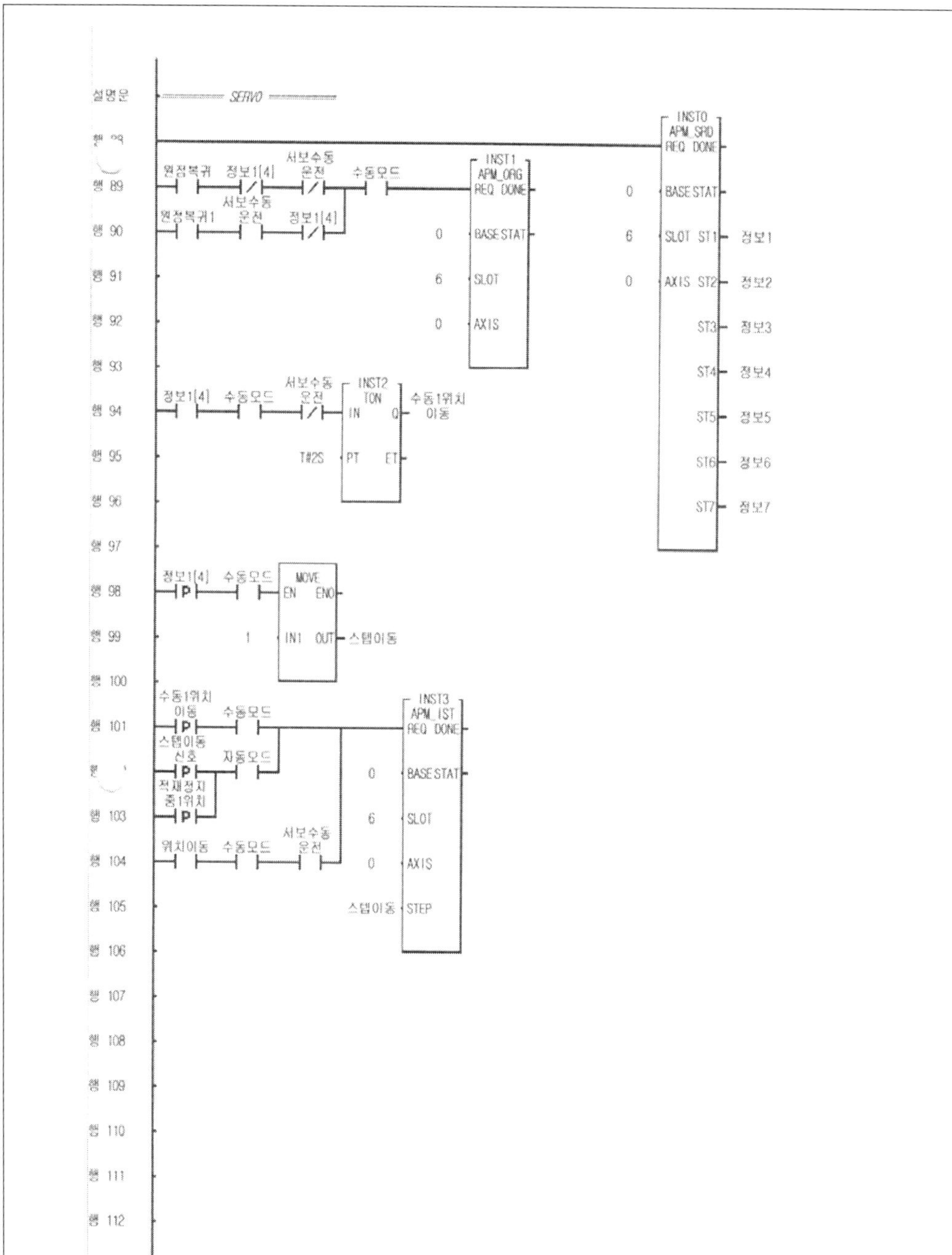
SERVO
INST0
APM_SRD
INST1
APM_ORG
INST2
TON
INST3
APM_IST
MOVE
원점복귀
정보1[4]
서보수동 운전
수동모드
원점복귀1
수동1위치 이동
스텝이동
스텝이동 신호
자동모드
적재정지 중1위치
위치이동
T#2S
정보1
정보2
정보3
정보4
정보5
정보6
정보7

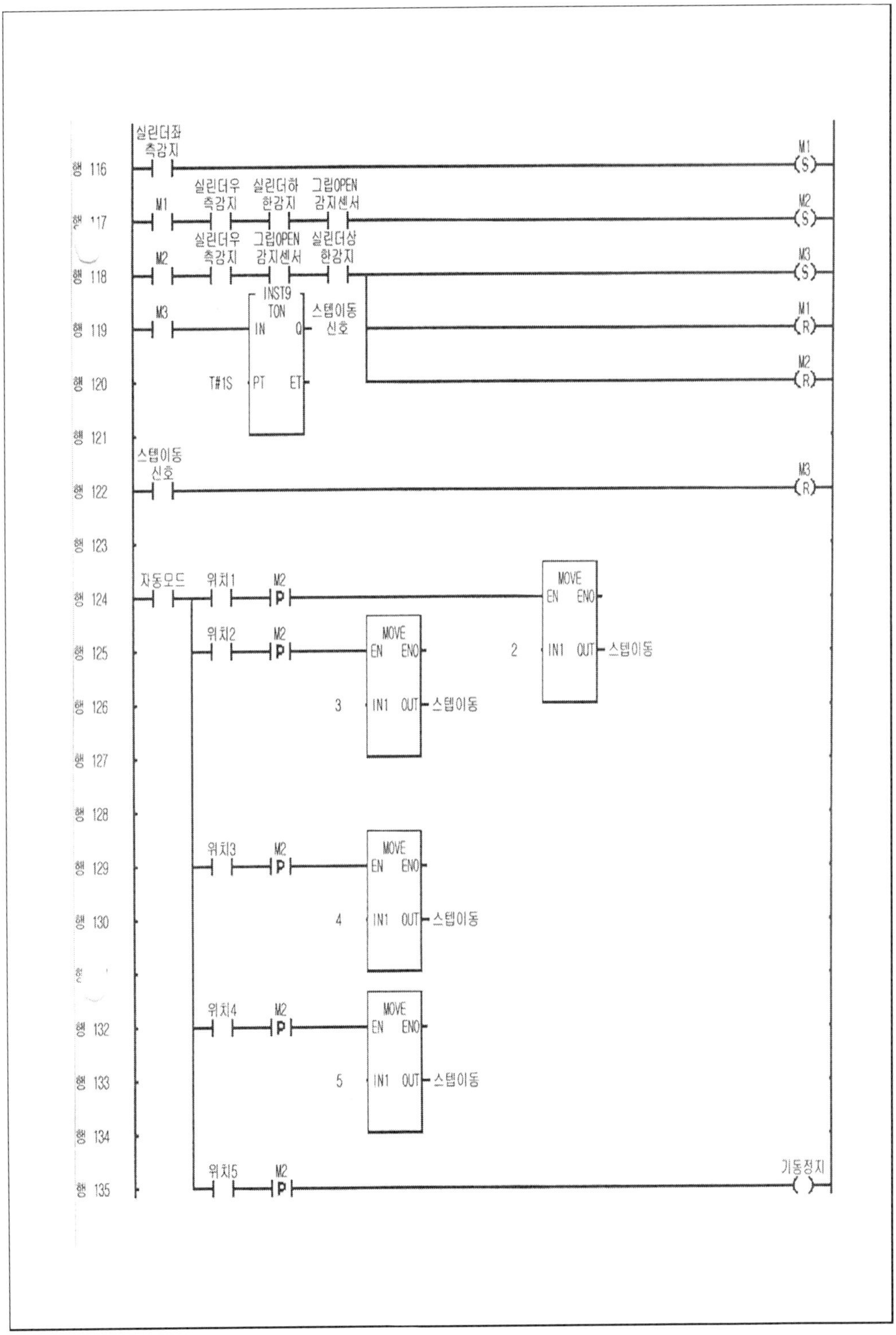
실린더좌
측감지
M1
실린더우
측감지
실린더하
한감지
그립OPEN
감지센서
M2
그립OPEN
감지센서
실린더상
한감지
M3
INST9
TON
IN Q
스텝이동
신호
T#1S PT ET
M1 (S)
M2 (S)
M3 (S)
M1 (R)
M2 (R)
M3 (R)
스텝이동
신호
자동모드
위치1
위치2
위치3
위치4
위치5
MOVE
EN ENO
IN1 OUT
2
3
4
5
스텝이동
기동정지
행 116
행 117
행 118
행 119
행 120
행 121
행 122
행 123
행 124
행 125
행 126
행 127
행 128
행 129
행 130
행 132
행 133
행 134
행 135

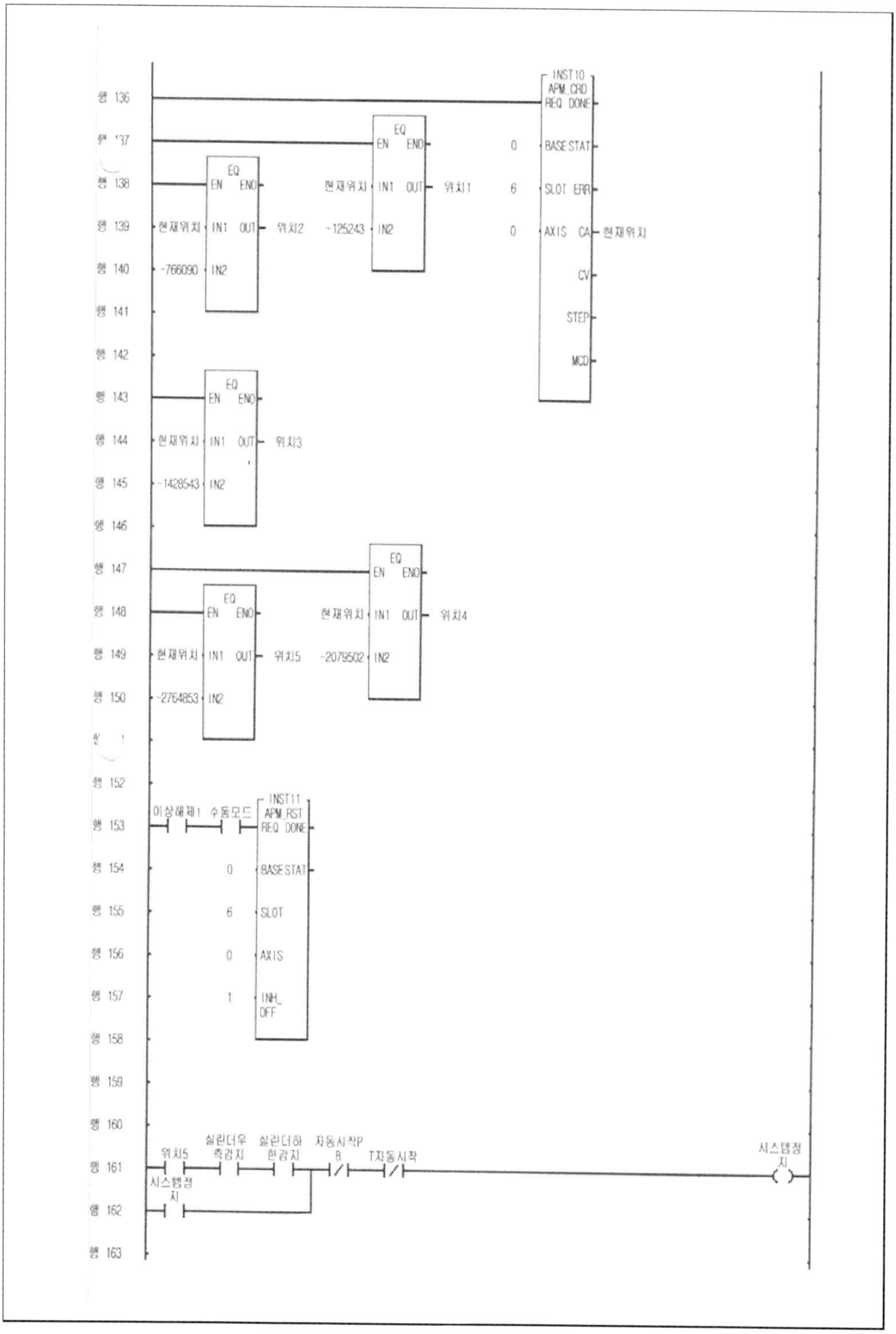

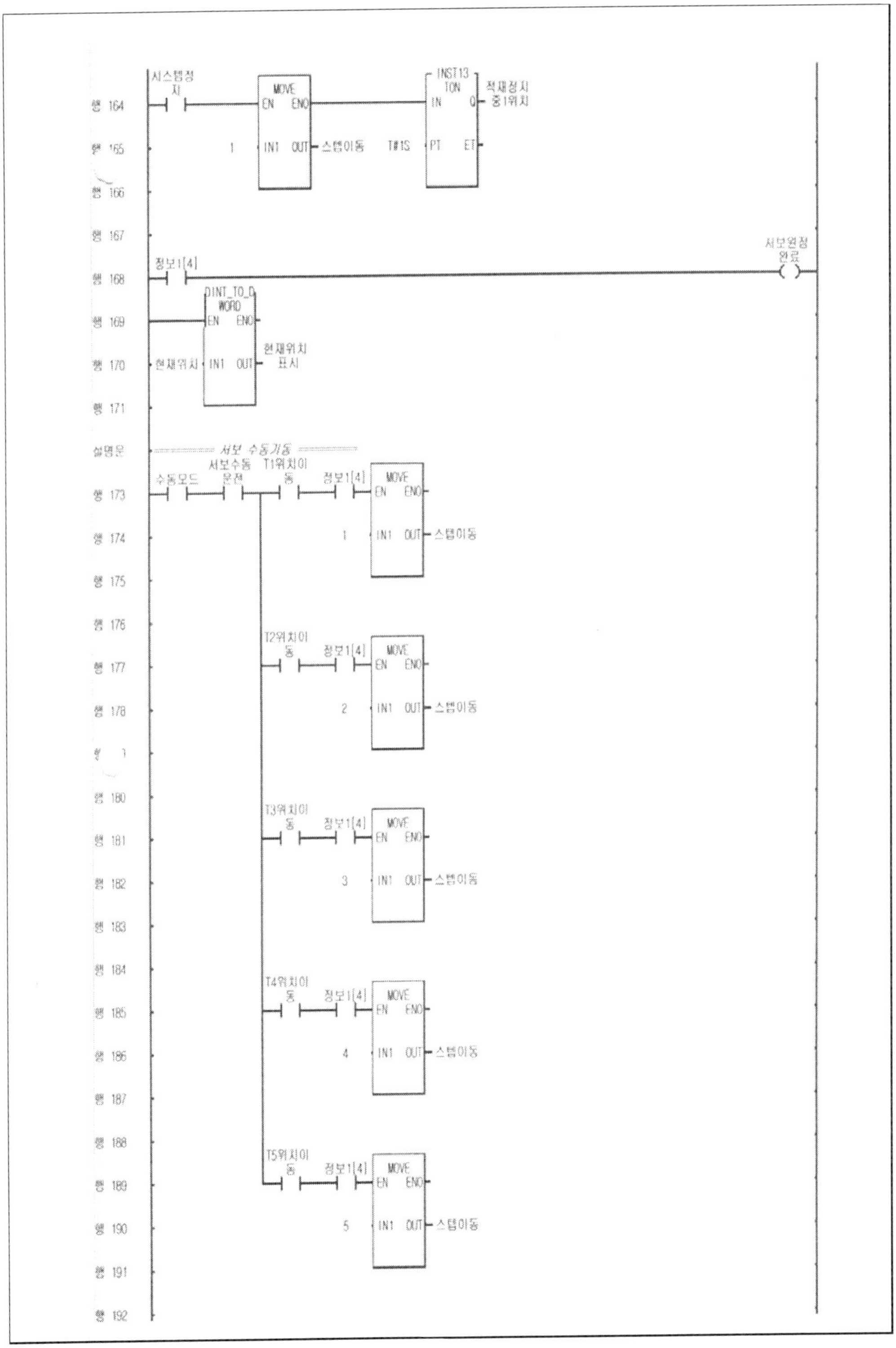
시스템정지
MOVE
INST13 TON
적재정지 중1위치
스텝이동
T#1S
정보1[4]
서보원점 완료
DINT_TO_DWORD
현재위치
현재위치 표시
서보 수동기동
수동모드
서보수동 운전
T1위치이동
T2위치이동
T3위치이동
T4위치이동
T5위치이동

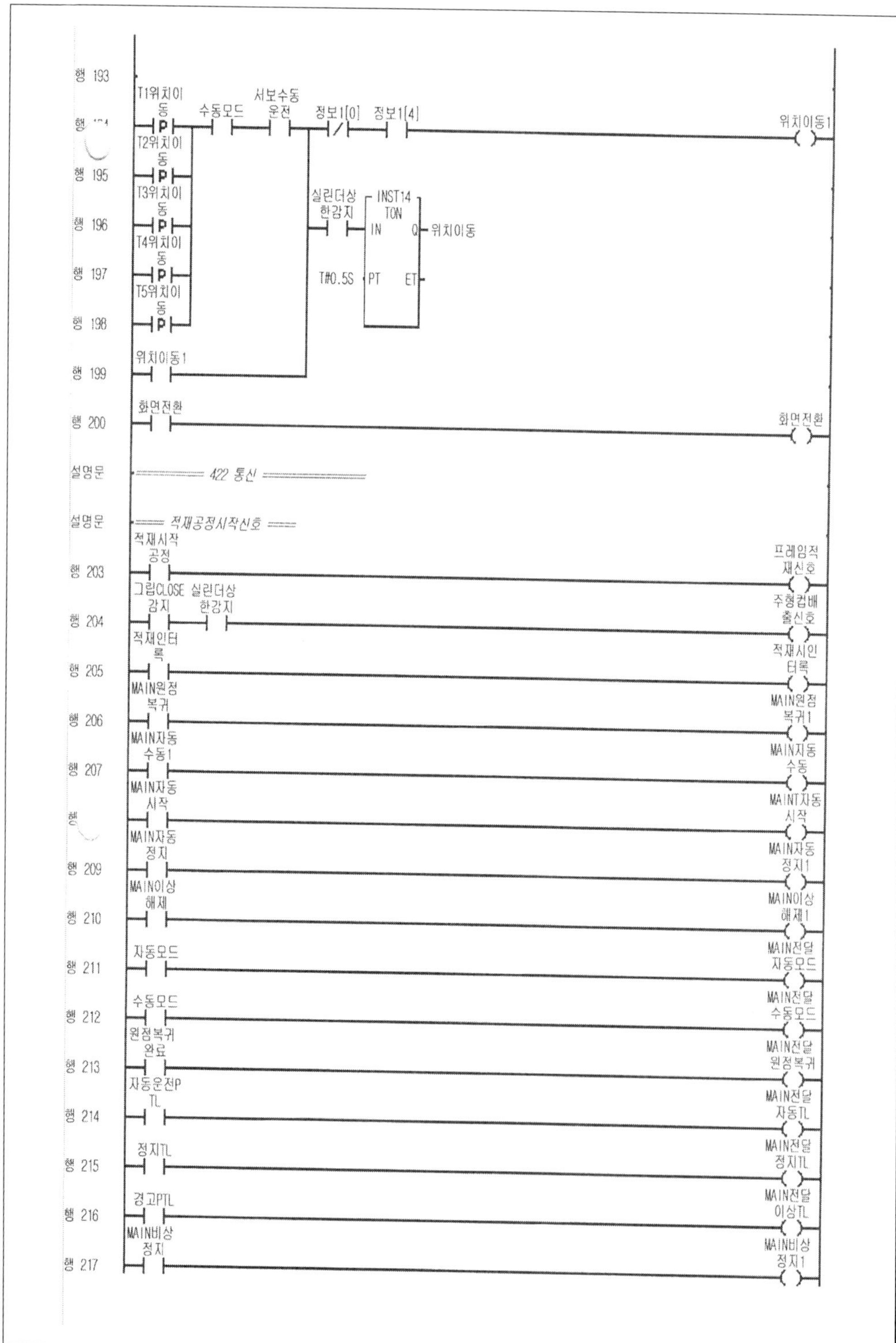

행 193
T1위치이동
수동모드
서보수동운전
정보1[0]
정보1[4]
위치이동1
T2위치이동
행 195
T3위치이동
실린더상한감지
INST14
TON
IN
Q
위치이동
행 196
T4위치이동
행 197
T5위치이동
T#0.5S
PT
ET
행 198
위치이동1
행 199
화면전환
행 200
화면전환
설명문
422 통신
설명문
적재공정시작신호
적재시작공정
프레임적재신호
행 203
그립CLOSE감지
실린더상한감지
주형컵배출신호
행 204
적재인터록
적재시인터록
행 205
MAIN원점복귀
MAIN원점복귀1
행 206
MAIN자동수동1
MAIN자동수동
행 207
MAIN자동시작
MAINT자동시작
MAIN자동정지
MAIN자동정지1
행 209
MAIN이상해제
MAIN이상해제1
행 210
자동모드
MAIN전달자동모드
행 211
수동모드
MAIN전달수동모드
행 212
원점복귀완료
MAIN전달원점복귀
행 213
자동운전PTL
MAIN전달자동TL
행 214
정지TL
MAIN전달정지TL
행 215
경고PTL
MAIN전달이상TL
행 216
MAIN비상정지
MAIN비상정지1
행 217

찾아보기

[한글]

[영문]

LED 장비 기구설계 및 활용실무

2011년 3월 30일 1판 1쇄 발행

저 자 오영생 · 박갑종 · 강신조 · 정선오
발행인 남 승 우

발행처 도서출판 상尙 학學 당堂
서울시 동작구 사당로9가길 6(사당동 220-43)
TEL : 02) 595-1692 ~ 4
FAX : 02) 595-1394
E-mail : namdoo6@unitel.co.kr
신고 : 2-155호 (1968. 11. 29)

정가 19,000원

ISBN 978-89-93383-41-6 93560